仕事の現場で即使える

Access 2016/2013/2010［対応版］

Access クエリ 徹底活用ガイド

朝井淳 著

技術評論社

ご注意

ご購入・ご利用の前に必ずお読みください

- 本書に記載された内容は、情報の提供のみを目的としています。したがって、本書を用いた運用は、必ずお客様自身の責任と判断によって行ってください。これらの情報の運用の結果について、技術評論社および著者はいかなる責任も負いません。
  また本書付属のCD-ROMに掲載されているプログラムコードの実行などの結果、万一障害が発生しても、弊社および著者は一切の責任を負いません。あらかじめご了承ください。
- また、本書付属のCD-ROMをお使いの場合、13ページの「CD-ROMの使い方」を必ずお読みください。お読みいただかずにCD-ROMをお使いになった場合のご質問や障害には一切対応いたしません。ご了承ください。
  付属のCD-ROMに収録されているデータの著作権はすべて著者に帰属しています。本書をご購入いただいた方のみ、個人的な目的に限り自由にご利用いただけます。
- 本書記載の情報は、2018年4月末日現在のものを掲載していますので、ご利用時には、変更されている場合もあります。
  また、本書はWindows 10、Access 2016を使って作成されており、2018年4月末日現在での最新バージョンを元にしています。Access 2013／2010でも本書で解説している内容を学習することは問題ありませんが、一部画面図が異なることがあります。
- また、ソフトウェアはバージョンアップされる場合があり、本書での説明とは機能内容や画面図などが異なってしまうこともあり得ます。本書ご購入の前に、必ずバージョン番号をご確認ください。OSやソフトウェアのバージョンが異なることを理由とする、本書の返本、交換および返金には応じられませんので、あらかじめご了承ください。

以上の注意事項をご承諾いただいた上で、本書をご利用願います。これらの注意事項に関わる理由に基づく、返金、返本を含む、あらゆる対処を、技術評論社および著者は行いません。あらかじめ、ご承知おきください。

動作環境

- 本書はソフトウェアとしてAccess 2016／2013／2010を対象としています。
  お使いのパソコンの特有の環境によっては、上記のAccessを利用していた場合でも、本書の操作が行えない可能性があります。本書の操作は、一般的なパソコンの動作環境において、正しく動作することを確認しております。

動作環境に関する上記の内容を理由とした返本、交換、返金には応じられませんので、あらかじめご注意ください。

はじめに

Accessは、ExcelやWordと同じMicrosoft社の製品です。データを管理する、というとExcelのほうがメジャーな存在かもしれません。「日々の業務をExcelを使って行っている」という方は多いと思います。

Excelって便利ですよね。ちょっとした帳票なら簡単に作成できます。関数が使えるので、計算だって可能です。気の利いた入力画面を作成することも可能です。一方、Accessはいちいち帳票やフォームを作らないといけませんし、SQLとかわからないし…ということで少々とっつきにくい面があることも確かです。

しかし、Excelを使ってデータ管理をするには限界があります。シートに万単位のデータがあると、なかなか検索処理が進まず、イライラするのではないでしょうか。昨今はシステム化が進んでいますから、あらゆるものがデータ化されています。データ量が万単位になることも珍しくはありません。たとえば郵便番号の全国データは12万件あるそうです。

Accessなら万単位のデータがあっても大丈夫です。なぜなら、Accessはデータベースシステムだからです。

そうか、ならExcelからAccessに変えてみようか…
でも、データベースとかSQLっていわれても…

本書は、そんなあなたのための解説書です。
Accessの基本である「クエリ」に着目した内容になっています。

クエリは、データの検索や集計、加工を行うデータベースへの命令です。クエリをうまく作成することができれば、Accessの「キモ」の部分を理解したといえるでしょう。Accessクエリを使って、データの検索や分析を「テキパキ」とやってしまいましょう。

2018年3月吉日
朝井　淳

CHAPTER 1 クエリの基本

CHAPTER 2 選択クエリ

2-7 見た目を整えて抽出 069

2-8 抽出時に条件を入力 084

2-9 リレーショナルデータベース 087

2-10 複数テーブルから抽出 094

集計クエリ

CHAPTER 4
アクションクエリ

CHAPTER 5
SQL ビュー

プログラムから利用

本書の構成

本書は、Accessのクエリの作成方法・編集方法を解説しています。
本書の構成は次のようになっています。

CHAPTER 1

クエリの操作を行う前に知っておくべき基本的な知識。およびウィザードを使った簡単なクエリの作成方法と編集について解説

CHAPTER 2

並べ替え、抽出、複数条件、計算、リレーションシップ等、さまざまな検索クエリについて解説

CHAPTER 3

関数を使った集計、クロス集計、グループ化しての集計等、さまざまな集計クエリについて解説

CHAPTER 4

テーブル作成、更新、削除、追加の各クエリについて解説

CHAPTER 5

デザインビューでのクエリの作成ではなく、SQL構文を使ったクエリの作成について解説

CHAPTER 6

テーブルの作成、インデックスの作成、制約の作成等、クエリを使ったデータ定義について解説

CHAPTER 7

重複クエリ、不一致クエリ、ユニオンクエリ、パススルークエリといった特殊なクエリについて解説

CHAPTER 8

フォームやレポートからのクエリの呼び出し、VBAを使ったクエリの呼び出し、加えてADOについても解説

なお、解説の都合上、本書内に掲載している画面は、紹介した操作をすべて順番ごとに行った結果でないこともあります。そのため、ご自身の操作によっては、ご自身の操作画面と本書内に掲載されている画面と異なることがあります。

CD-ROMの使い方

注意事項

本書の付属のCD-ROMをお使いの前に、必ずこのページをお読みください。

本書付属のCD-ROMを利用する場合、いったんCD-ROMのすべてのフォルダーを、ご自身のパソコンのドキュメントフォルダーなど、しかるべき場所にコピーしてください。

また、CD-ROMからコピーしたファイルを利用する際、次の警告メッセージが表示されますが、その場合、[コンテンツの有効化]をクリックしてください。

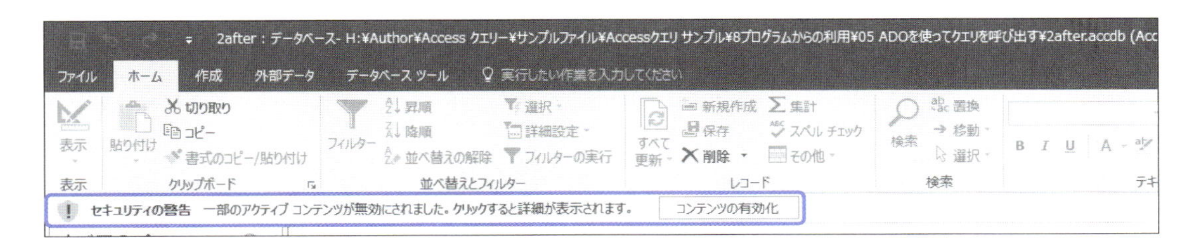

CHAPTER 8のサンプルには、マクロとVBAが含まれています。お使いのパソコンによっては、セキュリティの関係上、Accessに含まれるマクロとVBAの利用を禁止していることもあり得ます。

その場合、[ファイル]タブの[オプション]をクリックして、[Accessのオプション]を開き、[セキュリティ センター]→[セキュリティ センターの設定]から[マクロの設定]を変更してマクロを有効にしてください。

セキュリティ センターの設定によって、VBAが起動しない場合、ご自身で有効にするように努めてください。これに関して、技術評論社および著者は対処いたしません。

構成

本書付属のCD-ROMは、以下の構成になっています。

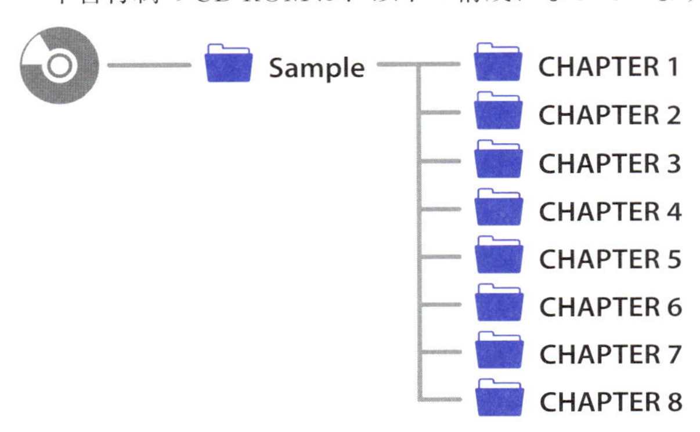

［CHAPTER1］から［CHAPTER8］までのフォルダーには、各節・各項で解説している内容ごとに、次のようにフォルダーが分かれています。

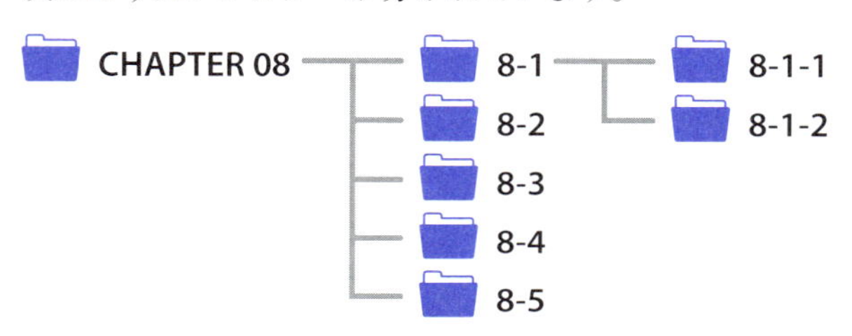

そのフォルダーの中には、目次（4ページ～11ページ）にある節と項の番号に対応したフォルダーがあります。そして、そのフォルダの中に

1before.accdb

2after.accdb

という2つのファイルが保存されています。

1before.accdbは、各節・各項の解説内容が施されていないAcceessファイルです。

2after.accdbは、各節・各項の解説手順をすべて踏まえたAcceessファイルです。

各CHAPTERの各節・各項の内容によってはサンプルファイルがないこともあります。また、各節・各項の内容によっては1before.accdbファイルと2after.accdbファイルが複数存在することもあります。また、各節・各項の内容によっては、1before.accdbファイルと2after.accdbファイルのいずれかしかないこともあります。

CHAPTER 1

クエリの基本

CHAPTER 1

クエリを使ってできること

Accessは、リレーショナルデータベースと呼ばれる種類のソフトウェアです。リレーショナルデータベースでは、データベース内のデータにアクセスするには「クエリ」を使用します。

1-1-1 クエリができること

クエリは、英語で書くとQueryです。その意味は、質問や問い合わせといったものになります。Accessでは、データベース内データの検索や、データ追加、削除、更新にクエリを使用します。単純に検索するだけではなく、集計したり、順番を並べ替えたり、計算を行ったりといったことも可能です。

つまり、クエリを使うことで、Access内のデータを自由自在に扱うことが可能なのです。

Excelにはクエリはありませんが、似た機能にフィルターがあります。Accessクエリと Excelのフィルターを比較してみましょう（**表1**）。

表1 AccessとExcelの比較

比較項目	Accessクエリ	Excelフィルター
データの元	テーブル	シート
データの抽出	可能	可能
データの並べ替え（ソート）	可能	可能
データの集計・分析	可能	できない
データの追加・削除・更新	可能	できない

データの集計・分析は、Excelの場合、ピボットテーブルを使用すれば、可能ではあります。Accessクエリは、Excelのフィルター機能とピボットテーブルでの集計機能、さらにはデータの追加、削除、更新の機能を合体させたもの、と考えてください。

Accessクエリで何ができるのかを**表2**にまとめます。

表2 クエリにできること

機能	内容
抽出	データの検索
集計	データの分析
加工	データの追加、削除、更新、テーブル作成

1-1-2 データの抽出（検索）

クエリにより、テーブルに蓄積されているデータの中からレコード、フィールドを**抽出**して表示することができます（**図1**）。

図1 データの抽出

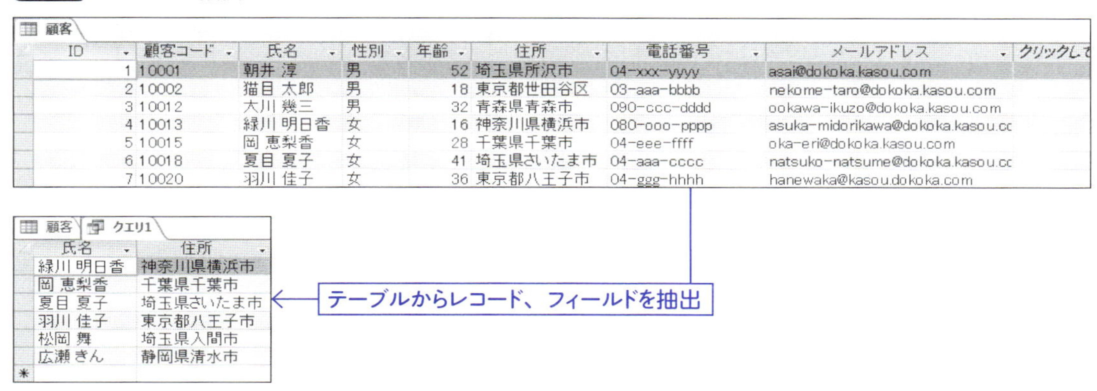

顧客

ID	顧客コード	氏名	性別	年齢	住所	電話番号	メールアドレス	クリックして
1	10001	朝井 淳	男	52	埼玉県所沢市	04-xxx-yyyy	asai@dokoka.kasou.com	
2	10002	猫目 太郎	男	18	東京都世田谷区	03-aaa-bbbb	nekome-taro@dokoka.kasou.com	
3	10012	大川 幾三	男	32	青森県青森市	090-ccc-dddd	ookawa-ikuzo@dokoka.kasou.com	
4	10013	緑川 明日香	女	16	神奈川県横浜市	080-ooo-pppp	asuka-midorikawa@dokoka.kasou.cc	
5	10015	岡 恵梨香	女	28	千葉県千葉市	04-eee-ffff	oka-eri@dokoka.kasou.com	
6	10018	夏目 夏子	女	41	埼玉県さいたま市	04-aaa-cccc	natsuko-natsume@dokoka.kasou.cc	
7	10020	羽川 佳子	女	36	東京都八王子市	04-ggg-hhhh	hanewaka@kasou.dokoka.com	

顧客 クエリ1

氏名	住所
緑川 明日香	神奈川県横浜市
岡 恵梨香	千葉県千葉市
夏目 夏子	埼玉県さいたま市
羽川 佳子	東京都八王子市
松岡 舞	埼玉県入間市
広瀬 きん	静岡県清水市

1-1-3 データの集計（分析）

テーブルに蓄積されているレコードをグループに分類して、その合計値や平均値を計算することで「男女の年齢比」といった**分析**を行うことができます（**図2**）。

またクロス集計を行えば、二次元集計表を作成できるので、多角的な分析が可能になります。

図2 データの集計

顧客 グループ化

年齢の合計	年齢の平均	性別
162	27	女
128	32	男

合計値、平均値をクエリで計算

1-1-4 データの加工

アクションクエリを使用することで、テーブルのレコードを一括で削除、更新を行うことが可能です。レコードの削除や更新はAccessの画面操作で行うことも可能ですが、一括で削除、更新を行う場合は、クエリを作成した方が効率的です（図3）。

図3 データの加工

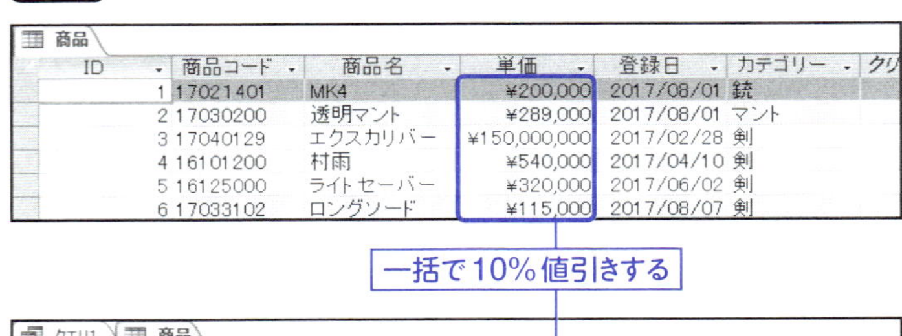

商品

ID	商品コード	商品名	単価	登録日	カテゴリー	クリ
1	17021401	MK4	¥200,000	2017/08/01	銃	
2	17030200	透明マント	¥289,000	2017/08/01	マント	
3	17040129	エクスカリバー	¥150,000,000	2017/02/28	剣	
4	16101200	村雨	¥540,000	2017/04/10	剣	
5	16125000	ライトセーバー	¥320,000	2017/06/02	剣	
6	17033102	ロングソード	¥115,000	2017/08/07	剣	

クエリ1 商品

ID	商品コード	商品名	単価	登録日	カテゴリー	クリ
1	17021401	MK4	¥200,000	2017/08/01	銃	
2	17030200	透明マント	¥289,000	2017/08/01	マント	
3	17040129	エクスカリバー	¥135,000,000	2017/02/28	剣	
4	16101200	村雨	¥486,000	2017/04/10	剣	
5	16125000	ライトセーバー	¥288,000	2017/06/02	剣	
6	17033102	ロングソード	¥103,500	2017/08/07	剣	

クエリを分類

Accessクエリには、さまざまな機能があるため、○○クエリのように分類されています。目的に合わせてクエリを使えるように、その種類を把握しておきましょう。

1-2-1 種類

簡単にクエリの種類を表3にまとめます。

表3 クエリの種類

種類	内容
選択クエリ	最も使用頻度の高いクエリ。データの抽出（検索）とデータの分析（集計）が可能
クロス集計クエリ	高度なデータの分析（集計）が可能。Excelのピボットテーブルに相当する機能
テーブル作成クエリ	クエリの結果をテーブルに保存する
追加クエリ	レコードの追加を行う
更新クエリ	レコードの更新を行う
削除クエリ	レコードの削除を行う
重複クエリ	重複クエリウィザードで作成される選択クエリ。重複レコードの検索が可能
不一致クエリ	不一致クエリウィザードで作成される選択クエリ
ユニオンクエリ	UNIONを使用したクエリ。SQLビューでのみ編集可能
パススルークエリ	外部データベースへ問い合わせるためのクエリ。SQLビューでのみ編集可能
データ定義クエリ	テーブルを定義、変更する場合に使用するクエリ

なお、追加、更新、削除の3クエリは、まとめてアクションクエリと呼ばれることもあります。

1-2-2 ビュー

クエリは表示の方法を切り替えることが可能です。表示の方法（ビュー）にはデザインビュー、データシートビュー、SQLビューの3種類あります。

デザインビューは、クエリを編集することができる画面です（**図4**）。
デザインビューは、クエリの作成者が最も多くの時間、利用することになるでしょう。

図4 デザインビュー

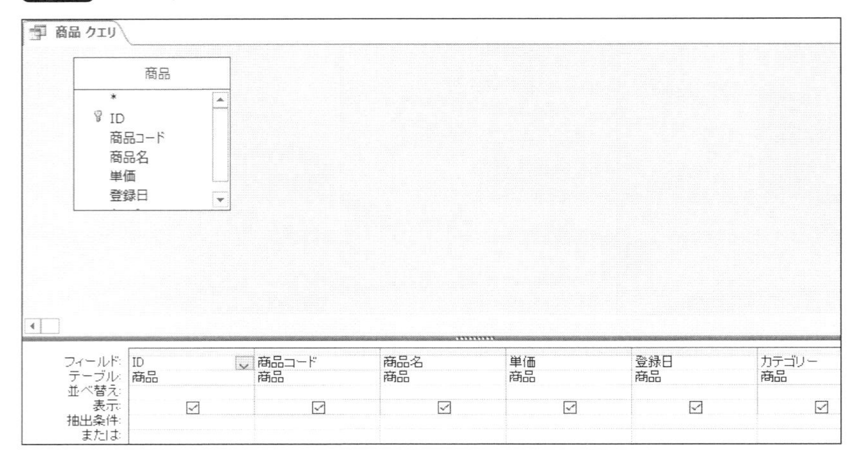

データシートビューは、クエリの実行結果を表示する画面です（**図5**）。
クエリを作成したら、実行して意図しているとおりに動作するかを確認しなければなりません。確認作業ではデータシートビューとにらめっこをする感じになります。
データシートビューでは、データを編集することが可能です。レコードの追加、削除、更新をアクションクエリの使用なしに、データシートビューで行うことも可能です。

図5 データシートビュー

商品 クエリ

ID	商品コード	商品名	単価	登録日	カテゴリー
1	17021401	MK4	¥200,000	2017/08/01	銃
2	17030200	透明マント	¥289,000	2017/08/01	マント
3	17040129	エクスカリバー	¥150,000,000	2017/02/28	剣
4	16101200	村雨	¥540,000	2017/04/10	剣
5	16125000	ライト セーバー	¥320,000	2017/06/02	剣
6	17033102	ロングソード	¥115,000	2017/08/07	剣
7	17050130	BK47	¥78,000	2017/03/19	銃
8	17061020	P39	¥220,000	2017/08/17	銃
9	17070001	黒いマント	¥40,000	2017/08/04	マント
(新規)			¥0		

SQLビューは、SQLを記述することができる画面です（**図6**）。
SQLの熟練者であれば、デザインビューを使わずSQLビューでクエリを書いてしまう、ということもあります。
また、ユニオンクエリなどSQLビューでしか表示できないクエリも存在します。
なお、本書では、SQL構文を解説する際に、SQLビューを使用します。

図6 SQLビュー

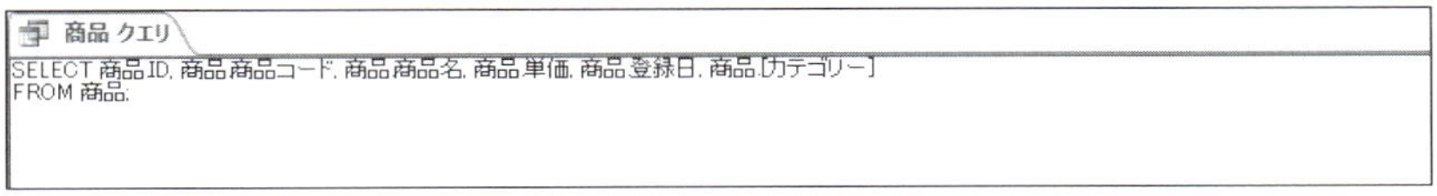

```
商品 クエリ
SELECT 商品.ID, 商品.商品コード, 商品.商品名, 商品.単価, 商品.登録日, 商品.[カテゴリー]
FROM 商品;
```

これらのビューは、必要な際に切り替えることが可能です。

クエリは、デザインビューまたはSQLビューで作成し、作成できたら、クエリを実行して、データシートビューで表示します。クエリの実行には、[実行]をクリックします。ビューをデータシートビューに切り替えることでもクエリが実行され、その結果が表示されます(図7)。

図7 クエリを作成する場合

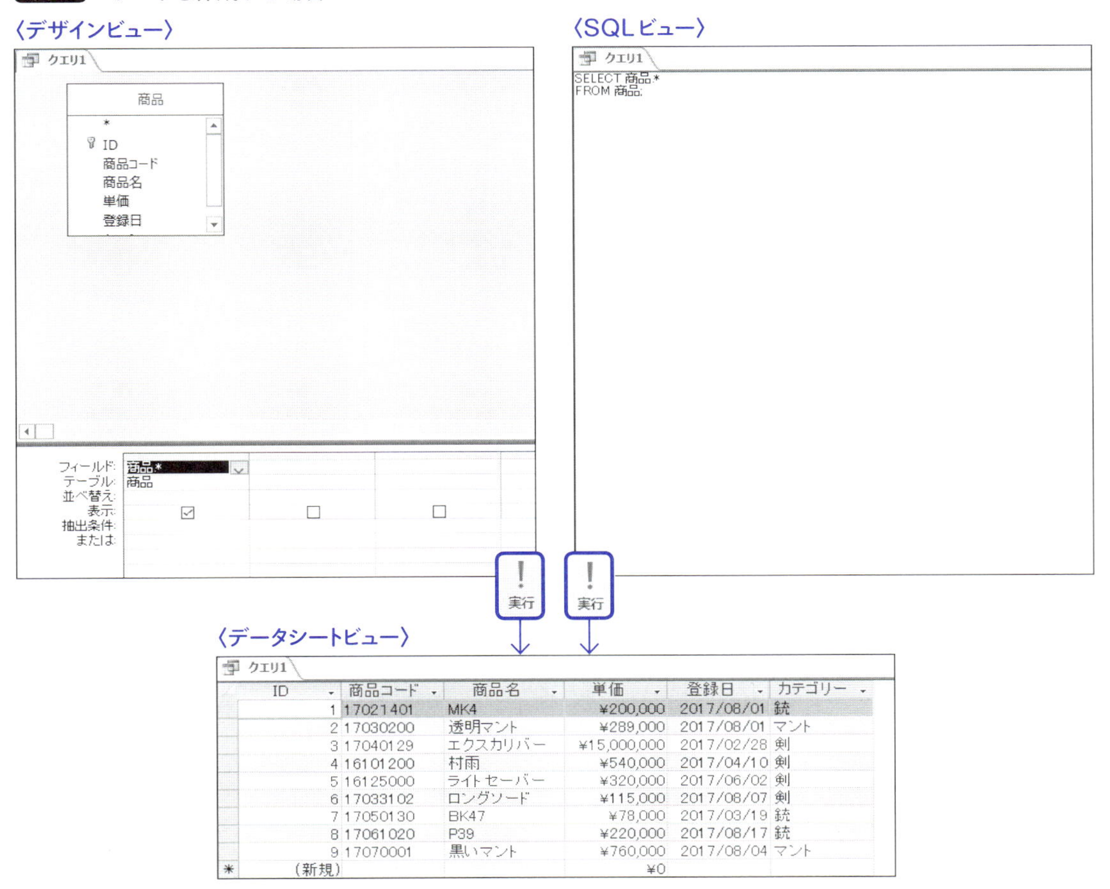

また、データシートビューで問題が発生したら、デザインビュー、SQLビューに戻ってクエリを修正します(図8)。

図8 クエリを修正する場合

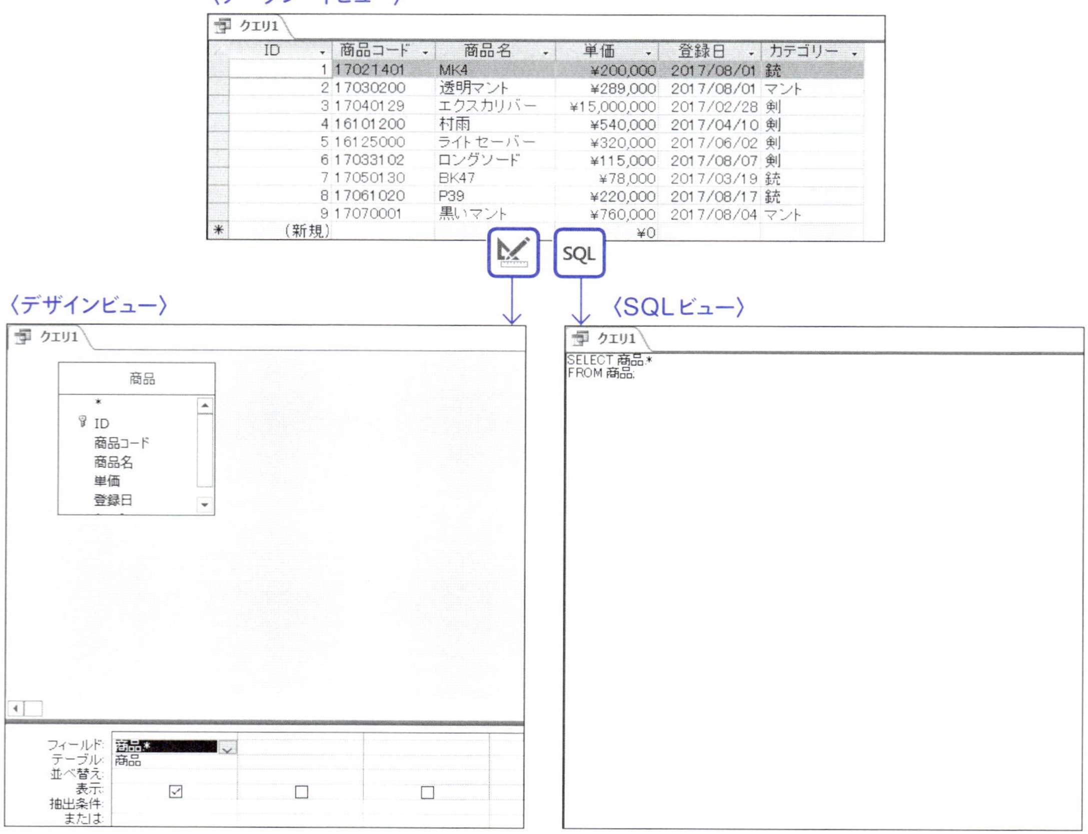

ビューの切り替えは、[ホーム]タブの[表示]をクリックすることで行います。具体的な操作の方法は**1-4-2**(28ページ)で解説します。

1-2-3 アクションクエリの実行結果

通常、クエリを実行すると、ビューがデータシートビューに切り替わり、実行結果がそこに表示されます。

しかし、データの追加、削除、更新を行うアクションクエリについては、クエリを実行してもデータシートビューが表示されません。

図9のようなメッセージが表示され、データ操作を行うかどうかのユーザー判断が要求されます。

図9 アクションクエリの実行結果

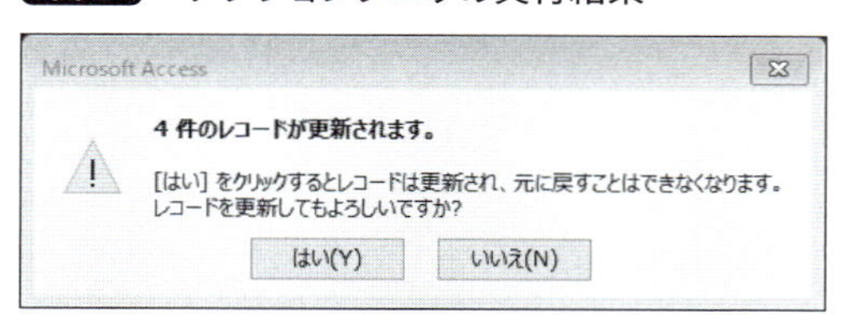

作成するための３つの方法

**クエリを作成するには、大きく次の３つの方法があります。
1 ウィザードで作成・2 デザインビューで作成・3 SQLを使って作成
それぞれ方法別に、簡単に概要を解説します。**

1-3-1 ウィザードで作成

クエリウィザードを使用することで、クエリのパラメーターを対話形式で指定して、クエリを作成する方法です。クエリウィザードで作成できるクエリの種類は、次の４つのクエリです。

選択クエリ・クロス集計クエリ・重複クエリ・不一致クエリ

ウィザードを進めていき、最終的にクエリが作成されます（**図10**）。具体的な作成方法は**1-4**（25ページ）で解説します。

図10　ウィザードの流れ

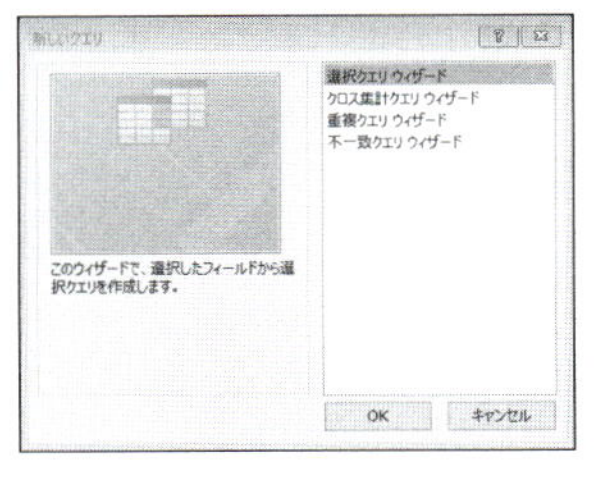

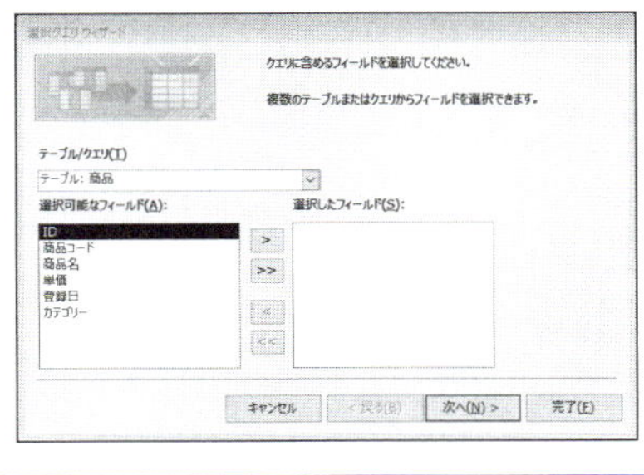

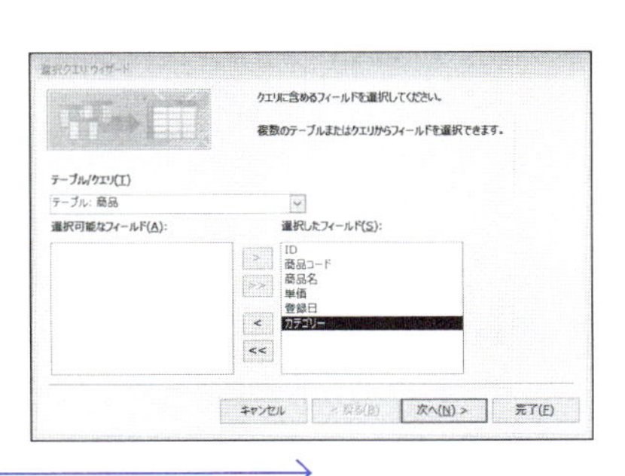

ウィザードを進めていくと
最終的にクエリが作成される

クエリ
商品 クエリ

1-3-2 デザインビューで作成

クエリデザインのウィンドウを表示して、ウィンドウにテーブルを追加するなどの操作を行ってクエリを作成していく方法です（**図11**）。

ウィザードで作成したクエリをデザインビューで開いて編集することも可能です。多くのケースで使用される作成方法です。

図 11 デザインビューでの操作

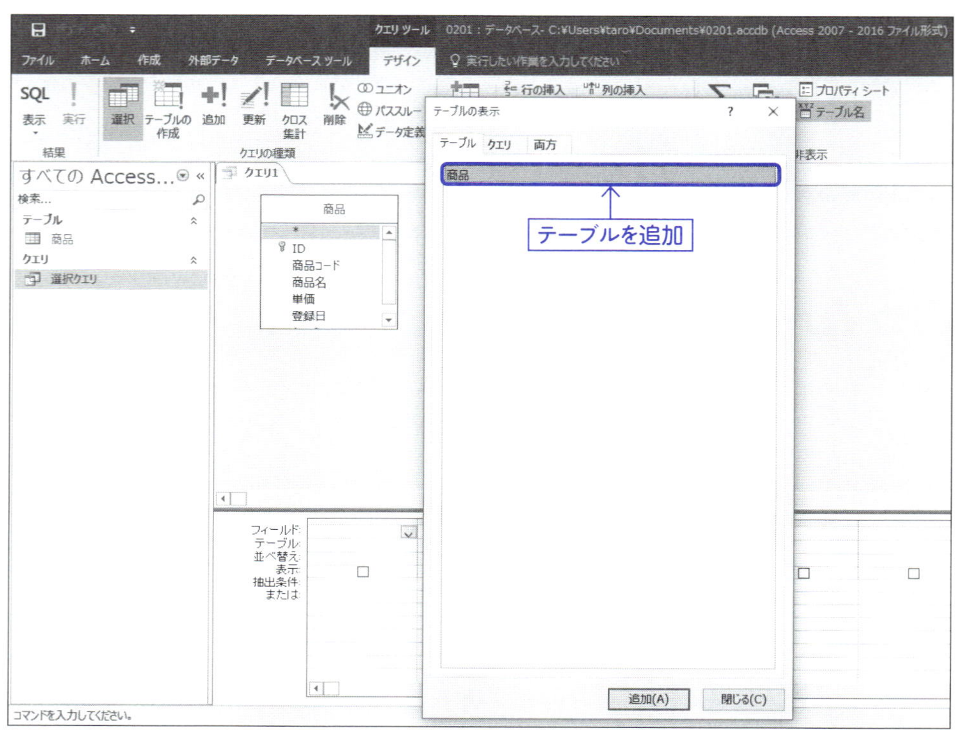

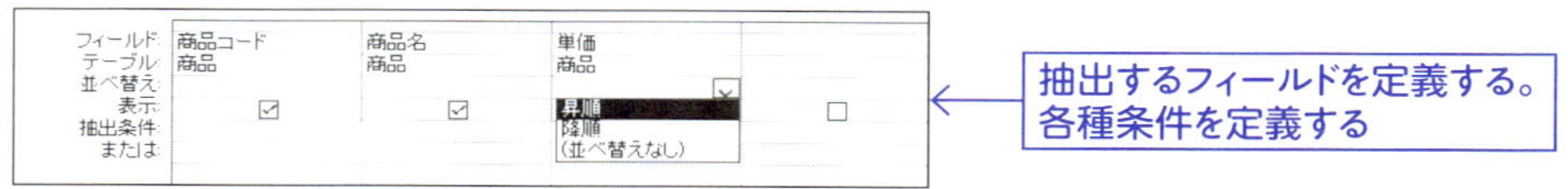

1-3-3 SQLで作成

クエリデザインのウィンドウをSQLビューで表示し、ウィンドウに対してSQLコマンドを入力することでクエリを作成していく方法です（図12）。SQL命令を理解する必要がありますが、次の２つのクエリはSQLビューでのみ編集可能です。

ユニオンクエリ・パススルークエリ

図 12 SQLビューでの操作

クエリ1
SELECT * FROM 商品 WHERE カテゴリー='剤';

SQL命令を入力

クエリウィザード

クエリウィザードを使用して、選択クエリを作成します。
クエリを作成する際にあたり、あらかじめクエリで利用するテーブルを作成しておいてください。

1-4-1 クエリウィザードで選択クエリの作成

クエリウィザードで選択クエリを作成します。クエリの元となるテーブルが必要ですが、今回は、「商品テーブル」を利用してクエリを作成します。商品テーブルが存在する状態で作業を進めてください。

付録CD-ROMのサンプルには商品テーブルが作成済です。テーブルの作成方法については、6-1（180ページ）を参照してください。

［作成］タブをクリックして、［作成］のリボンを表示させます（図13）。

図13 ［作成］タブをクリック

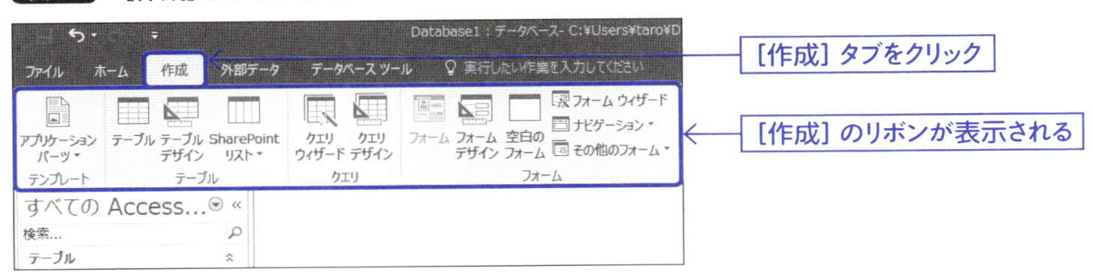

続いて、［クエリウィザード］をクリックします（図14）。

図14 ［クエリウィザード］をクリック

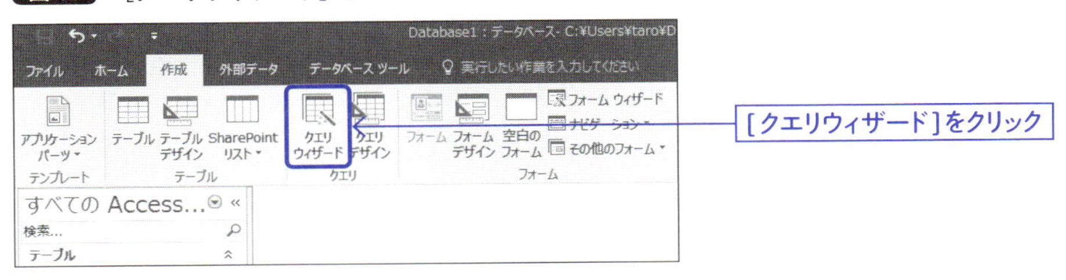

これでウィザードが始まります。クエリウィザードの最初の画面では、ウィザードの種類をリストから選択します。[選択クエリウィザード]をクリックします。次に、[OK]をクリックします(図15)。

図15 [選択クエリウィザード]をクリック

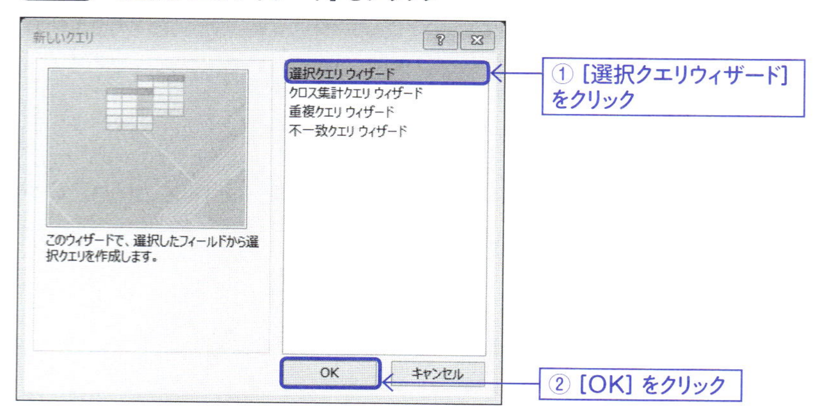

選択クエリウィザードの最初の画面では、クエリの元となるテーブルとフィールドの選択です。[テーブル/クエリ]には「テーブル:商品」を選択します。[>>]をクリックして、すべてのフィールドを[選択したフィールド]に移動させます(図16)。

図16 クエリに含めるフィールドを選択

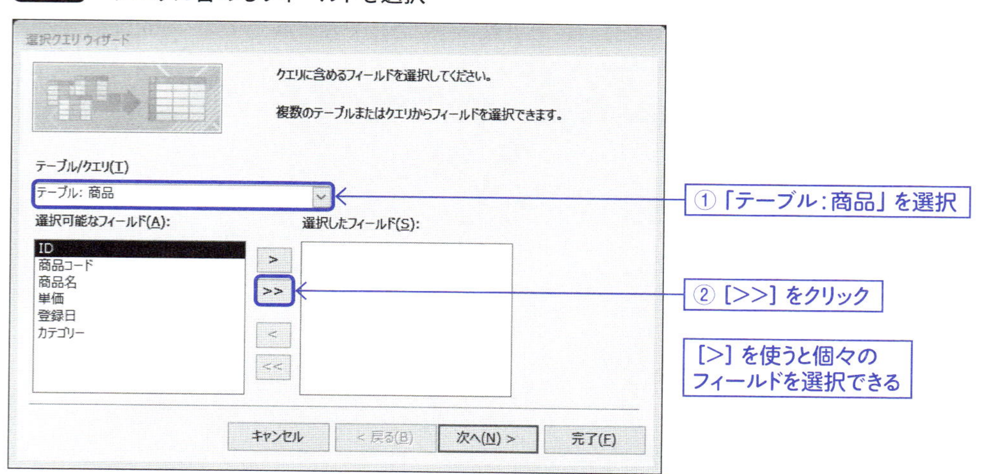

［選択したフィールド］に移動できたら、［完了］をクリックします（図17）。

図17　［完了］をクリックしてウィザードを進める

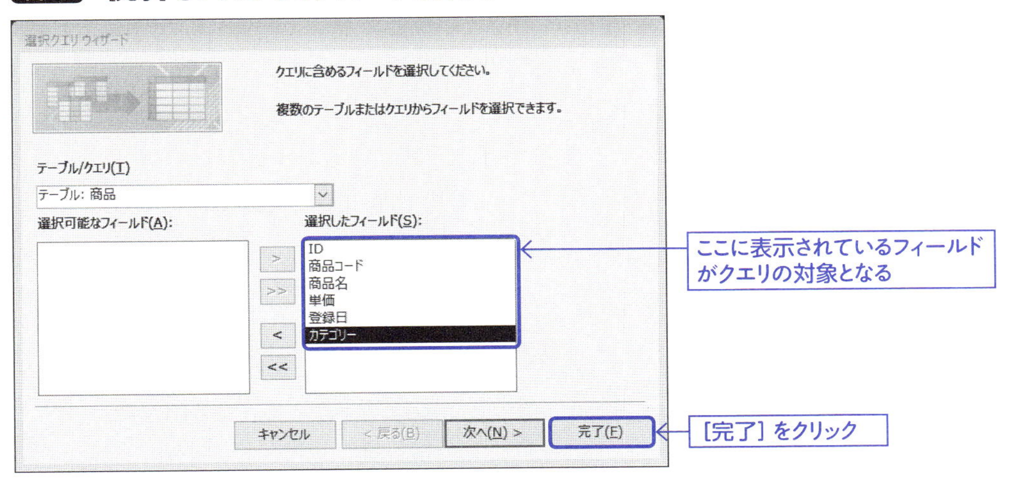

選択クエリウィザードでクエリを作成することができました（図18）。

図18　クエリが実行され、結果が表示される

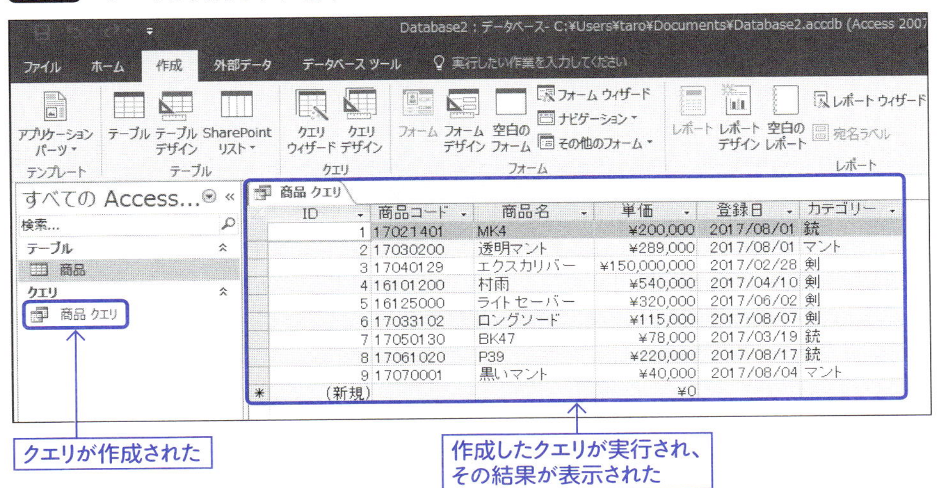

名前は自動生成で「商品 クエリ」になります。ウィザードの最後まで進めると名前を変更する画面になりますので、名前を変更したい場合、ウィザードを最後まで進めてください。

1-4-2 表示方法（ビュー）の変更

ウィザードでクエリを作成すると、作成されたクエリが実行されてその結果が表示されました。実行結果はデータシートビューで表示されます。

クエリには次の3つの表示状態（ビュー）があることを解説しました。

デザインビュー・データシートビュー・SQLビュー

Accessでは、これらのビューを切り替えて表示することで、クエリを作成・編集していきます。[ホーム]タブをクリックし、[表示]の上部をクリックします（図19）。

図19 データシートビューを表示

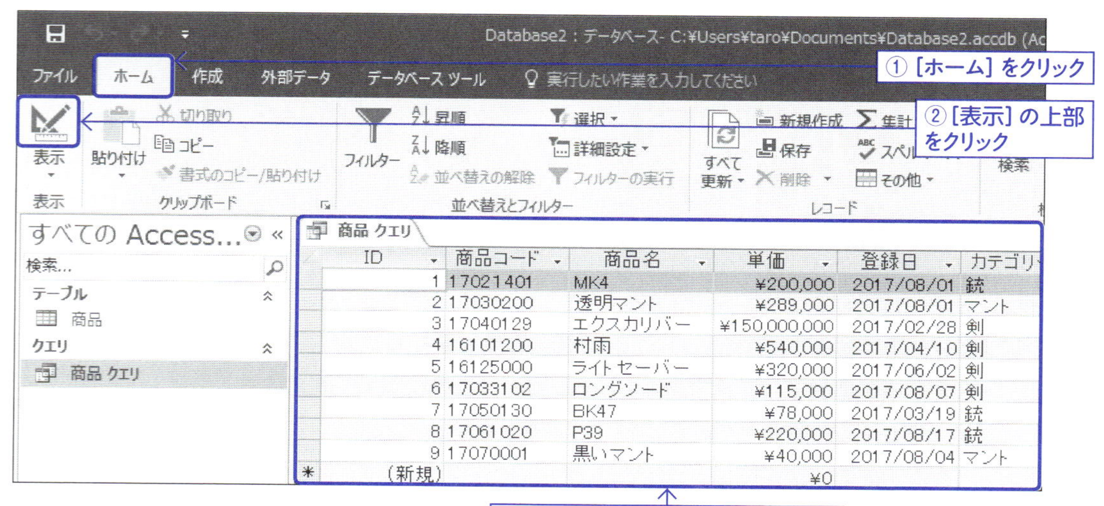

デザインビューに切り替える場合、[表示]の下部をクリックして、[デザインビュー]をクリックします（図20）。

[表示]の下部をクリックすると、ビューのリストが表示されます。

図20 デザインビューに切り替える

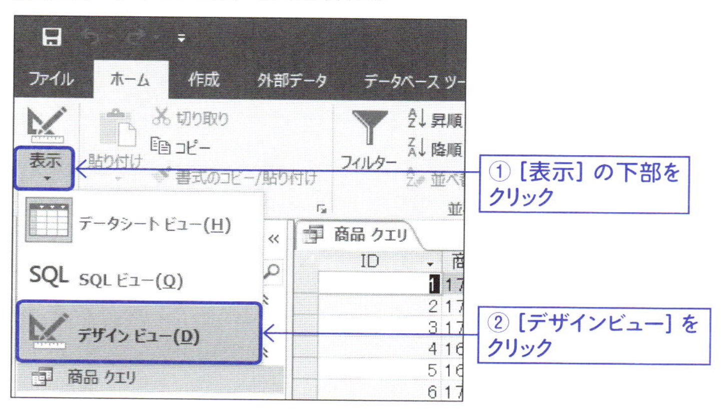

デザインビューに切り替えると、[デザイン] タブが表示されます。

デザインのリボンにも [表示] があります。[表示] の上部をクリックすると (図21)、データシートビューになります。

図 21　デザインビューの表示

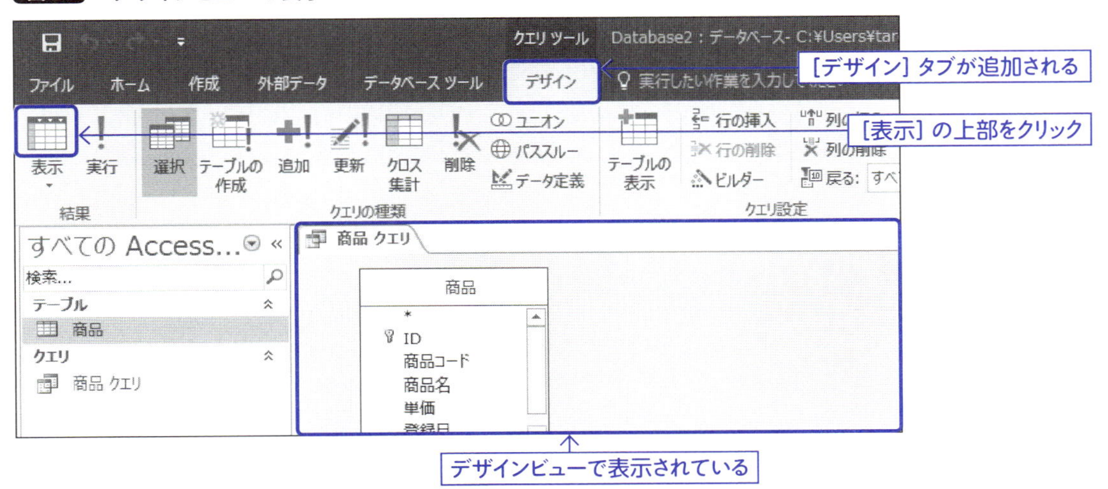

また、デザインビューでは、[実行] をクリックすることでも、データシートビューに切り替えることが可能です。

SQL ビューに切り替える場合は、[表示] の下部をクリックして、ビューのリストを表示し、[SQL ビュー] をクリックします (図22)。SQL ビューでも [デザイン] タブが表示されます。

図 22　SQL ビューへの切り替え

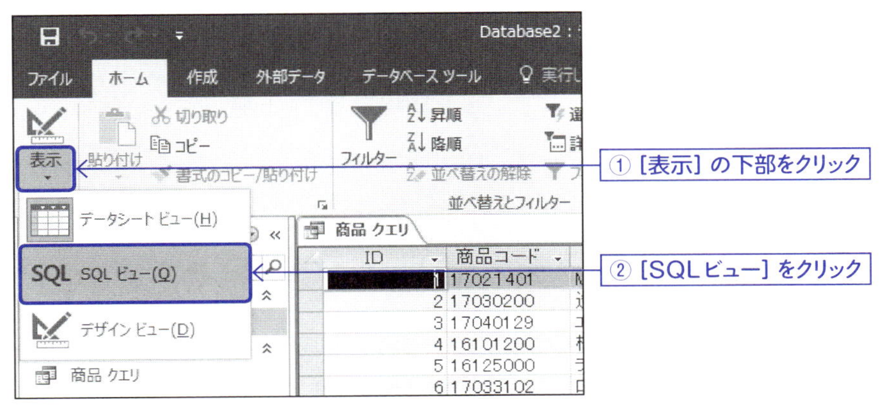

クエリの編集・エクスポート

作成したクエリは、自由にあとから編集することが可能です。ここではクエリの編集方法について解説します。

1-5-1 作成したクエリを開く・閉じる

クエリは作成されると、データベースファイルの中に保存され、ナビゲーションウィンドウに表示されます（図23）。

クエリを実行するとその結果がデータシートビューで表示されますが、そのすべてのデータがクエリに記録されるわけではありません。

クエリにはテーブルからデータを抽出して表示するための、問い合わせの命令だけが記録されています。そのため、データの検索処理が行われるクエリでは、処理時間がかかることがあります。

図23 ナビゲーションウィンドウの操作

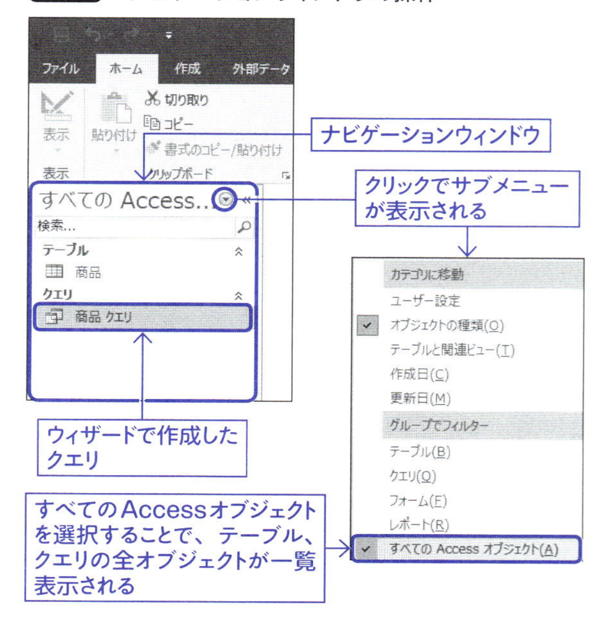

ナビゲーションウィンドウに表示されているクエリを右クリックすると、メニューが表示されます。表示されたメニューから［開く］をクリックすると、クエリをデータシートビューで表示させることができます（図24）。

また、ナビゲーションウィンドウのクエリをダブルクリックまたは［Enter］を押すことでも、クエリをデータシートビューで表示させることが可能です。

図24 ナビゲーションウィンドウからクエリを開く

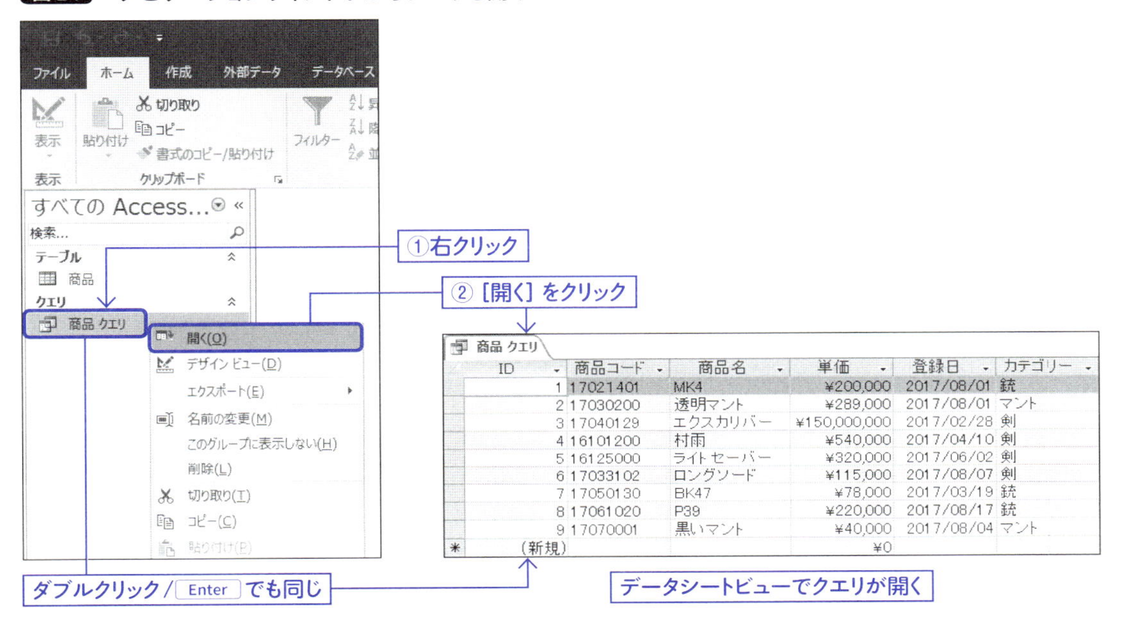

クエリを右クリックして表示されるメニューから［デザイン ビュー］をクリックすると、クエリをデザインビューで表示させることができます（図25）。

図25 デザインビューでクエリを表示

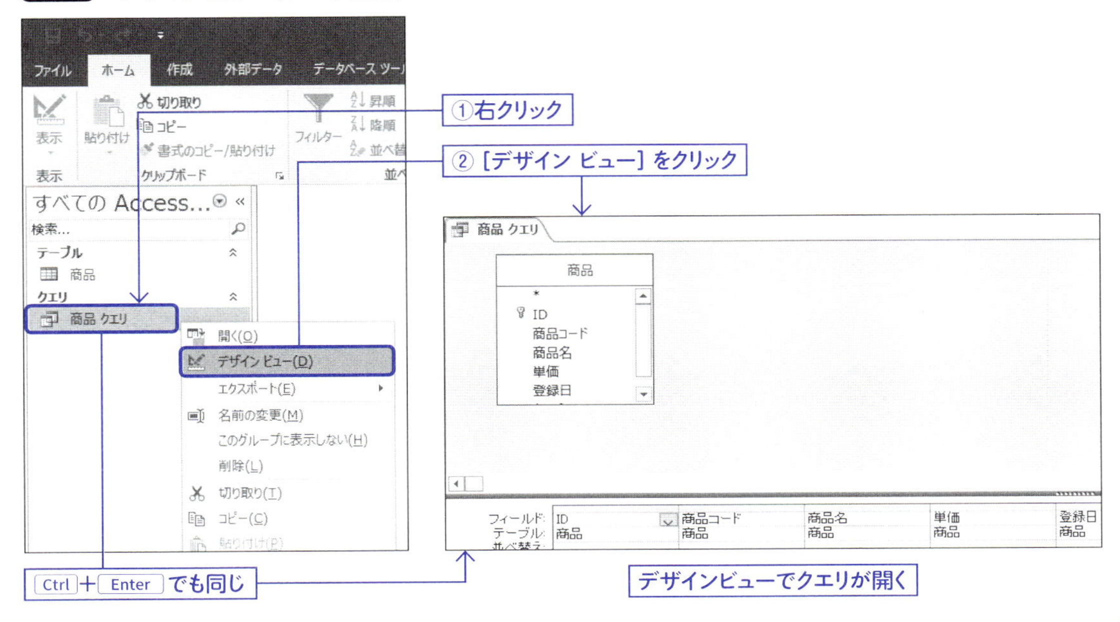

データベース内には、クエリを複数作成することが可能です。複数のクエリを開いて表示すると、タブ形式で表示されます。タブの部分を右クリックするとメニューが表示されますので、[閉じる]をクリックすると、そのクエリを閉じることができます(図26)。

図26 クエリを閉じる

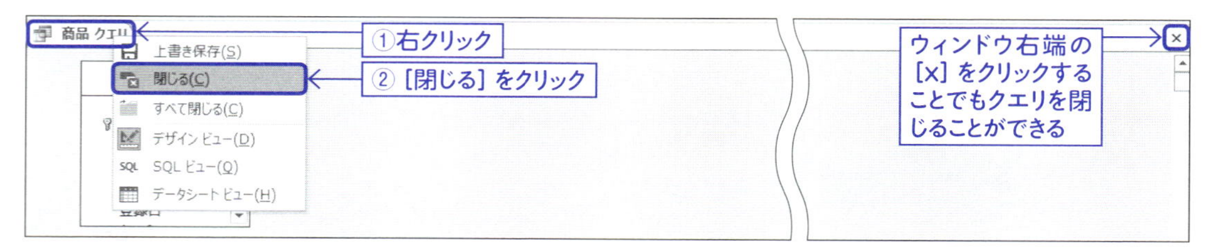

クエリを閉じる際に、保存するかどうかを質問される場合があります。データベースファイルにクエリが保存されていない状態なので、しっかり保存しておきましょう。

また、クエリは一度閉じても保存されていれば、再度開くことが可能です。

1-5-2 クエリのコピー

作成したクエリからコピー&ペーストで、複製を作ることが可能です。ここでは、クエリのコピー方法を解説します。

ナビゲーションウィンドウに表示されているクエリをクリックして選択します。[ホーム]タブの[コピー]をクリックします(図27)。

図27 [コピー]を選択

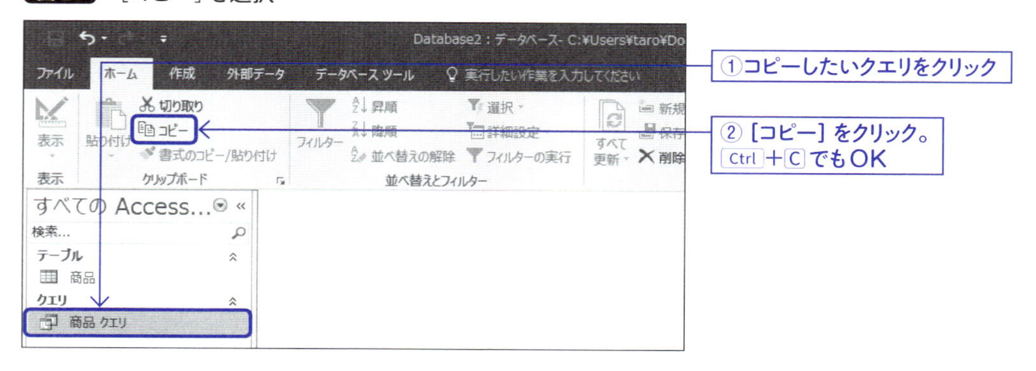

[コピー]をクリックすると、その横の[貼り付け]が有効になります(図28)。有効になっていない場合、再度[コピー]をクリックしてください。

図28　［貼り付け］を選択

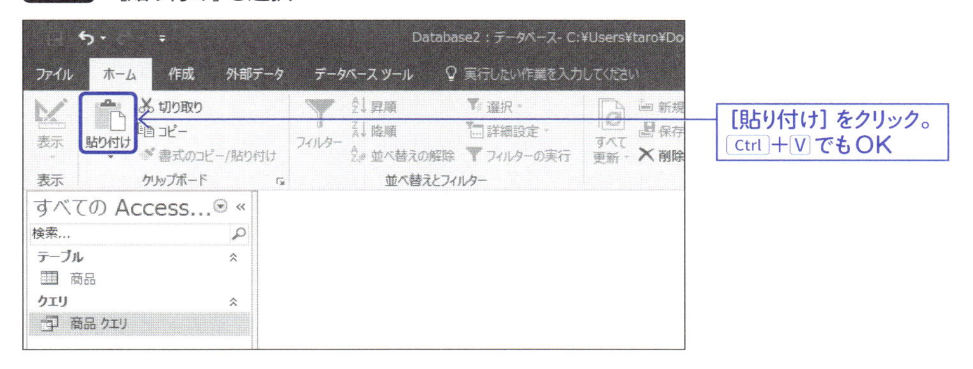

［貼り付け］をクリックすると、クエリの名称を入力するウィンドウが表示されます。デフォルトはコピー時に選択されているクエリの名称に「のコピー」が付いたものとなります。本来は適切な名前を付けますが、ここではそのままにして、［OK］をクリックします（図29）。

図29　クエリの複製が作成された

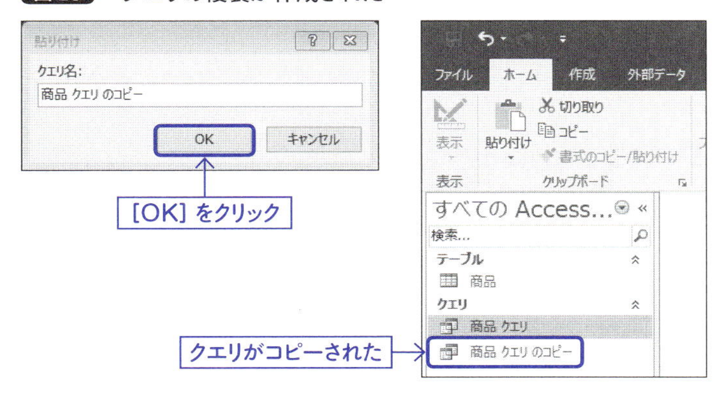

作成された「商品 クエリのコピー」は、「商品 クエリ」とまったく同じものです。

Accessを複数起動しておいて、別のデータベースファイルへコピー＆ペーストすることも可能です。ただし、クエリの元となるテーブルも一緒にコピーする必要があります。

クエリのバックアップを行いたい場合、コピー＆ペーストがよく利用されます。

1-5-3　クエリの削除

作成したクエリは、不要になったら削除することができます。クエリを削除しても、元となったテーブルのデータは消えません。安心してクエリを削除してください。

ナビゲーションウィンドウ上で、削除したいクエリをクリックして選択します。ここでは、コピーして作成した「商品 クエリ のコピー」を削除しますので、それをクリックします(図30)。

図30 削除したいクエリを選択

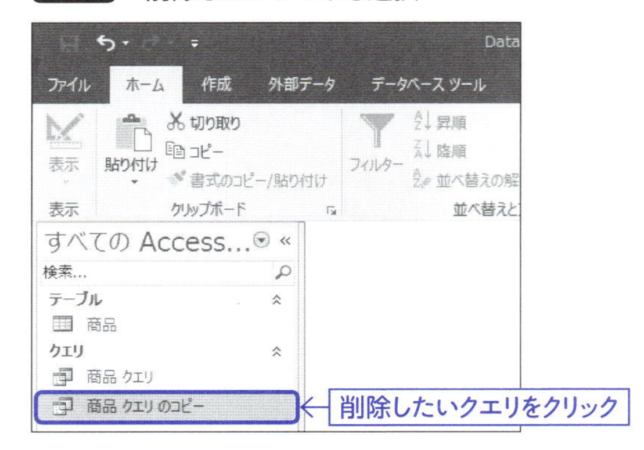

[ホーム]タブの[削除]をクリックします。確認メッセージについては、[はい]をクリックします(図31)。

図31 削除を実行

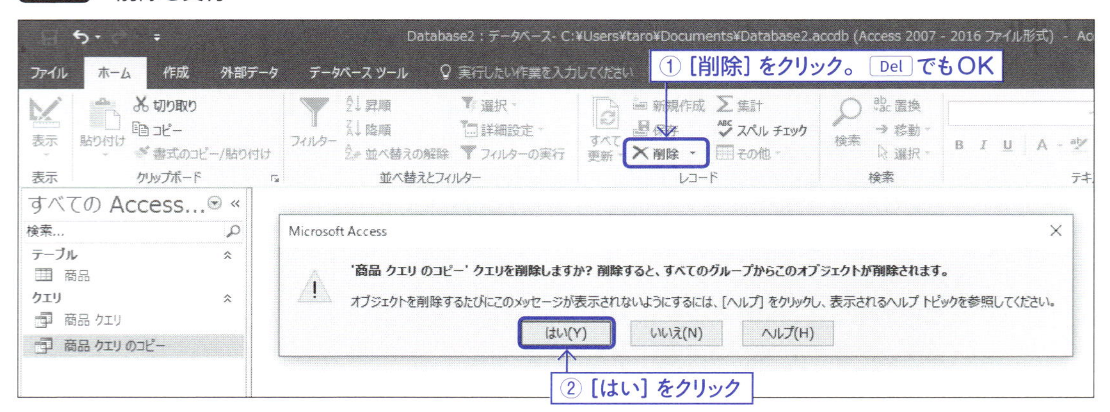

1-5-4 クエリのエクスポート

クエリの実行結果または定義をエクスポートすることが可能です。

エクスポートする際に、その形式を選択することができます。エクスポートの形式でAccess以外を選択した場合、クエリの実行結果がエクスポートされます。

実行結果なので、レコードのデータも含まれます。Access形式でクエリをエクスポートした場合は、クエリの定義だけがエクスポートされます(表4)。

表4 エクスポート形式の違い

形式	エクスポートできるもの
Access形式でエクスポート	クエリの定義のみ
Access形式以外でエクスポート	データのみ

ここでは、Excel形式でクエリをエクスポートする手順を紹介します。

取引先などの外部にデータを渡したい場合に、エクスポートが使用されます。

ナビゲーションウィンドウに表示されているクエリを右クリックすると、メニューが表示されます。メニューから[エクスポート]、[Excel]の順にクリックします(図32)。

図32 Excel形式でクエリをエクスポート

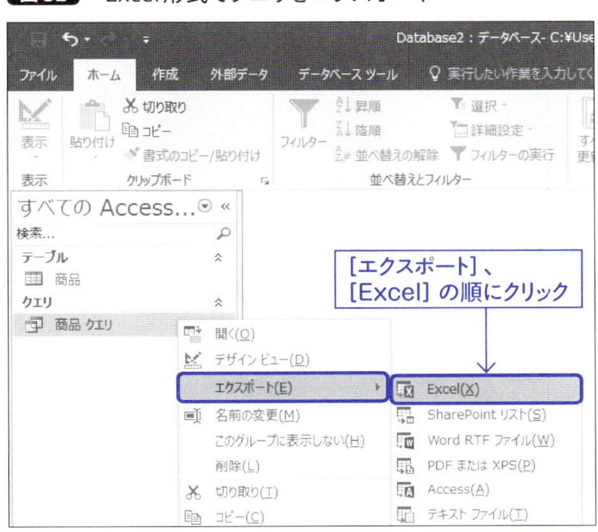

[Excel]をクリックすると、エクスポート先のファイル名を入力するウィンドウが表示されます。ここでは、デフォルトのまま[OK]をクリックします(図33)。

図33 出力先のファイルの指定

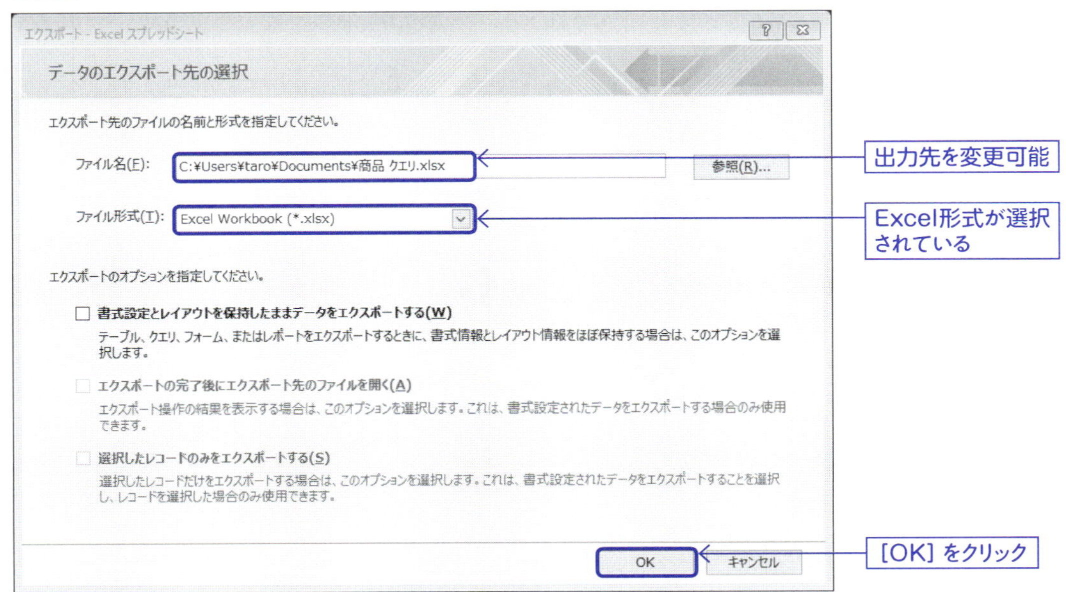

エクスポート操作を保存するかどうかのウィンドウが表示されます。エクスポート操作を何度も繰り返して行う場合は、操作を保存しておくと便利です。ここでは、保存は行わず、[閉じる]をクリックします(図34)。

図34 エクスポートの終了

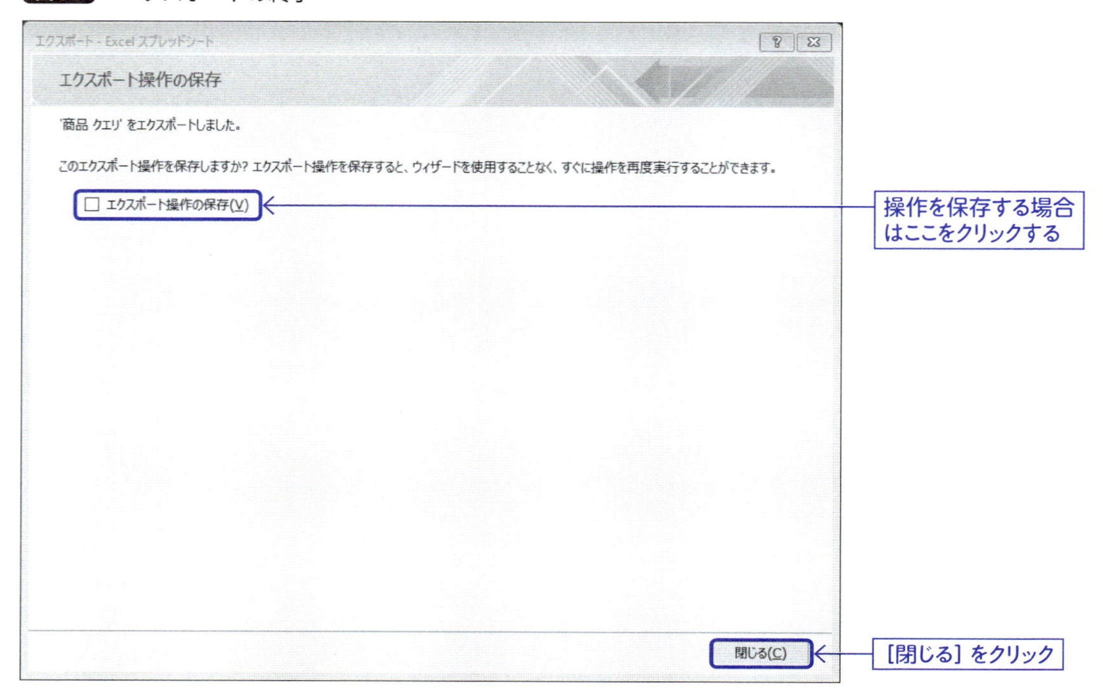

これで、指定したファイルにエクスポートされます。

選択クエリ

CHAPTER 2

デザインビューで作成

選択クエリは、標準的なクエリで最も頻繁に使用されるクエリです。ここでは、選択クエリをデザインビューで作成していく手順を解説します。慣れてしまえば、ウィザードで作成するよりも簡単です。

2-1-1 デザインビューでクエリの作成

CHAPTER 1（25ページ）では、クエリウィザードを使用して、クエリを作成しました。ここでは、ウィザードは使用せず、クエリデザインを使ってクエリを作成していく方法について解説します。

クエリは、データベースへの問い合わせです。データベース内にデータが存在しない状態であると、クエリを作成することができません。データベースにテーブルを作成してから始めてください。

［作成］タブをクリックして、作成のリボンを表示させます（図1）。

図1 ［作成］タブをクリック

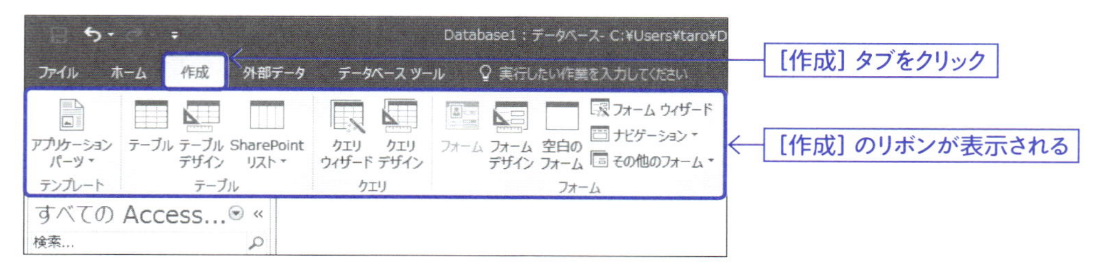

［クエリデザイン］をクリックします（図2）。

図2 ［クエリデザイン］をクリック

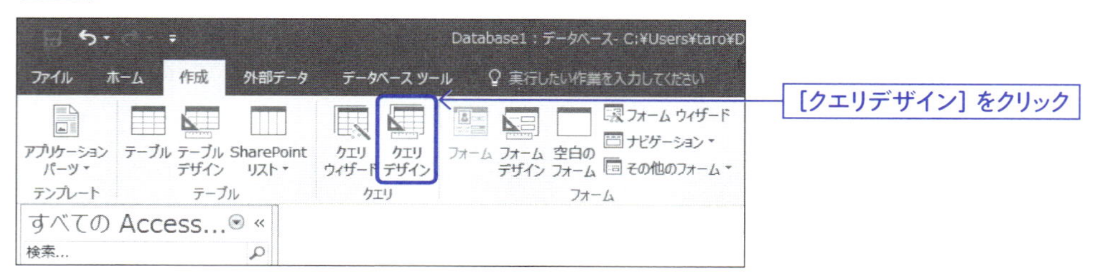

テーブルの表示のウィンドウが表示されます。選択クエリで使用したいテーブルを選択します(図3)。

図3 テーブルを選択する

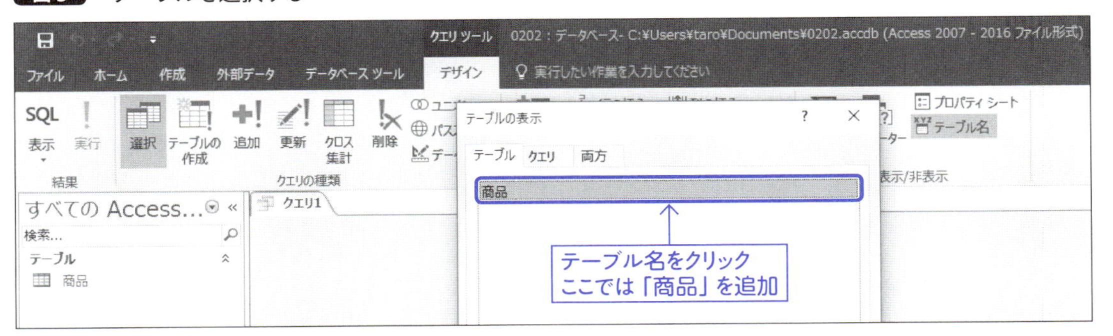

ウィンドウ下の[追加]をクリックすることで、クエリにテーブルを追加することができます(図4)。

あとからテーブルの表示のウィンドウを呼び出すこともできるので(**2-1-3** 41ページ)、テーブルを追加することなく、[閉じる]でウィンドウを閉じてしまっても構いません。

図4 [追加]をクリック

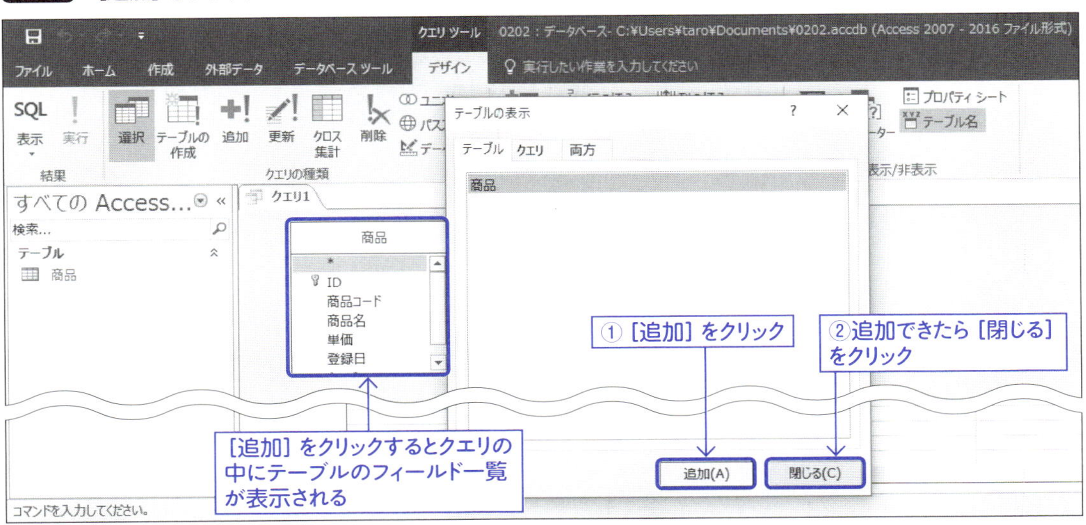

作成されたクエリは、「クエリ1」といった番号付きの名前になります。この番号は、Accessが連番を振ります。

デザインビューを開いた状態では、未保存の状態なので、ファイルに保存します。クエリの名前が付いたタブを右クリックして表示されたメニューから[閉じる]をクリックします(図5)。クエリを閉じます。「変更を保存しますか」とメッセージ表示されるので、[はい]をクリックします(図6)。

図5 クエリを閉じる

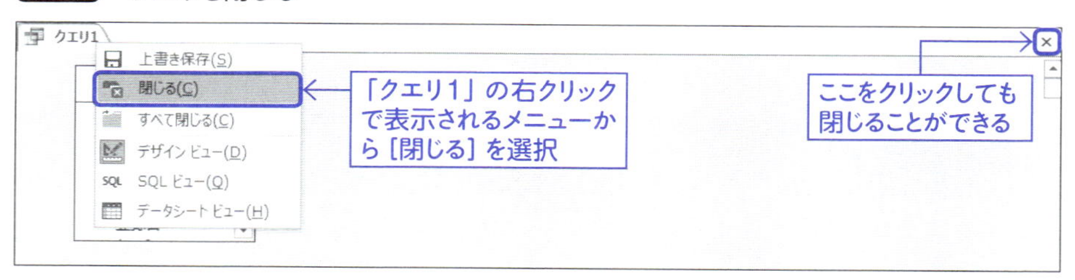

図6 ［はい］をクリック

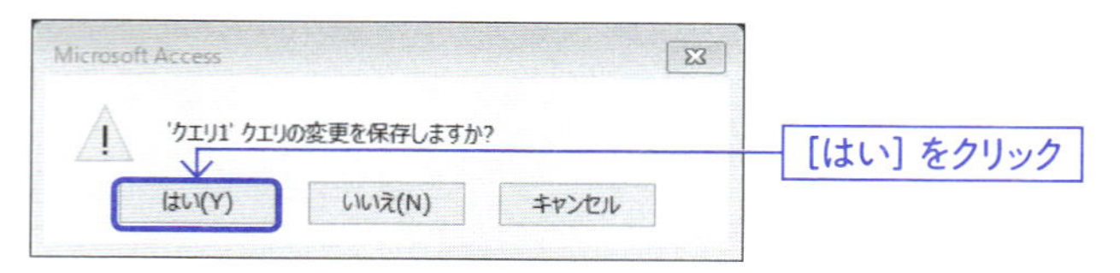

保存時にクエリ名を求められますので、クエリ名を入力します(図7)。ここでは、「選択クエリ」という名前にしました。クエリが保存されると、ナビゲーションウィンドウのクエリ一覧に追加表示されます(図8)。

図7 クエリ名を入力する

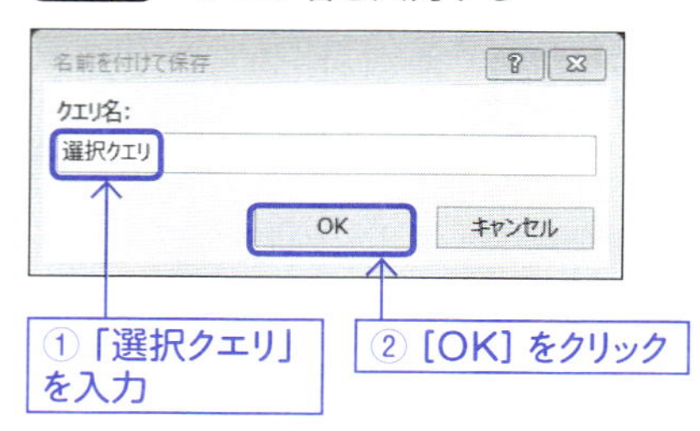

図8 クエリが追加された

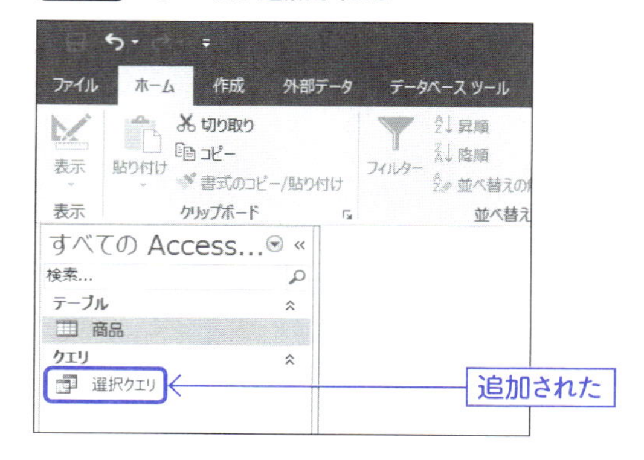

2-1-2 クエリの実行方法

クエリウィザードで作成したクエリと同様に、クエリ一覧に表示されているクエリは、データベース内に保存されているので、いつでも実行させることができます(図9)。

図 9 クエリの実行

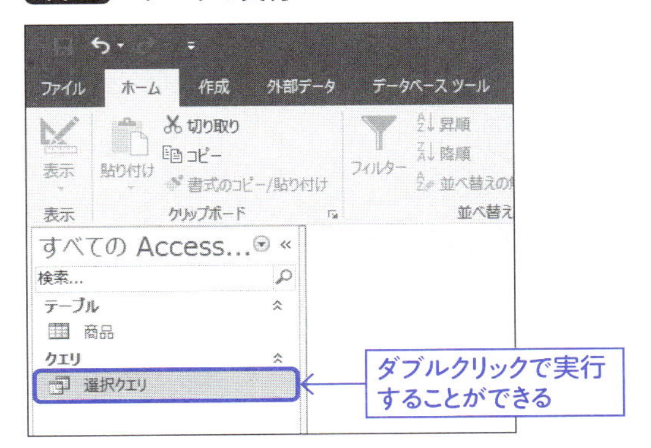

なお、ここで作成した選択クエリは、完成していないため、実行してもエラーが表示されます。

2-1-3 テーブルの表示の再表示

クエリに元となるテーブルをテーブルの表示ウィンドウから追加しました。[デザイン]タブの[テーブルの表示]をクリックすれば、テーブルの表示ウィンドウを表示させることができます(図10)。

図 10 [テーブルの表示]をクリック

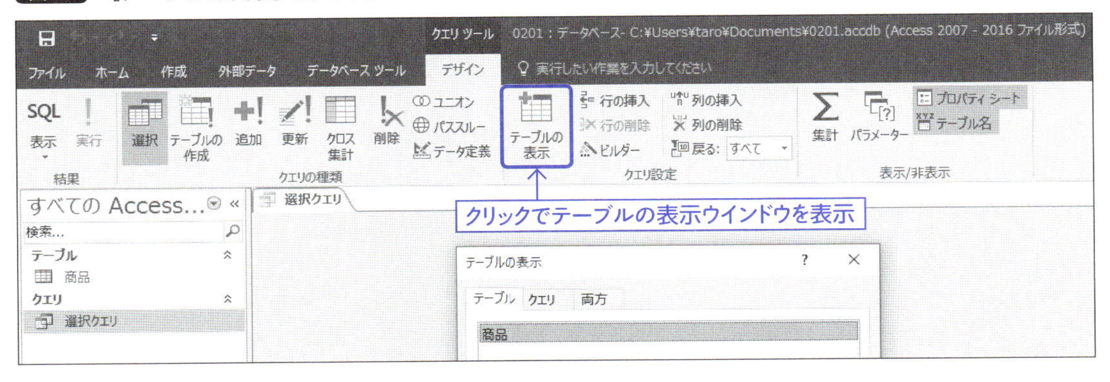

なお、間違えてテーブルを追加してしまったら、クエリ内のテーブルをクリックし選択状態にした上で Del キーを押すことで、クエリからテーブルを削除することができます。テーブル自体はデータベースから削除されることはありません。

テーブルの表示ウインドウを表示して、正しいテーブルを追加します。

2-2 レコードの並べ替え

ここでは、選択クエリの実行結果でレコードの順番を並べ替える方法を解説します。

2-2-1 並べ替えの方針

「商品」テーブルの「単価」フィールドが小さいものから順に並べ替えて、つまり安い順にレコードを取得します（図11）。

並べ替えは、実行結果のみで有効です。テーブルのレコード自体は並べ替えることはできません。

取得するフィールドは、「商品コード」、「商品名」、「単価」の３つだけに限定するようにします。

図11 「単価」が安い順に並べ替え

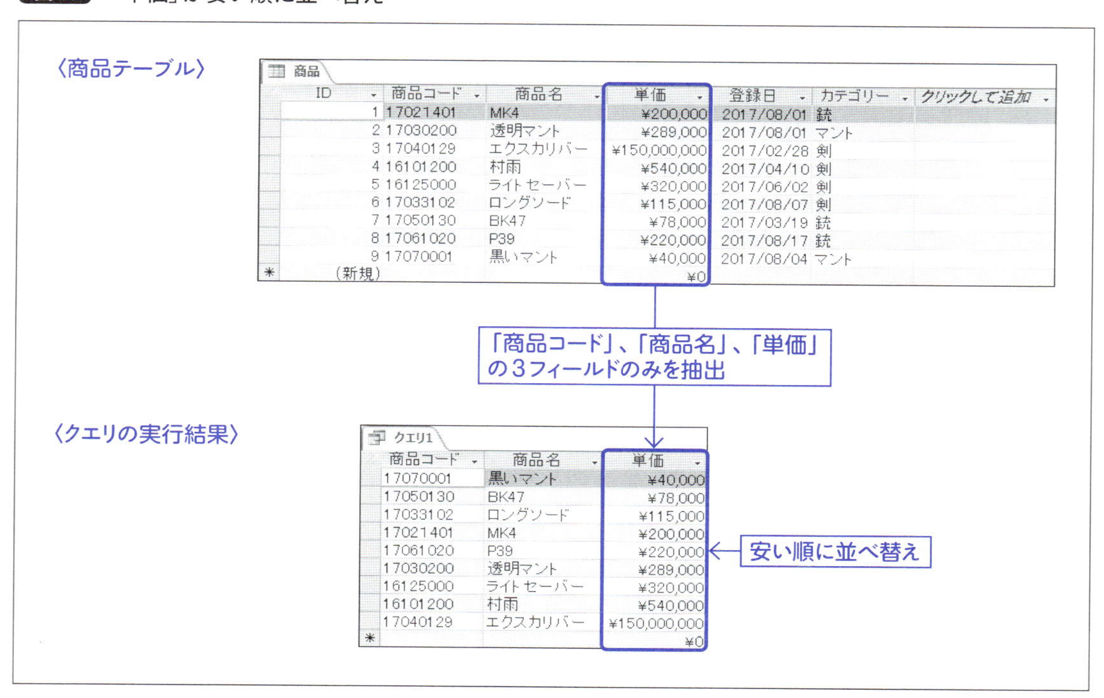

商品

ID	商品コード	商品名	単価	登録日	カテゴリー	クリックして追加
1	17021401	MK4	¥200,000	2017/08/01	銃	
2	17030200	透明マント	¥289,000	2017/08/01	マント	
3	17040129	エクスカリバー	¥150,000,000	2017/02/28	剣	
4	16101200	村雨	¥540,000	2017/04/10	剣	
5	16125000	ライトセーバー	¥320,000	2017/06/02	剣	
6	17033102	ロングソード	¥115,000	2017/08/07	剣	
7	17050130	BK47	¥78,000	2017/03/19	銃	
8	17061020	P39	¥220,000	2017/08/17	銃	
9	17070001	黒いマント	¥40,000	2017/08/04	マント	
(新規)			¥0			

クエリ1

商品コード	商品名	単価
17070001	黒いマント	¥40,000
17050130	BK47	¥78,000
17033102	ロングソード	¥115,000
17021401	MK4	¥200,000
17061020	P39	¥220,000
17030200	透明マント	¥289,000
16125000	ライトセーバー	¥320,000
16101200	村雨	¥540,000
17040129	エクスカリバー	¥150,000,000
		¥0

2-2-2 並べ替えの実行

クエリを作成して、「商品」テーブルを追加してください。商品のフィールド一覧から商品コード、商品名、単価の順にダブルクリックしていきます（図12）。

図12 フィールドを追加

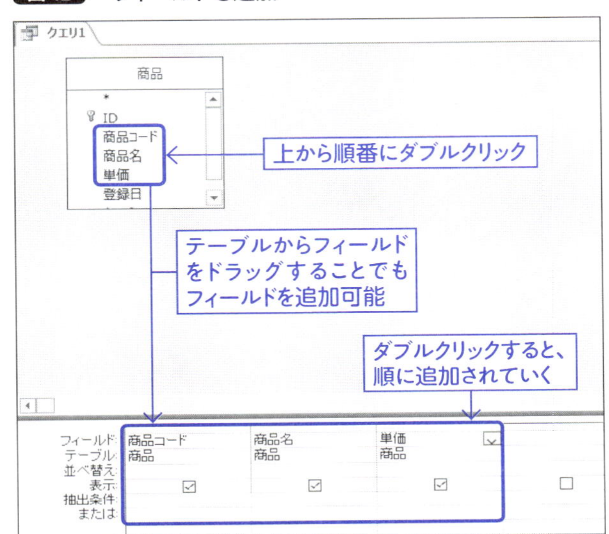

「単価」の［並べ替え］の入力欄で、「昇順」を選択します（図13）。

図13 並べ替えの入力

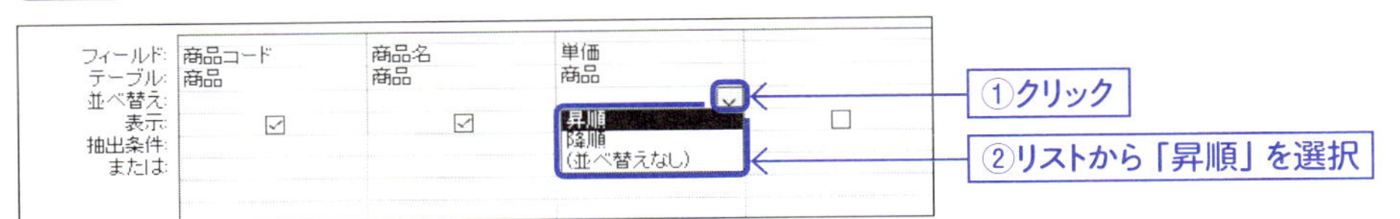

［実行］をクリックすると、「単価」の安い順に表示されます（図14）。「降順」を指定すると、単価の高い順に並べ替えられます。

図14 クエリを実行

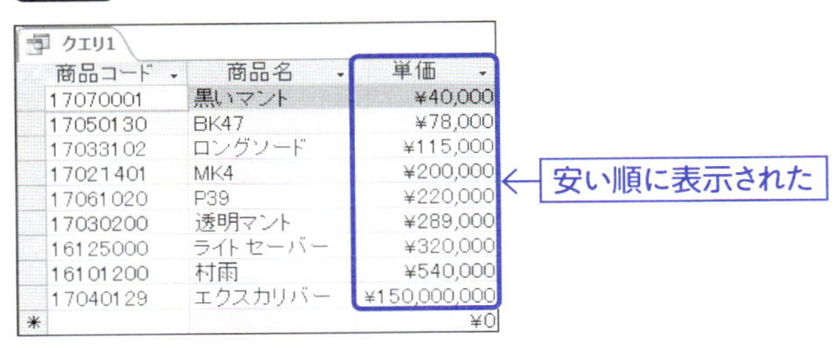

商品コード	商品名	単価
17070001	黒いマント	¥40,000
17050130	BK47	¥78,000
17033102	ロングソード	¥115,000
17021401	MK4	¥200,000
17061020	P39	¥220,000
17030200	透明マント	¥289,000
16125000	ライトセーバー	¥320,000
16101200	村雨	¥540,000
17040129	エクスカリバー	¥150,000,000
*		¥0

条件を指定した抽出

ここでは、選択クエリで条件を指定したレコードの抽出方法を解説します。クエリの最も使用頻度が高い、基本となるような構造になります。

2-3-1 ある文字に一致するレコードを抽出

「商品」テーブルの「カテゴリー」フィールドが「銃」となっているレコードのみを取得します(**図15**)。

取得するフィールドも、「商品コード」、「商品名」、「カテゴリー」の３つだけを取得するようにします。

図15 「カテゴリー」が「銃」であるレコードを抽出

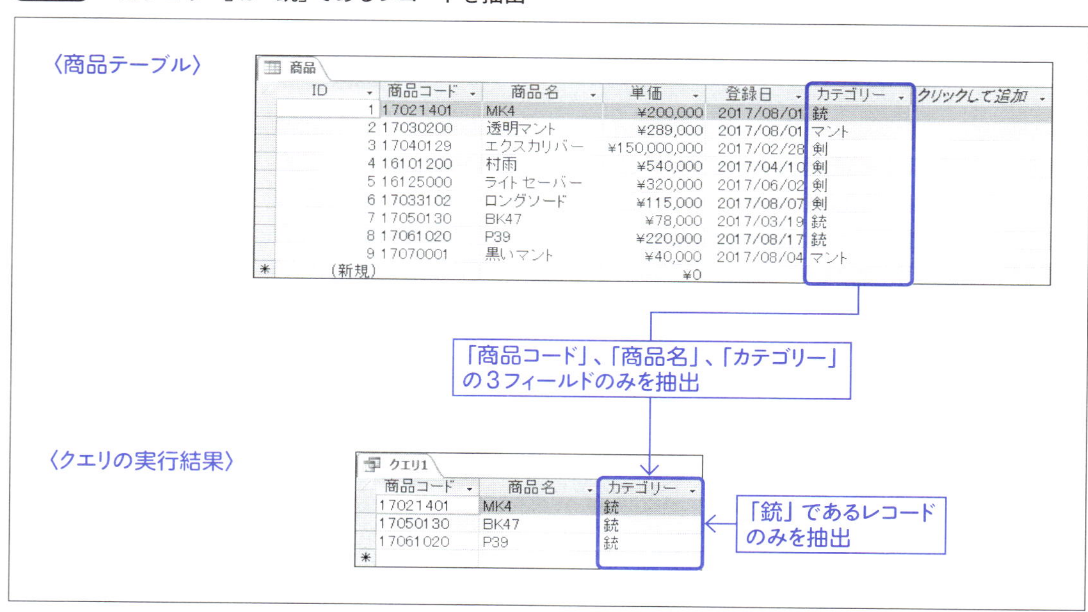

クエリを作成して、「商品」テーブルを追加してください。**図16**のように3つのフィールドを追加します。追加したフィールドのみが結果として表示されるようになります。

図16　フィールドを追加

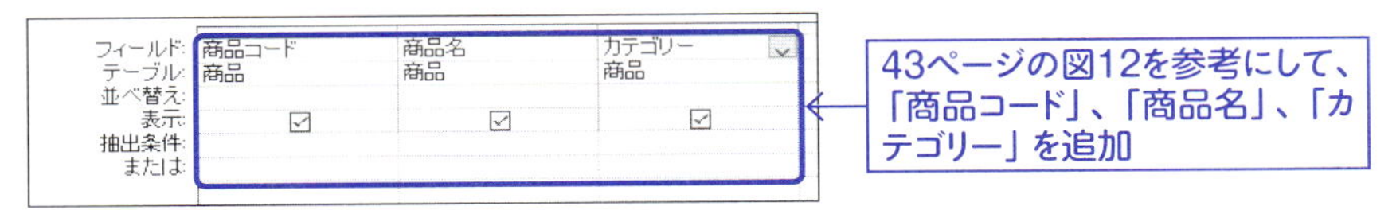

「カテゴリー」の[抽出条件]の入力欄に、「銃」と入力します(図17)。

図17　抽出条件の入力

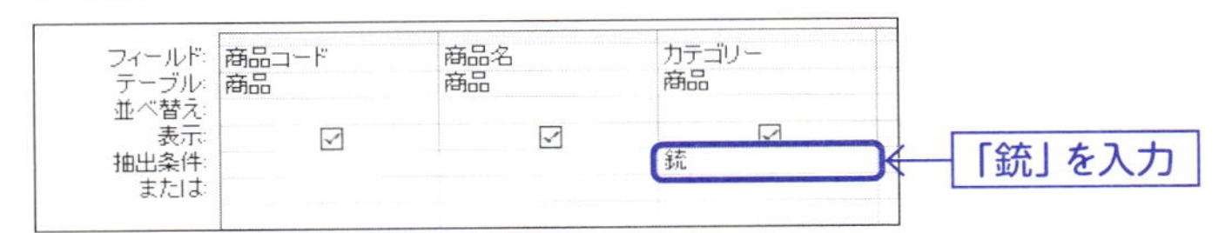

[実行]をクリックします。「カテゴリー」フィールドが「銃」であるレコードのみが抽出されて表示できました(図18)。この状態では、クエリが保存されていませんので注意してください。クエリが閉じられる際に保存するかどうかの確認があります。

図18　クエリを実行

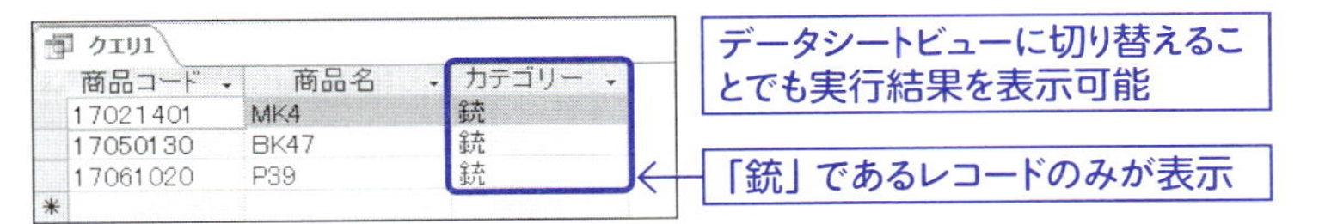

商品コード	商品名	カテゴリー
17021401	MK4	銃
17050130	BK47	銃
17061020	P39	銃

2-3-2　条件を満たさないレコードを抽出

レコードを抽出する際に「あるデータは除外したい」といったことが多くあります。

2-3-1の例では、商品テーブルからカテゴリーが銃であるレコードだけを抽出しました。それは、銃を購入したかったからです。銃は持っているので「銃以外の商品を閲覧したい」というケースでは指定した値以外のレコードを抽出するような条件にしなければなりません。

ここでは、「商品」テーブルの「カテゴリー」フィールドが「銃」以外になっているレコードのみを取得します(図19)。

「～以外」を指示するために「Not(ノット)」演算子を使用します。

図19 「銃以外の商品」を抽出するクエリの実行結果

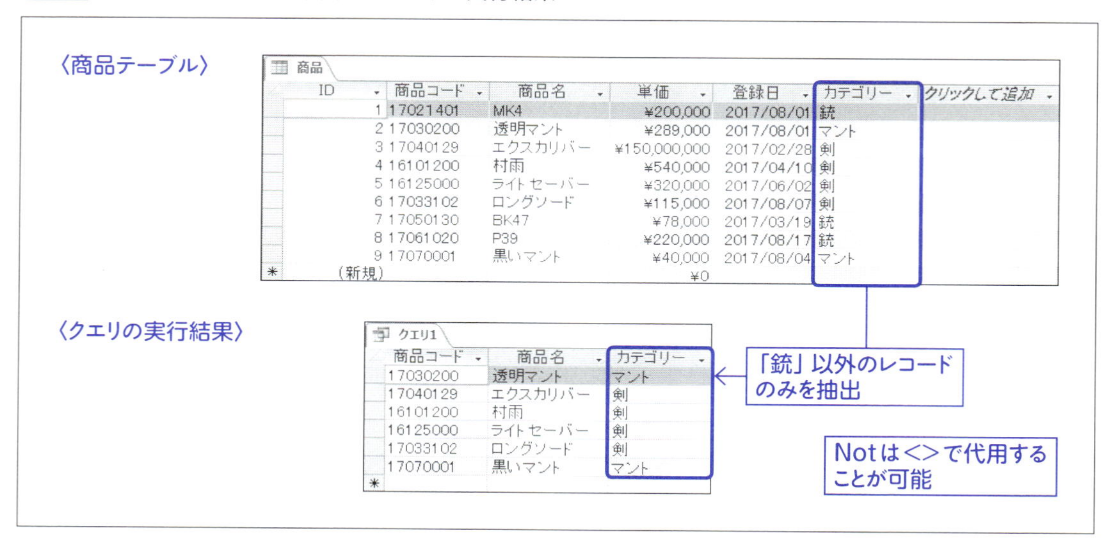

ID	商品コード	商品名	単価	登録日	カテゴリー	クリックして追加
1	17021401	MK4	¥200,000	2017/08/01	銃	
2	17030200	透明マント	¥289,000	2017/08/01	マント	
3	17040129	エクスカリバー	¥150,000,000	2017/02/28	剣	
4	16101200	村雨	¥540,000	2017/04/10	剣	
5	16125000	ライトセーバー	¥320,000	2017/06/02	剣	
6	17033102	ロングソード	¥115,000	2017/08/07	剣	
7	17050130	BK47	¥78,000	2017/03/19	銃	
8	17061020	P39	¥220,000	2017/08/17	銃	
9	17070001	黒いマント	¥40,000	2017/08/04	マント	
(新規)			¥0			

商品コード	商品名	カテゴリー
17030200	透明マント	マント
17040129	エクスカリバー	剣
16101200	村雨	剣
16125000	ライトセーバー	剣
17033102	ロングソード	剣
17070001	黒いマント	マント

クエリを作成して、「商品」テーブルを追加してください。図20のように3つのフィールドを追加します。

図20 フィールドを追加

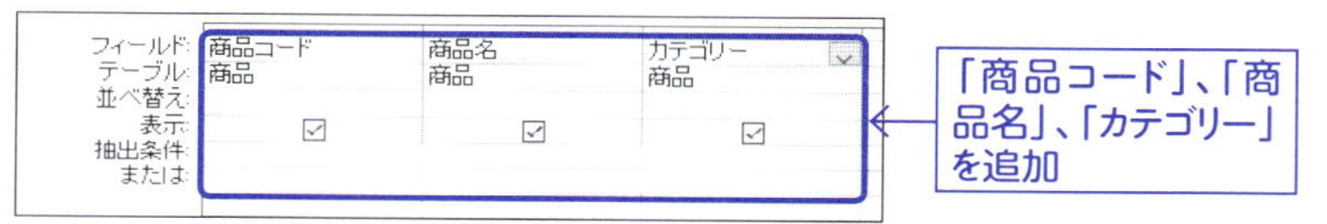

「カテゴリー」の［抽出条件］の入力欄に、「Not 銃」と入力します。Notと銃の間に1つ以上の半角スペースが必要です（図21）。

図21 抽出条件の入力

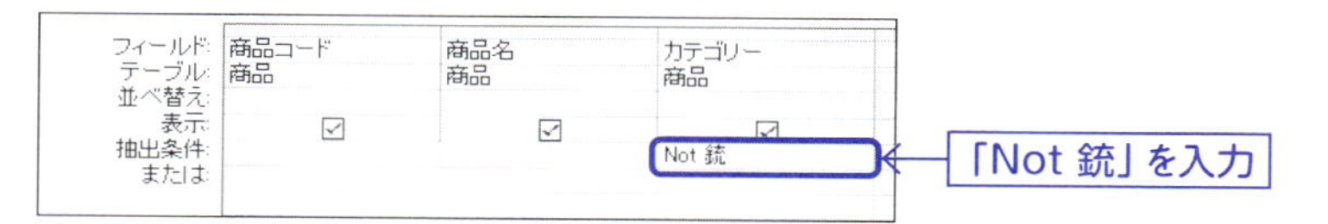

［実行］をクリックします。「カテゴリー」フィールドが「銃」でないレコードのみが抽出されて表示できました（図22）。

図22 クエリを実行

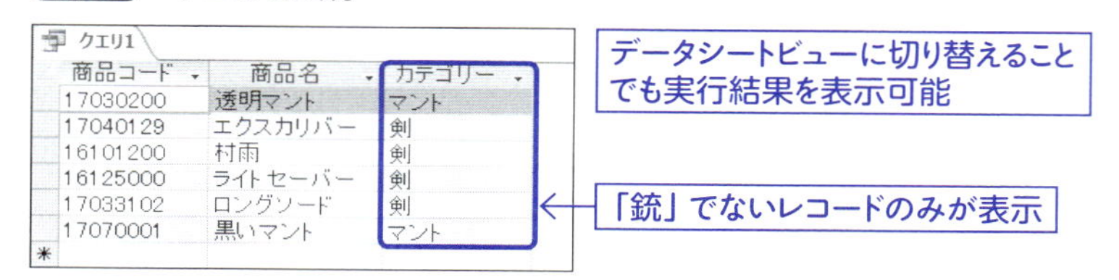

商品コード	商品名	カテゴリー
17030200	透明マント	マント
17040129	エクスカリバー	剣
16101200	村雨	剣
16125000	ライトセーバー	剣
17033102	ロングソード	剣
17070001	黒いマント	マント

ここでは、Notを使用して○○以外の条件としましたが、「<>」でも同じ条件になります。「<>銃」のように使用します。

Notや<>の記号はすべて半角で入力します。全角で入力すると、エラーになります。

2-3-3 大小関係で比較

条件式の最初の例（44ページ）では、フィールドの値が完全に一致するレコードだけが抽出できました。場合によっては、より大きいものや小さいもの、といった条件で検索したいこともあるでしょう。

ここでは「より小さい」という条件を付けて抽出してみましょう。

具体的には、「顧客」テーブルの「年齢」フィールドが30より小さい、つまり30才未満となっているレコードを表示させたいと思います（図23）。

図23　「30才未満」を抽出するクエリの実行結果

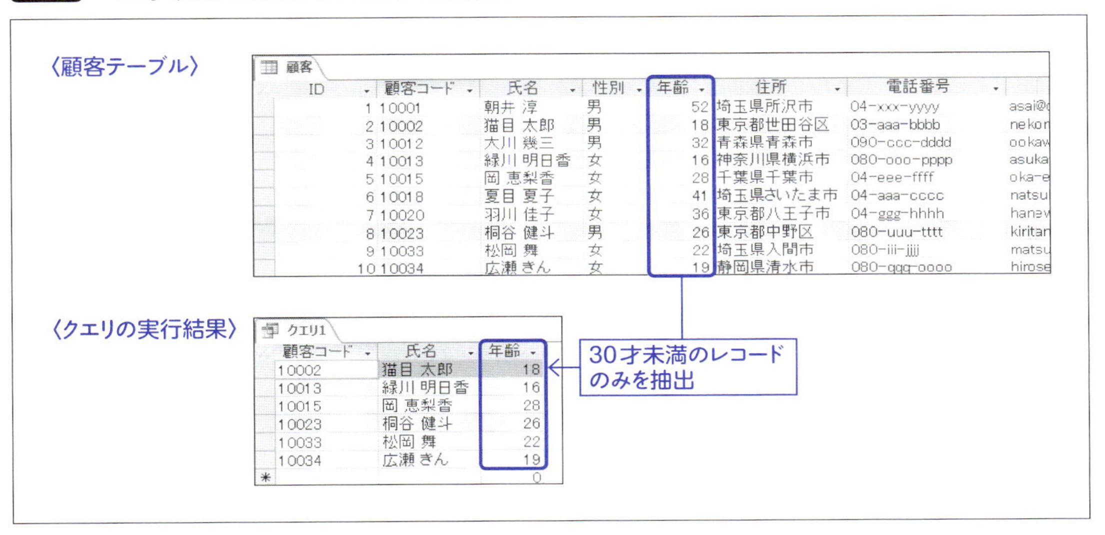

ID	顧客コード	氏名	性別	年齢	住所	電話番号
1	10001	朝井 淳	男	52	埼玉県所沢市	04-xxx-yyyy
2	10002	猫目 太郎	男	18	東京都世田谷区	03-aaa-bbbb
3	10012	大川 幾三	男	32	青森県青森市	090-ccc-dddd
4	10013	緑川 明日香	女	16	神奈川県横浜市	080-ooo-pppp
5	10015	岡 恵梨香	女	28	千葉県千葉市	04-eee-ffff
6	10018	夏目 夏子	女	41	埼玉県さいたま市	04-aaa-cccc
7	10020	羽川 佳子	女	36	東京都八王子市	04-ggg-hhhh
8	10023	桐谷 健斗	男	26	東京都中野区	080-uuu-tttt
9	10033	松岡 舞	女	22	埼玉県入間市	080-iii-jjjj
10	10034	広瀬 きん	女	19	静岡県清水市	080-qqq-oooo

顧客コード	氏名	年齢
10002	猫目 太郎	18
10013	緑川 明日香	16
10015	岡 恵梨香	28
10023	桐谷 健斗	26
10033	松岡 舞	22
10034	広瀬 きん	19
*		0

「<」は比較演算子に分類される演算子です。<を入力せずに、30とだけ入力するとジャスト30のレコードしか抽出されません。「<30」と入力することで、30より小さいレコードのみが抽出されることになります。

抽出条件の入力欄には、比較対象となるフィールド名が上の方に書かれているので、式としてわかりにくいのですが、次のように条件の左にフィールドが隠れていると考えてください。

「年齢」< 30

これなら、「年齢」フィールドが30より小さいのだな、ということが直感的に理解できます。

クエリを作成して、「顧客」テーブルを追加してください。図24のように3つのフィールドを追加します。

図24　フィールドを追加

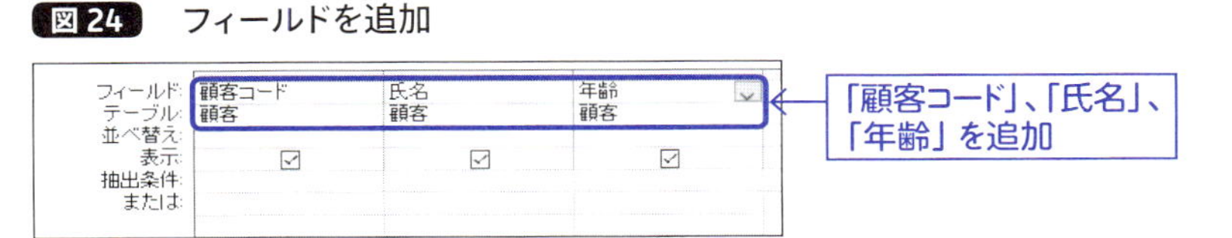

「年齢」の[抽出条件]の入力欄に、「<30」と入力します(図25)。

図25 抽出条件の入力

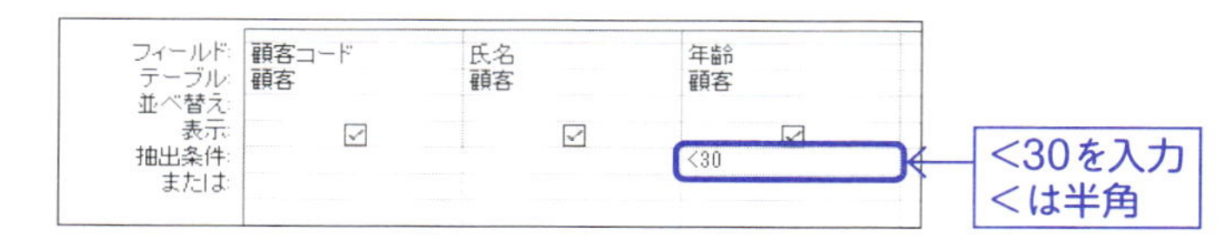

[実行]をクリックします。「年齢」フィールドが「30未満」のレコードが抽出されて表示できました(図26)。

図26 クエリを実行

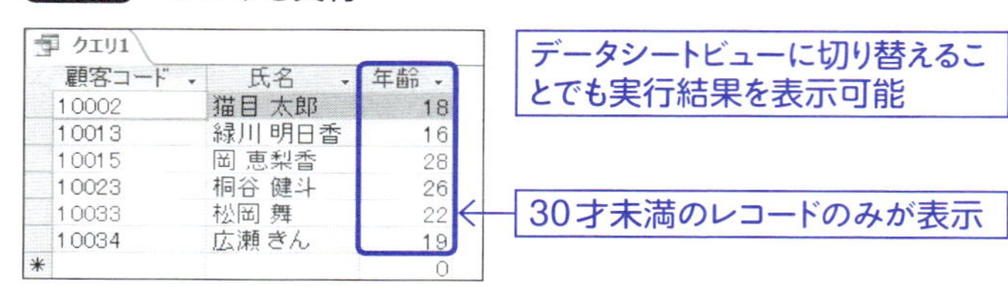

そのほかの比較演算子を**表1**にまとめます。

表1 ほかの比較演算子

比較演算子	意味	比較演算子	意味
<	より小さい	>=	以上
>	より大きい	<>	等しくない
<=	以下	=	等しい

完全一致させたい場合は比較演算子を記述しなくてもよかったのですが、=演算子を書いても構いません。

2-3-4 未入力なレコードを抽出

データベースでは、データが未入力である場合と、そうでない場合を明確に区別しています。しかし、未入力のデータはデータシートビューで表示させても空白となり、表示されません。スペース(空白文字)が入力されていても、表示されないので、未入力とスペースが入力されている場合で区別が付きません。

実は、未入力状態のデータはNULL(ヌル)という特殊な値が記録されていることになっています。NULLを検索することで、未入力状態となっているレコードを抽出することが可能なのです。

しかし、抽出条件にNULLと記入しても、NULL値であるレコードを検索することはできません。

ここでは、選択クエリでNULL値であるレコードだけを抽出する方法を解説します(**図27**)。

[未入力]テーブルには、NULL値であるレコードとスペースを入力したレコード、それに文字列を入力してあるレコードの3レコードがあります。

このレコードの中からNULL値であるレコードのみを抽出します。

図27 NULL値であるレコードの抽出

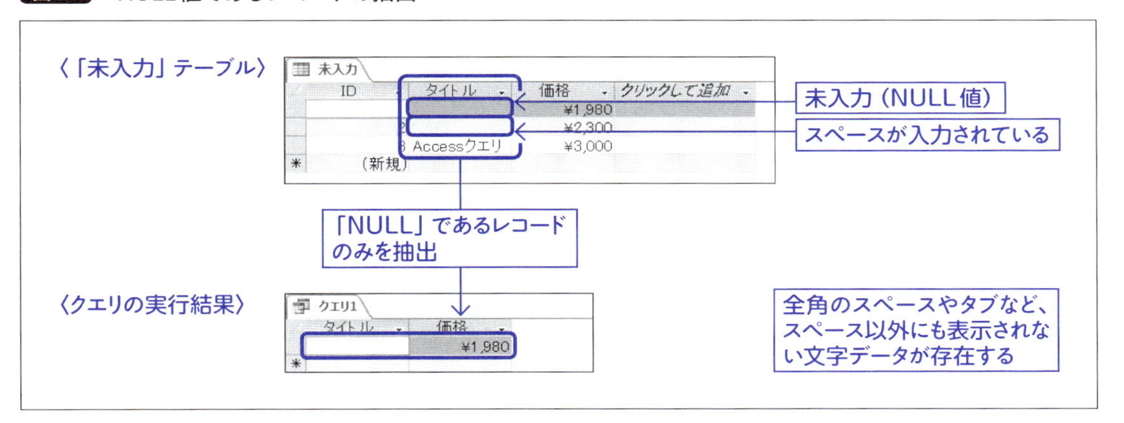

クエリを作成して、[未入力]テーブルを追加してください。図28のように2つのフィールドを追加します。

図28 フィールドを追加

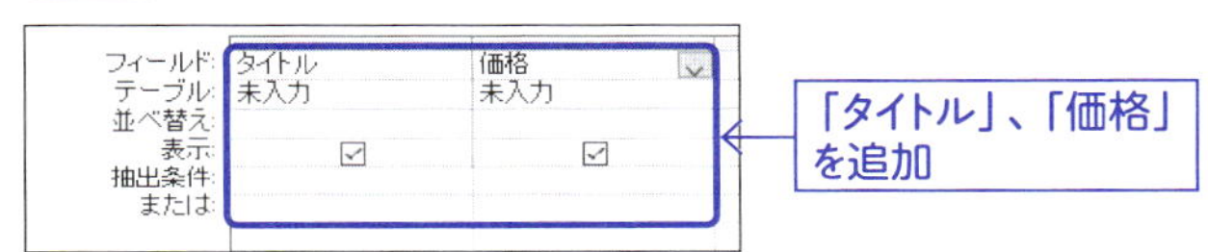

「タイトル」の[抽出条件]の入力欄に、「Is Null」と入力します。「= Null」ではなく、「Is Null」とします(図29)。

図29 抽出条件の入力

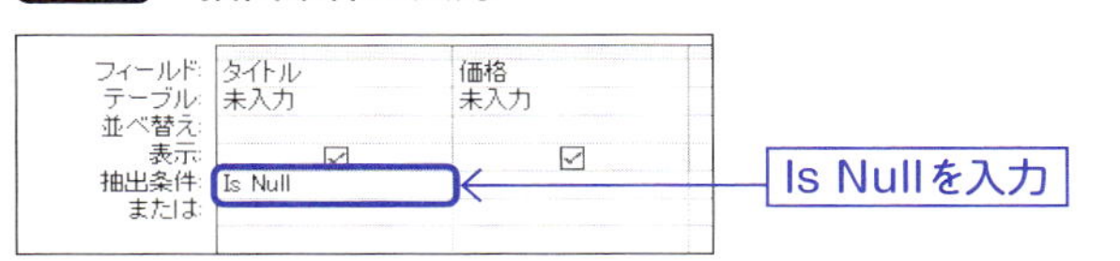

[実行]をクリックします。「タイトル」フィールドが未入力(NULL値)であるレコードのみが抽出されて表示できました(図30)。

図30 クエリを実行

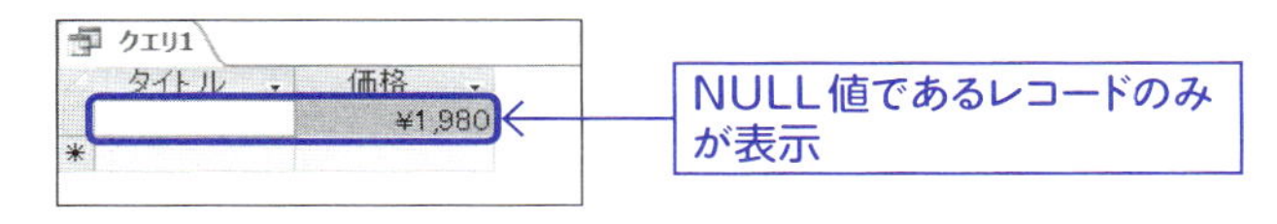

なお、サンプルファイルの「ID=2」のレコードは、表示上は未入力ですが、スペースが入力されているため、NULL値ではありません。

=Nullではなく、Is Nullとしなければならない点に注意しましょう。デザインビューにおいては、[抽出条件]にNULLを記述するとIs Nullに自動変換されます。SQLビューでSQLを直接記述していると、「タイトル」= Nullと書いてしまいがちなので、特に注意してください。

NULL値でない、という条件にしたい場合は、Is Not NullまたはNot Is Nullを使用します。

2-4 複数条件の組み合わせ

ここでは、より複雑なレコードの抽出方法を解説します。1つは「○○から○○」のように範囲のある条件による抽出、もう1つは、条件を1つだけではなく複数指定した抽出です。

2-4-1 条件に範囲がある抽出

抽出条件は、数値の範囲で指定したいケースも多くあります。
たとえば、年齢を示すフィールドから、10才～19才までの10代を検索したいという状況です（図31）。

こういった範囲指定の条件では、Between（ビトウィーン）を使用するとよいでしょう。

図31 「10～19の範囲」にあるレコードの抽出

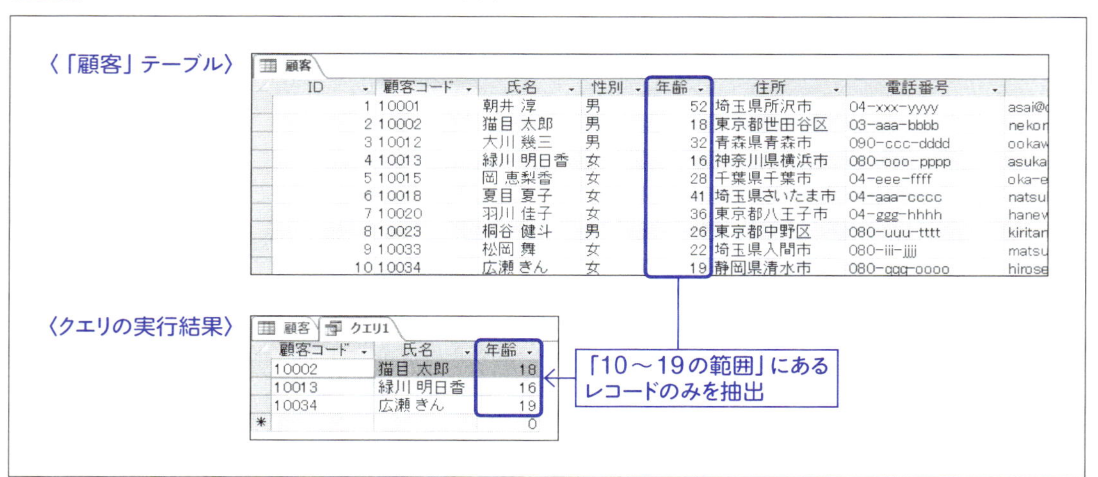

顧客

ID	顧客コード	氏名	性別	年齢	住所	電話番号	
1	10001	朝井 淳	男	52	埼玉県所沢市	04-xxx-yyyy	asai@
2	10002	猫目 太郎	男	18	東京都世田谷区	03-aaa-bbbb	nekor
3	10012	大川 幾三	男	32	青森県青森市	090-ccc-dddd	ookaw
4	10013	緑川 明日香	女	16	神奈川県横浜市	080-ooo-pppp	asuka
5	10015	岡 恵梨香	女	28	千葉県千葉市	04-eee-ffff	oka-e
6	10018	夏目 夏子	女	41	埼玉県さいたま市	04-aaa-cccc	natsu
7	10020	羽川 佳子	女	36	東京都八王子市	04-ggg-hhhh	hanew
8	10023	桐谷 健斗	男	26	東京都中野区	080-uuu-tttt	kiritar
9	10033	松岡 舞	女	22	埼玉県入間市	080-iii-jjjj	matsu
10	10034	広瀬 きん	女	19	静岡県清水市	080-qqq-oooo	hirose

顧客 クエリ1

顧客コード	氏名	年齢
10002	猫目 太郎	18
10013	緑川 明日香	16
10034	広瀬 きん	19
*		0

クエリを作成して、「顧客」テーブルを追加してください。図32のように3つのフィールドを追加します。

図32　フィールドを追加

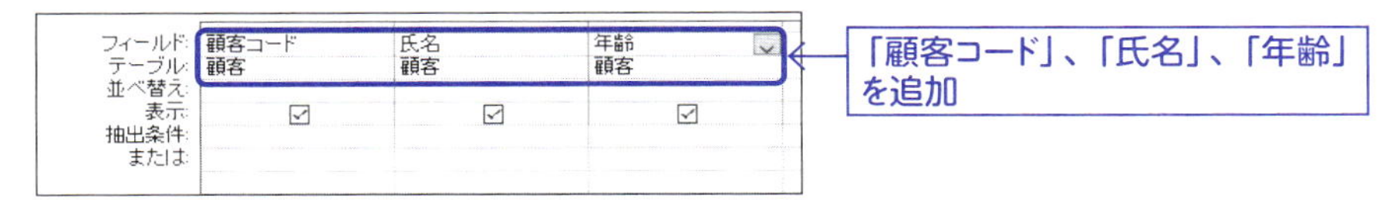

「年齢」の抽出条件の入力欄に、「Between 10 And 19」と入力します（図33）。

図33　抽出条件の入力

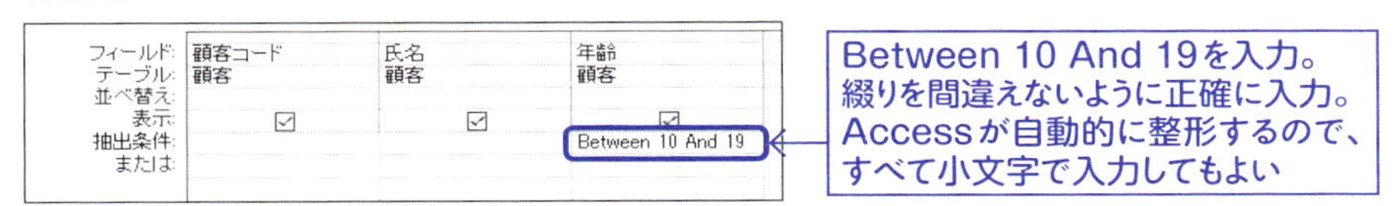

［実行］をクリックします。「年齢」フィールドが「10～19までの範囲」にあるレコードのみが抽出されて表示できました（図34）。

図34　クエリを実行

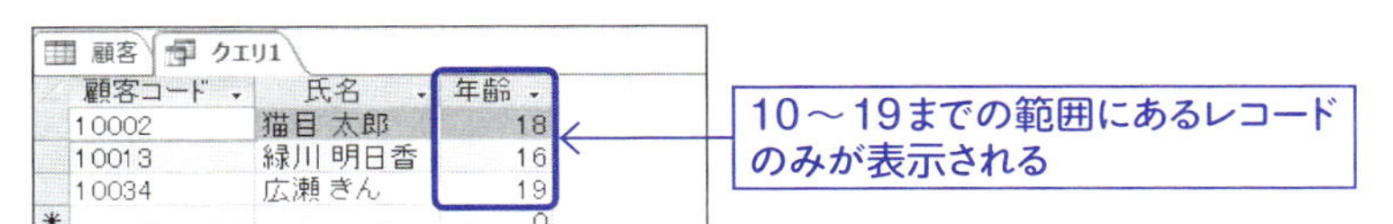

2-4-2　Andで組み合わせ

実際の現場では、抽出条件はいくつかの条件が組み合わせられることが多いでしょう。

たとえば、「性別」を示すフィールドが「男」であり、かつ「年齢」を示すフィールドが、「30才以上」である、といった検索です（図35）。

こういった複数の条件指定では、それぞれのフィールドの抽出条件に検索したい値を入力することで実現できます。

図35 複数条件により抽出 (And)

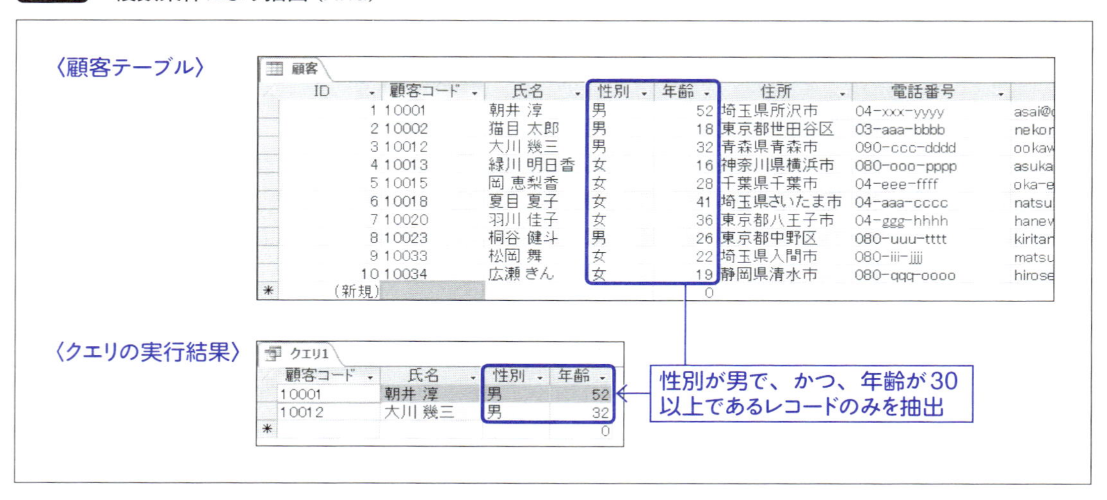

クエリを作成して、「顧客」テーブルを追加してください。図36のように4つのフィールドを追加します。「性別」の［抽出条件］に「男」を入力します。

図36 性別に対する抽出条件を入力

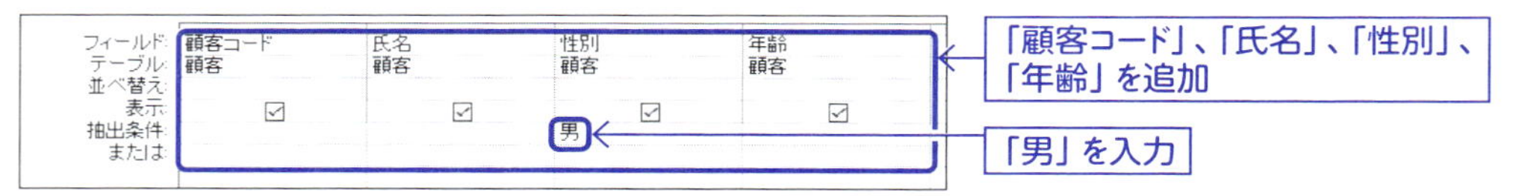

「年齢」の［抽出条件］の入力欄に、「>= 30」と入力します（図37）。

図37 年齢に対する抽出条件を入力

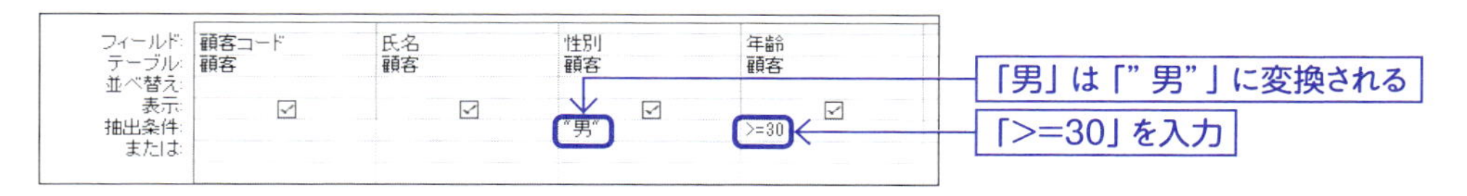

［実行］をクリックします。「性別」フィールドが「男」であり、かつ、「年齢」フィールドが「30以上」であるレコードのみが抽出されて表示できました（図38）。

図38 クエリを実行

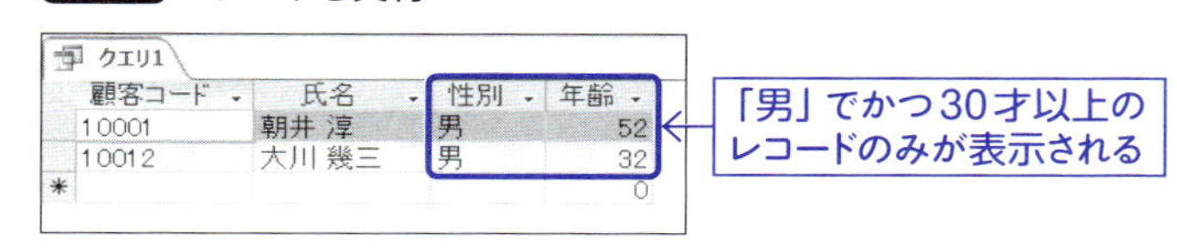

2-4-3 Orで組み合わせ

2-4-2では、複数条件を「かつ(And)」で連結したことになります。Andで連結すると、両方の条件を同時に満たすレコードが抽出の対象となります。

条件の組み合わせには、Andのほか、「または(Or)」で条件を連結する方法があります。Orで条件をつなげることで、複数ある条件のうち、いずれかを満たしている場合にレコードが抽出されるようになります。

たとえば、「商品」テーブルの「カテゴリー」フィールドが「銃」または「マント」である、といった検索です。商品の中から、銃とマントが欲しいので一覧表示したい、といった状況です(図39)。

いずれかを満たすという条件指定では、フィールドの[抽出条件]の下にある[または]に検索したい値を入力することで実現できます。

図39 複数条件により抽出(Or)

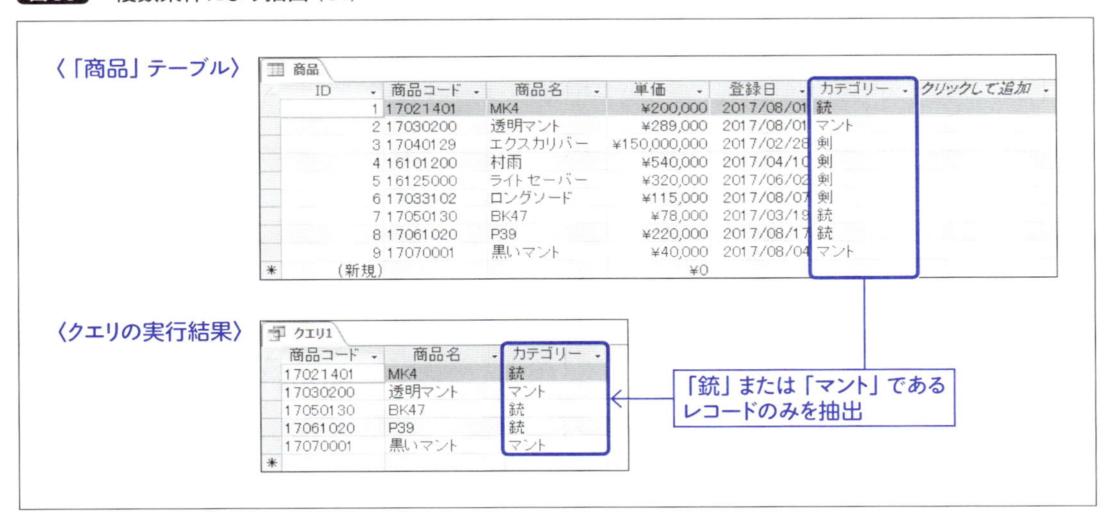

〈「商品」テーブル〉

ID	商品コード	商品名	単価	登録日	カテゴリー	クリックして追加
1	17021401	MK4	¥200,000	2017/08/01	銃	
2	17030200	透明マント	¥289,000	2017/08/01	マント	
3	17040129	エクスカリバー	¥150,000,000	2017/02/28	剣	
4	16101200	村雨	¥540,000	2017/04/10	剣	
5	16125000	ライトセーバー	¥320,000	2017/06/02	剣	
6	17033102	ロングソード	¥115,000	2017/08/07	剣	
7	17050130	BK47	¥78,000	2017/03/19	銃	
8	17061020	P39	¥220,000	2017/08/17	銃	
9	17070001	黒いマント	¥40,000	2017/08/04	マント	
(新規)			¥0			

〈クエリの実行結果〉

商品コード	商品名	カテゴリー
17021401	MK4	銃
17030200	透明マント	マント
17050130	BK47	銃
17061020	P39	銃
17070001	黒いマント	マント

クエリを作成して、「商品」テーブルを追加してください。図40のように3つのフィールドを追加します。「カテゴリー」の[抽出条件]に「銃」を入力します。

図40 最初の抽出条件を入力

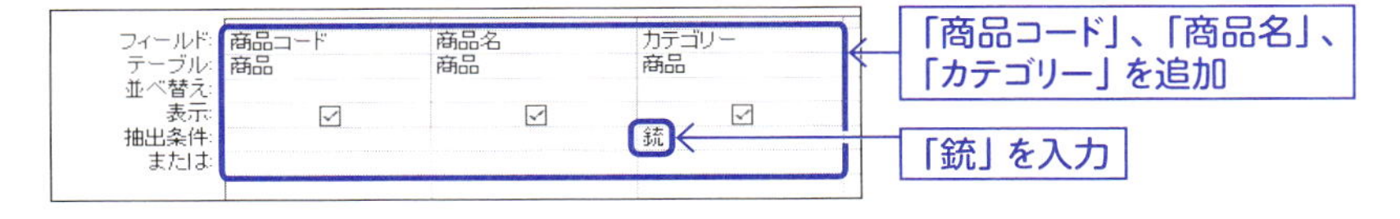

「カテゴリー」の［抽出条件］の「または」の入力欄に、「マント」と入力します（図41）。

図41　［または］に抽出条件を入力

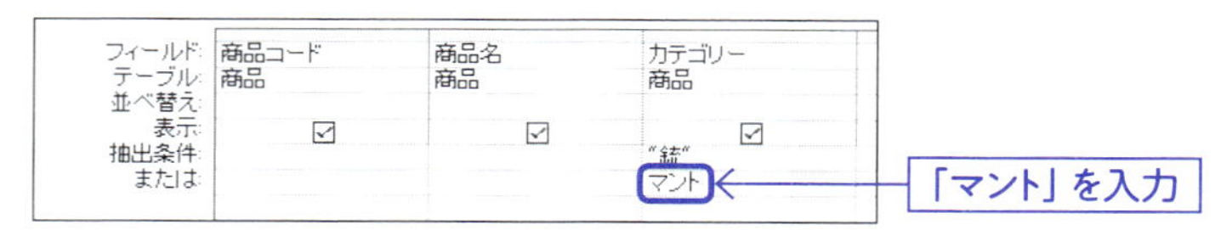

［実行］をクリックします。「カテゴリー」フィールドが「銃」または、「マント」であるレコードのみが抽出されました（図42）。

図42　クエリを実行

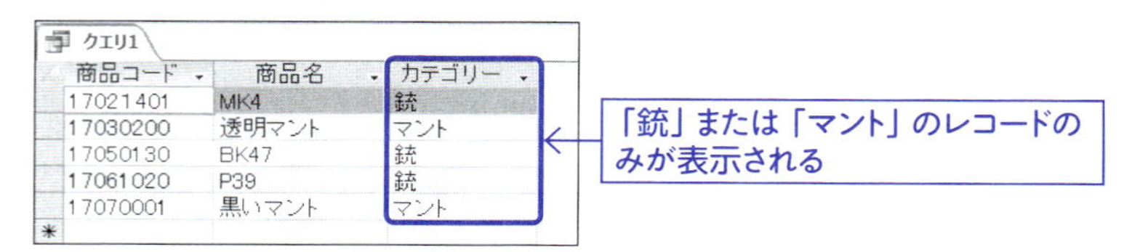
クエリ1

商品コード	商品名	カテゴリー
17021401	MK4	銃
17030200	透明マント	マント
17050130	BK47	銃
17061020	P39	銃
17070001	黒いマント	マント

あいまいな条件で抽出

ここでは、選択クエリであいまいな条件を指定した、より柔軟なレコードの抽出方法を解説します。

2-5-1 部分一致

検索という言葉は、あるキーワードが指定され、それが含まれているデータをピックアップする、というニュアンスで使用されることが多いと思います。インターネットでの検索はまさにそうですよね。

選択クエリでは抽出条件にキーワードとなるデータを入力して、実行することで、検索を行うことができるわけですが、入力したキーワードに完全に一致しなければヒットしません。

キーワードを含んでいればよい、といった部分一致を行うにはワイルドカードを使用して条件を入力するようにします。

ここでは、「出版物」テーブルの「書籍名」に「データベース」が含まれている、という部分一致の条件で検索を行う方法を解説します（図43）。

図43 部分的に一致するレコードを抽出

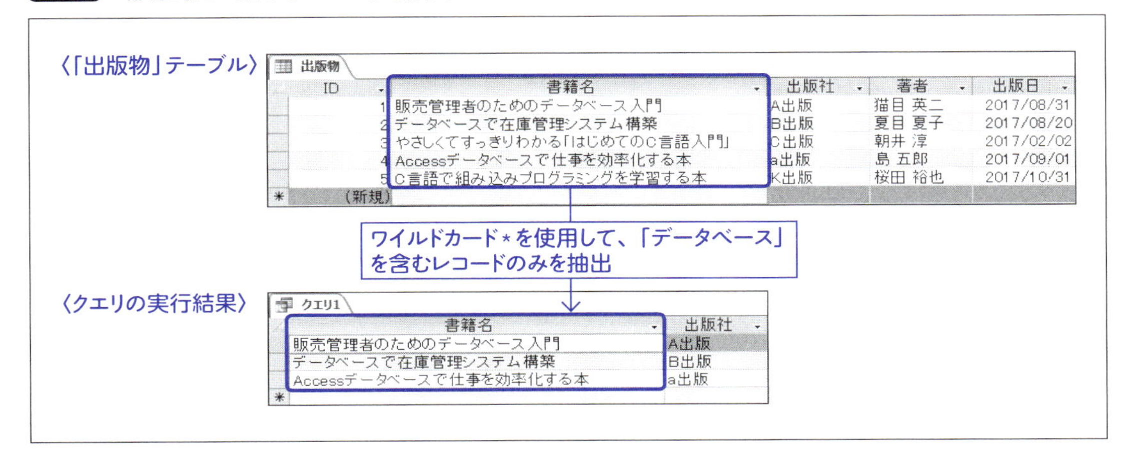

ID	書籍名	出版社	著者	出版日
1	販売管理者のためのデータベース入門	A出版	猫目 英二	2017/08/31
2	データベースで在庫管理システム構築	B出版	夏目 夏子	2017/08/20
3	やさしくてすっきりわかる「はじめてのC言語入門」	C出版	朝井 淳	2017/02/02
4	Accessデータベースで仕事を効率化する本	a出版	島 五郎	2017/09/01
5	C言語で組み込みプログラミングを学習する本	K出版	桜田 裕也	2017/10/31
(新規)				

書籍名	出版社
販売管理者のためのデータベース入門	A出版
データベースで在庫管理システム構築	B出版
Accessデータベースで仕事を効率化する本	a出版

クエリを作成して、「出版物」テーブルを追加してください。**図44**のように2つのフィールドを追加します。

図44 フィールドを追加

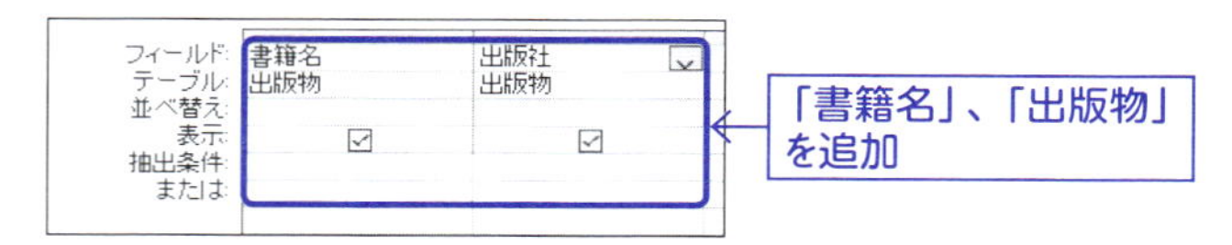

「書籍名」の[抽出条件]の入力欄に、「*データベース*」と入力します。*は半角文字で入力してください。「*」がワイルドカードと呼ばれる文字です(**図45**)。

図45 「書籍名」の抽出条件を入力

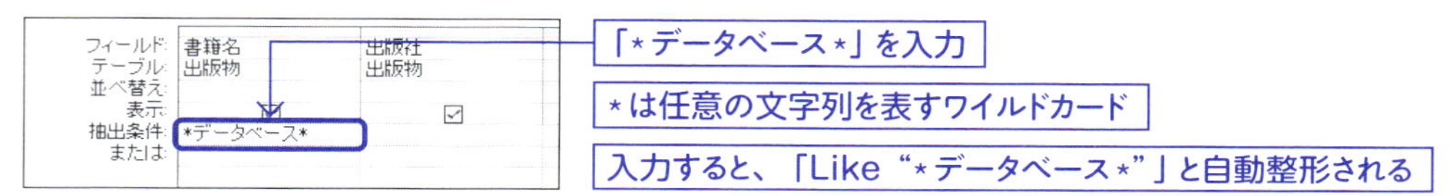

[実行]をクリックします。「書籍名」フィールドに「データベース」が含まれているレコードのみが抽出されて表示できました(**図46**)。

図46 クエリを実行

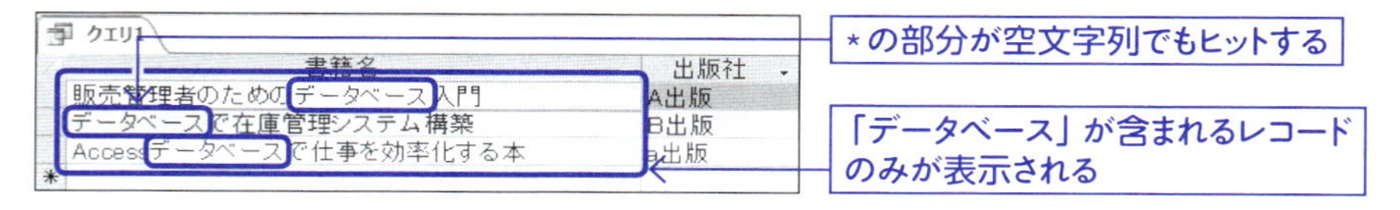

2-5-2 ワイルドカード

2-5-1では、*を使用して部分一致を行いました。*は、任意の文字列を意味するワイルドカードであったわけですが、ワイルドカードは*だけではありません。**表2**にワイルドカードの一覧を示します。

なお、[ ]で囲まれた文字列もワイルドカードとみなされます。[ ]内のいずれかの文字と一致する場合に、マッチします。

表2 ワイルドカード一覧

ワイルドカード	意味
*	0字以上の任意の文字列にマッチ
?	任意の1文字にマッチ
#	任意の1桁の数字にマッチ
[]	[]内のいずれかの1文字にマッチ

ここでは、「出版物」テーブルの「出版社」フィールドが「A」または「a」さらには、「B」で始まるレコードをワイルドカード[ ]で検索を行う方法を解説します(図47)。

図47 [ ]を使った抽出

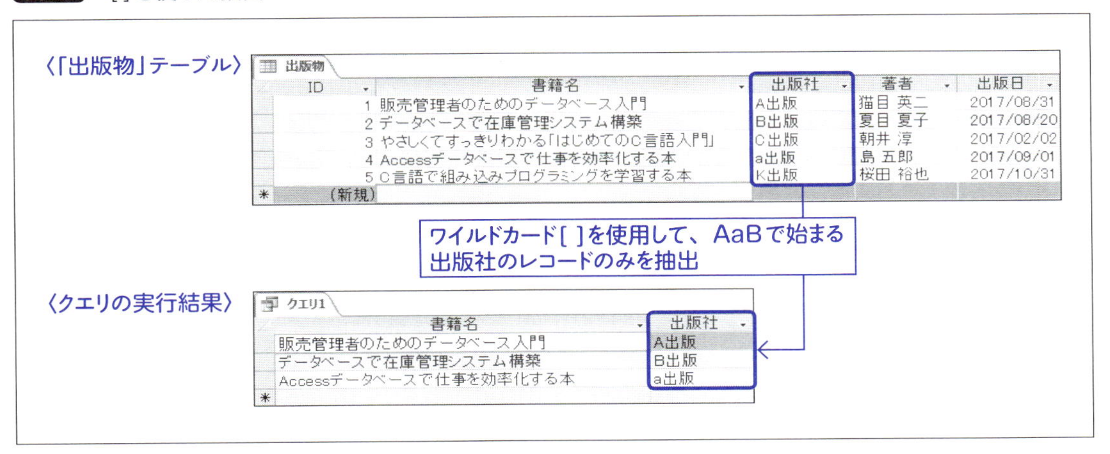

クエリを作成して、「出版物」テーブルを追加し、図48のように2つのフィールドを追加します。

図48 フィールドを追加

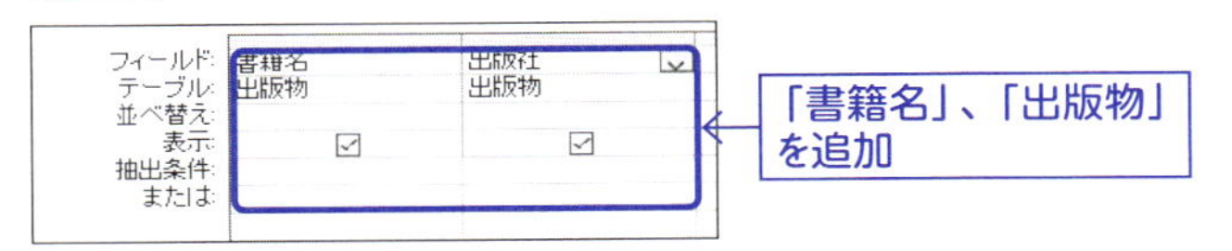

「出版社」の[抽出条件]の入力欄に、「"[AaB]*"」と入力します。すべて半角文字で入力してください。" で全体を囲む必要があります(図49)。

図49 「書籍名」の抽出条件を入力

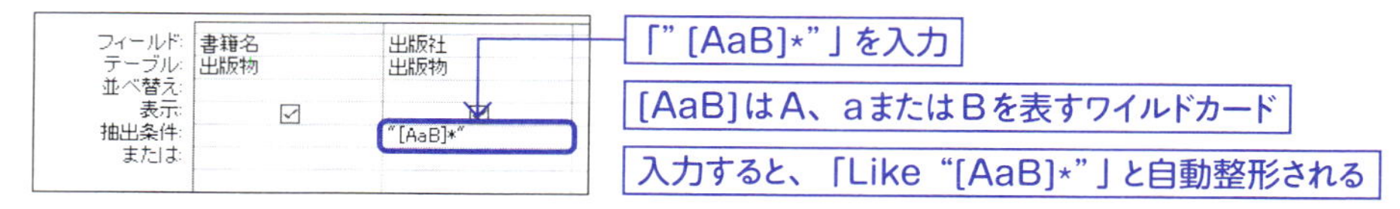

［実行］をクリックします。「出版社」フィールドがA、aまたはBで始まるレコードのみが抽出されて表示できました（図50）。

図50 クエリを実行

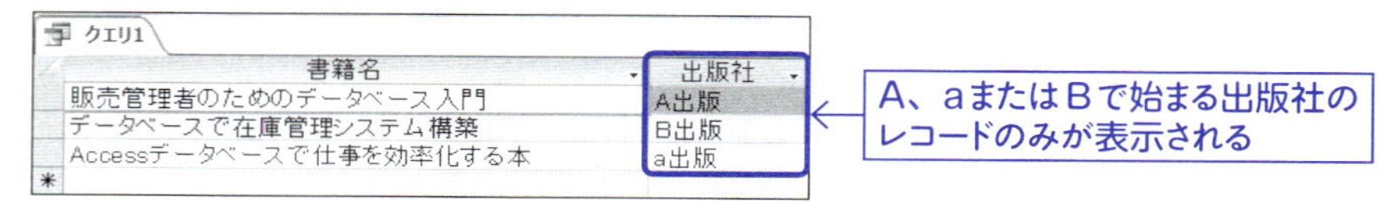

抽出条件を"で囲む必要があるのは、[文字列]とした場合、オブジェクト名を意味するようになるためです。ワイルドカードの[]や*は、文字列データの中に記述する必要があります。

[]のワイルドカードは、[A-Z]のような使い方も可能です。[A-Z]とすればA～Zまでの任意の大文字アルファベットにマッチします。

計算結果を抽出

ここでは、選択クエリで計算式を使用したレコードの抽出方法を解説します。式ビルダーという計算式を入力する機能を利用します。

2-6-1 式ビルダー

現場で使用されるシステムでは、なんらかの計算を行う必要がある、といった状況が多くあります。たとえば、「単価×個数」で金額を計算しなければならなかったり、請求金額には消費税分を上乗せしなければならなかったり、といった計算を行うことが多くあるのです。

選択クエリでは、フィールドの入力欄に「計算式」を記述することができます。計算式はフィールド名と演算子、関数から構成されます。

ここでは、「出荷」テーブルの「出荷数」フィールドと「単価」フィールドを掛け算して、金額を計算する方法を解説します。計算式は、式ビルダーを使って入力します（図51）。

図51 計算式を使って抽出

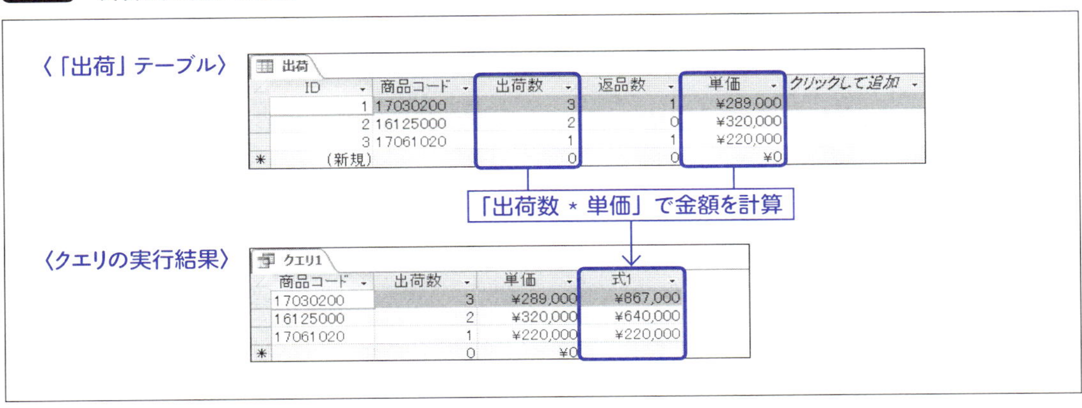

ID	商品コード	出荷数	返品数	単価	クリックして追加
1	17030200	3	1	¥289,000	
2	16125000	2	0	¥320,000	
3	17061020	1	1	¥220,000	
(新規)		0	0	¥0	

商品コード	出荷数	単価	式1
17030200	3	¥289,000	¥867,000
16125000	2	¥320,000	¥640,000
17061020	1	¥220,000	¥220,000
	0	¥0	

クエリを作成して、「出荷」テーブルを追加し、図52のように3つのフィールドを追加します。

図52 フィールドを追加出

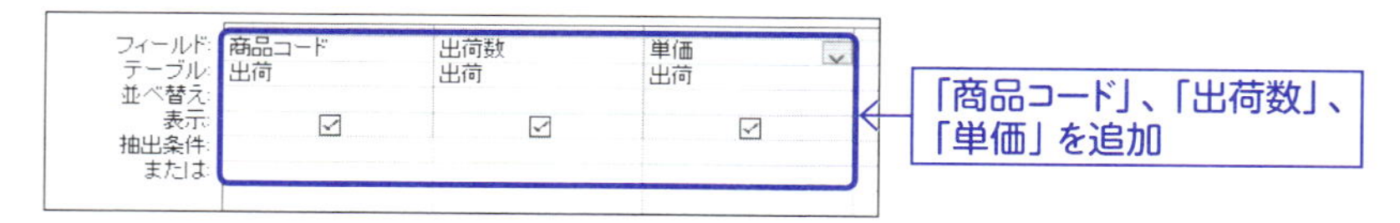

単価の右の列をクリックして入力可能状態にします。次にクエリ設定の［ビルダー］をクリックして、式ビルダーを立ち上げます（図53）。

図53 式ビルダーを立ち上げる

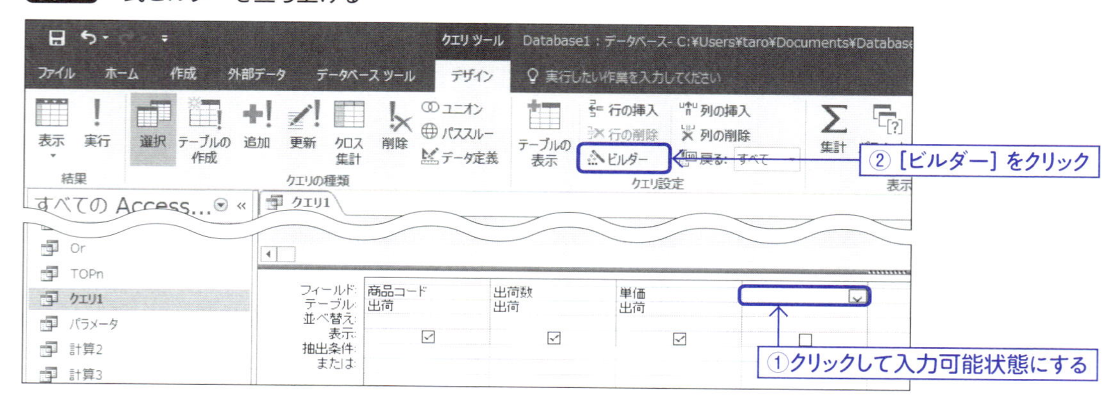

式ビルダーに計算式を入力していきます。「出荷数」フィールドを式に追加します（図54）。

図54 式ビルダーで計算式を作成

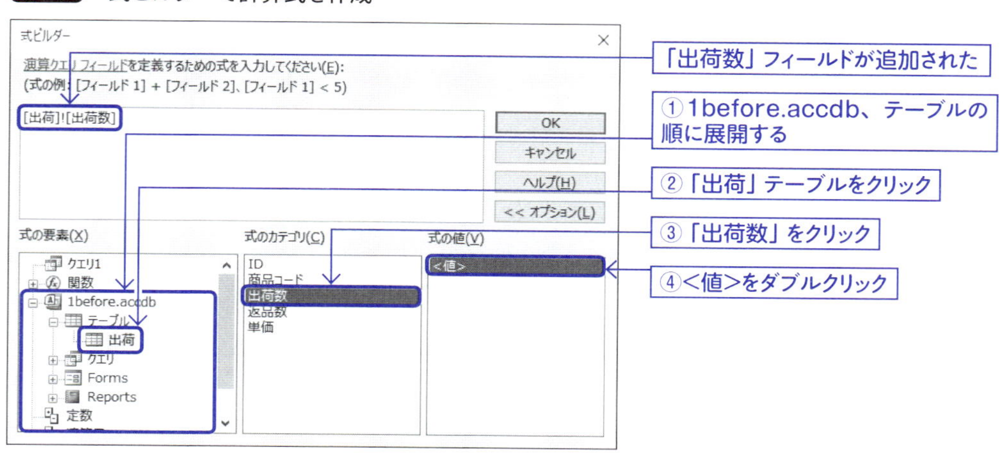

「[出荷数]*[単価]」としたいので、演算子「*」を追加します（図55）。

図55 演算子＊を追加

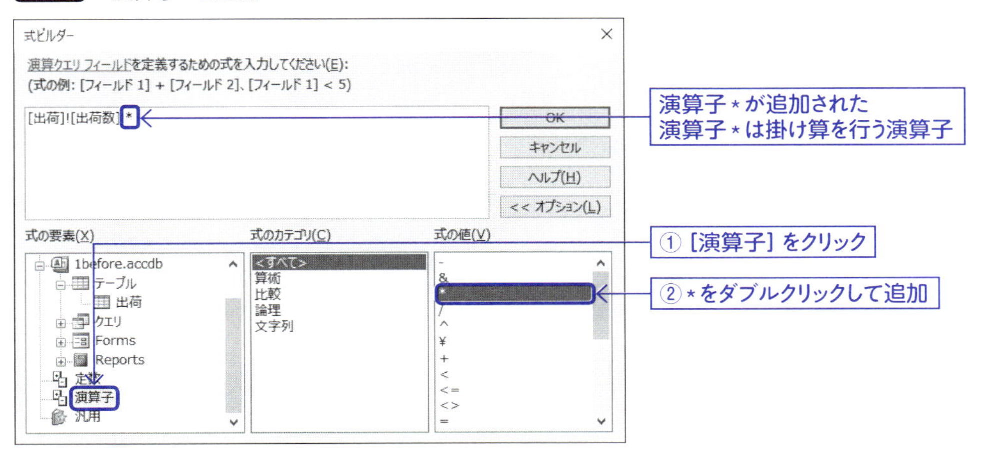

「[出荷数]*[単価]」としたいので、最後に「単価」を追加します。図54と同じ要領で「単価」フィールドを追加してください。追加できたら、[OK]をクリックして式ビルダーを終了します（図56）。

図56 「単価」フィールドを追加

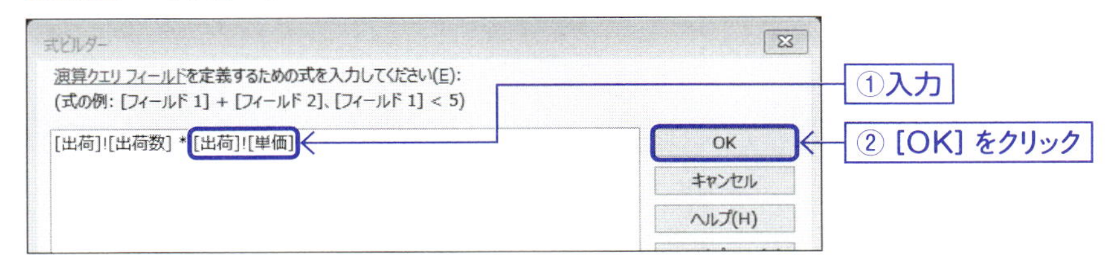

最終的に式の内容が「[出荷]![出荷数]*[出荷]![単価]」になります。「フィールド」の入力欄にもここで作成した式が入ります。

[実行]をクリックします。[式1]が、「出荷数」*「単価」で計算した結果です（図57）。

図57 クエリを実行

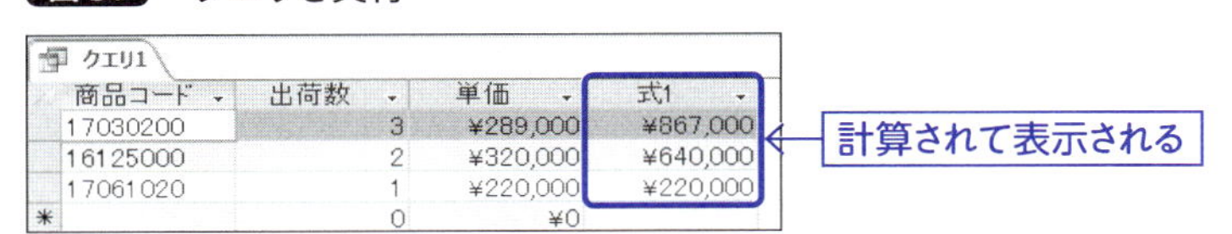

商品コード	出荷数	単価	式1
17030200	3	¥289,000	¥867,000
16125000	2	¥320,000	¥640,000
17061020	1	¥220,000	¥220,000
*	0	¥0	

2-6-2 式についての補足説明

式ビルダーで作成された式「[出荷]![出荷数]*[出荷]![単価]」について補足説明します。

式ビルダーでフィールドを追加すると、[テーブル名]![フィールド名]のようになります。「!」でテーブル名とフィールド名をつないでいますが、これによって「どのテーブルのフィールド」かがはっきりと明示されます。

別のテーブルに同じ名前のフィールド名が存在している場合、それらをフィールド名だけでは区別できなくなるためです。

また、角括弧([ ])で囲まれた文字列は、データベースオブジェクトの名前とみなされるようになります。角括弧を付けなくても構わない場合が多いのですが、式ビルダーでは厳密に式を作成するため、テーブル名やフィールド名には角括弧が付きます。

「フィールド」の入力欄に演算子を使った式を入力すると、Accessが自動的に別名を定義します。自動で定義される場合の名前は、「"式"+番号」といったルールで決定されます。

デザインビューをよく見ると、「式1:[出荷]![出荷数] …」となっています。先頭の「式1:」が別名になります。

この別名は、変更することが可能です。「金額:」のように変更すれば(図58)、クエリの実行結果もそのように表示されるので(図59)、わかりやすくなります。

図58 別名を変更

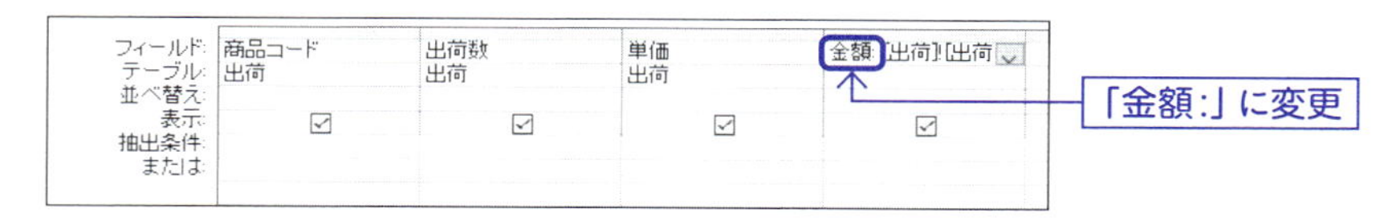

図59 実行結果でも名前が変更される

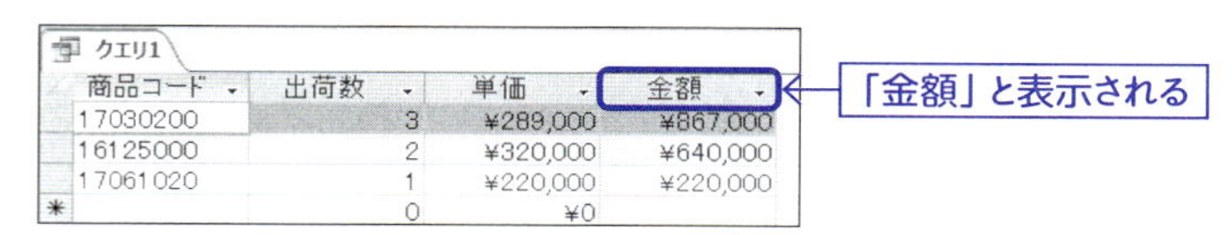

商品コード	出荷数	単価	金額
17030200	3	¥289,000	¥867,000
16125000	2	¥320,000	¥640,000
17061020	1	¥220,000	¥220,000
*	0	¥0	

2-6-3 演算子の優先順位

計算を行う際は、演算子の優先順位を気にする必要があります。2-6-1（61ページ）では、*演算子で掛け算を行いました。表3に計算を行う際に利用する演算子を示します。

表3 算術演算子一覧

演算子	計算内容	優先順位
+	足し算 加算	2
−	引き算 減算	2
*	掛け算 乗算	1
/	割り算 除算	1

掛け算、割り算は、足し算、引き算よりも優先順位が高いため、先に計算されます。

たとえば「1+2*3」は、2*3が先に計算され、1+6で最終的な計算結果は、7になります。

具体例で解説していきます。「出荷」テーブルには、「出荷数」と「返品数」の２つの個数データがあります。「出荷数」は出荷した数が記録されています。出荷したのはよいが、売れ残って戻ってきてしまった数が、「返品数」に記録されています。実際に売れた分の個数は、「「出荷数」-「返品数」」で計算できます。これに、「単価」を掛け算すれば売れた分の金額が計算できます。

ただし、優先順位に気を付ける必要があります。「「出荷数」-「返品数」*「単価」」にすると、掛け算が先に計算されてしまうので、正しい計算にはなりません。「「出荷数」-「返品数」」を先に計算しなくてはならないので、括弧を付けて計算するようにします（図60）。

そのため、「(「出荷数」-「返品数」)*「単価」」が正しい計算式になります。

図60 括弧を付けて計算の順番をコントロール

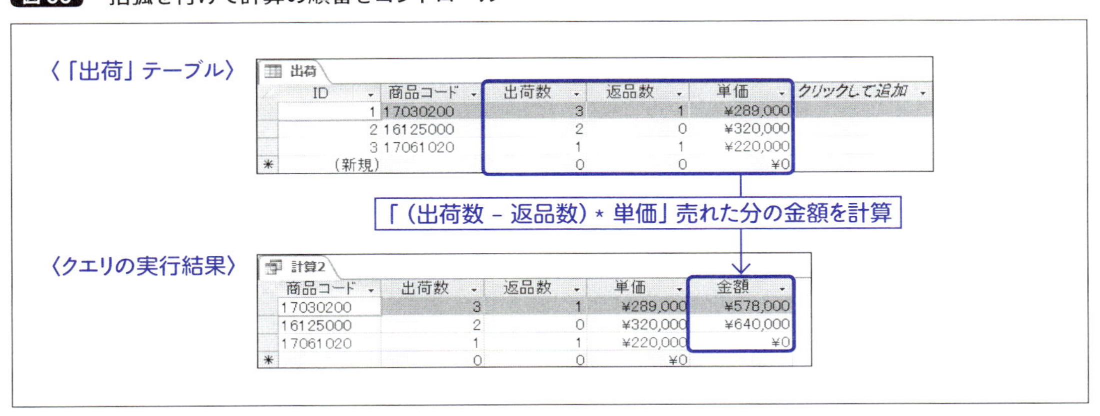

クエリを作成して、「出荷」テーブルを追加し、図61のように4つのフィールドを追加します。単価の右横をクリックして入力可能状態にします。

図61 フィールドを追加

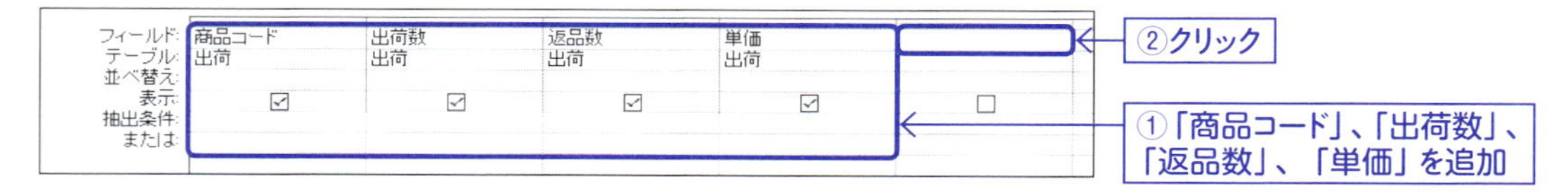

クエリ設定の［ビルダー］をクリックして、式ビルダーを立ち上げます。式ビルダーに図62のように計算式を入力します。( )は直接入力します。

図62 式ビルダーで計算式を作成

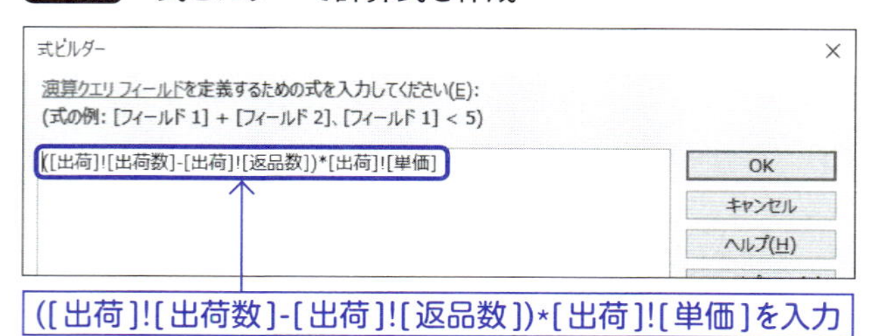

「式1:」を「金額:」に変更し、［実行］をクリックします。「金額」が、「([出荷数]–[返品数]) * [単価]」で計算した結果です（図63）。

図63 クエリを実行

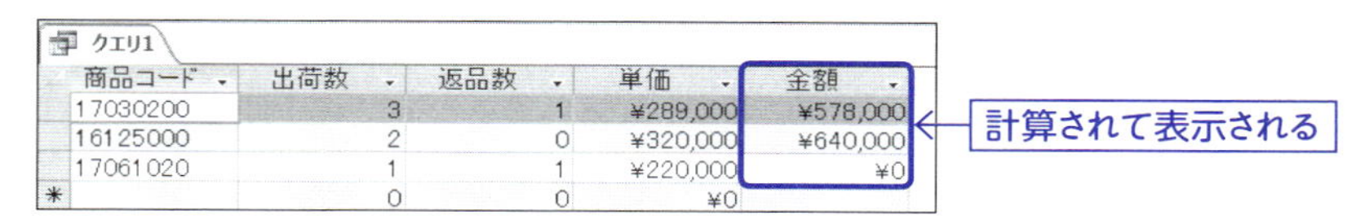

クエリ1

商品コード	出荷数	返品数	単価	金額
17030200	3	1	¥289,000	¥578,000
16125000	2	0	¥320,000	¥640,000
17061020	1	1	¥220,000	¥0
*	0	0	¥0	

3レコード目は、出荷数1、返品数1となっており、実際に売れた個数は0です。金額も0となっており、正しく計算できていることがわかります。

2-6-4 関数で計算

式ビルダーでは、演算子のほかに、「関数」といったグループが存在しています。この「関数」を展開して表示させると、「組み込み関数」が表示されます。「組み込み関数」をクリックして選択すると、一番右のリストに組み込み関数が列挙されます（図64）。

Access クエリでは、ここに表示されているすべての関数を使用することができます。

図 64 式ビルダーの関数

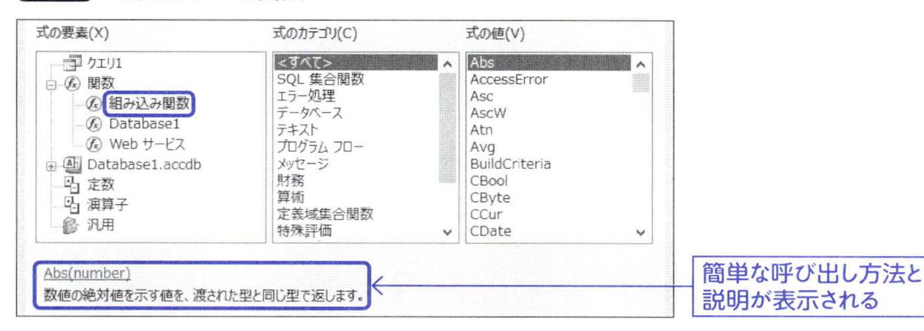

関数の呼び出しは、次のような形式で行います。

関数名(引数1, 引数2)

引数の数は関数により変化します。式ビルダーで関数をクリックすると、ウィンドウの下に簡単な呼び出し方法と、どういった計算が行われるのかの説明が表示されます。ここを参考にして、関数を使った式を組み立てていくとよいでしょう。

2-6-3の例を使って解説します。ここでは、消費税(8%)分を加算し、その78%を計算します。小数点以下の数値が発生するので、Round(ラウンド)関数を使用して小数点以下を四捨五入します(図65)。

図 65 Round関数を利用して四捨五入する

商品コード	出荷数	返品数	単価	売上金額
17030200	3	1	¥289,000	486907.2
16125000	2	0	¥320,000	539136
17061020	1	1	¥220,000	0
*	0	0	¥0	

商品コード	出荷数	返品数	単価	売上金額
17030200	3	1	¥289,000	486907
16125000	2	0	¥320,000	539136
17061020	1	1	¥220,000	0
*	0	0	¥0	

クエリを作成して、「出荷」テーブルを追加し、図66のように4つのフィールドを追加します。単価の右横をクリックして入力可能状態にします。

図66 フィールドを追加

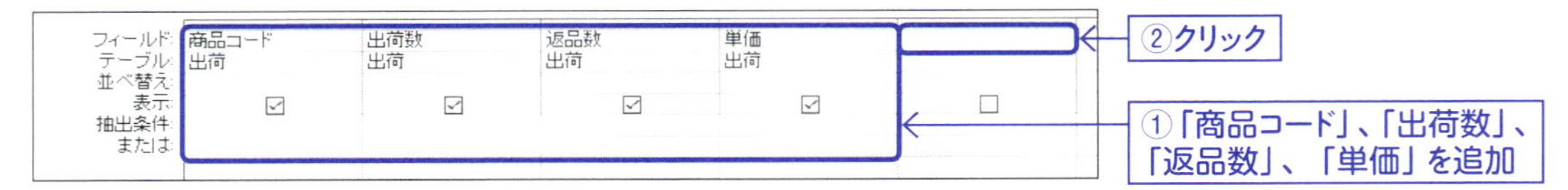

式ビルダーに計算式を入力します。最初にRound関数を追加します（図67）。

図67 式ビルダーで計算式を作成しRound関数を追加

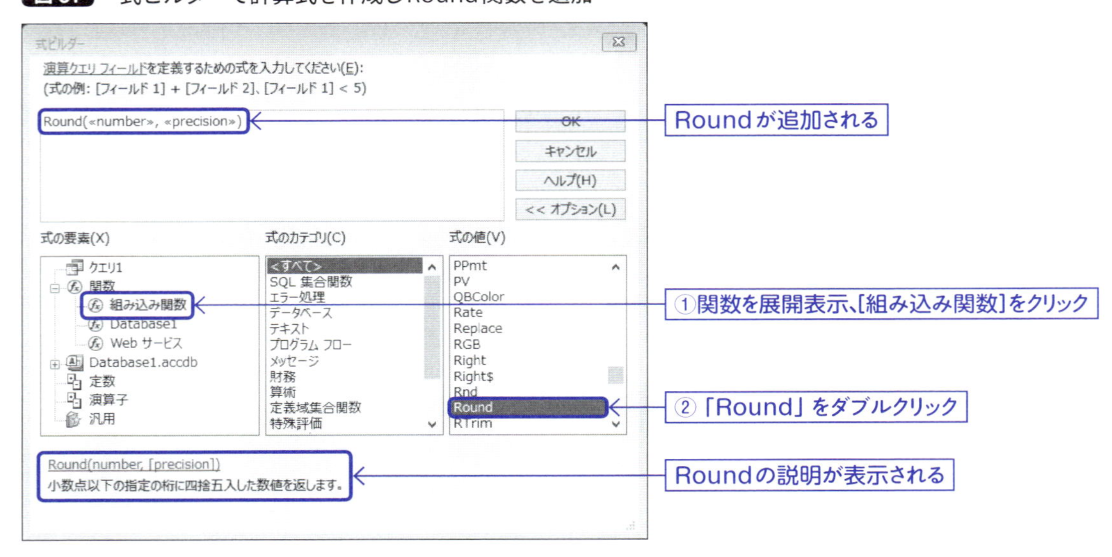

説明の部分を見ると、「Round(number, [precision])」となっています。１つ目の引数である、numberには、四捨五入の元となる数値データになります。２つ目の引数には小数点以下の何桁目で四捨五入するかどうかを示す数字になります。0にすると小数点以下を四捨五入します。

なお、説明文中で[ ]で囲まれているのは、その引数が省略可能であることを意味しています。

Round関数の１つ目の引数部分が、「<<number>>」（四捨五入する値）となっているので、ここを変更して売上金額を計算する式にします（図68）。

図68　１つ目の引数を入力

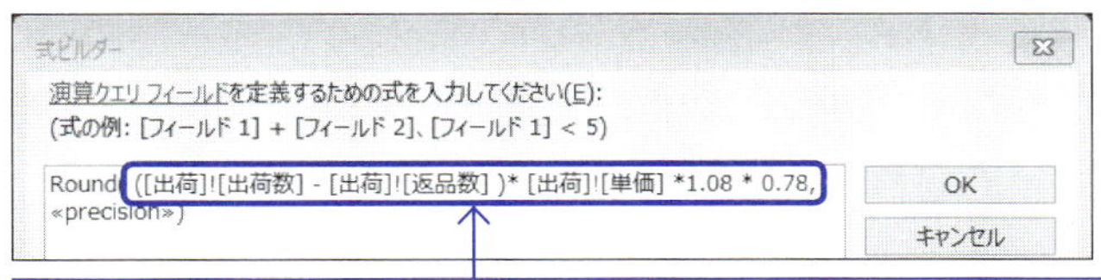

Round関数の2つ目の引数部分が、「<< precision >>」（小数点以下の桁数）となっていますので、ここを0に変更して小数点以下を四捨五入するように指示します（図69）。

図69　２つ目の引数を入力

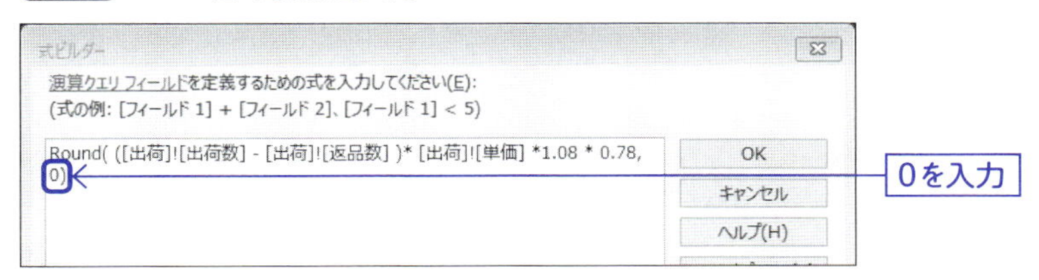

［実行］をクリックします（図70）。

図70　クエリを実行

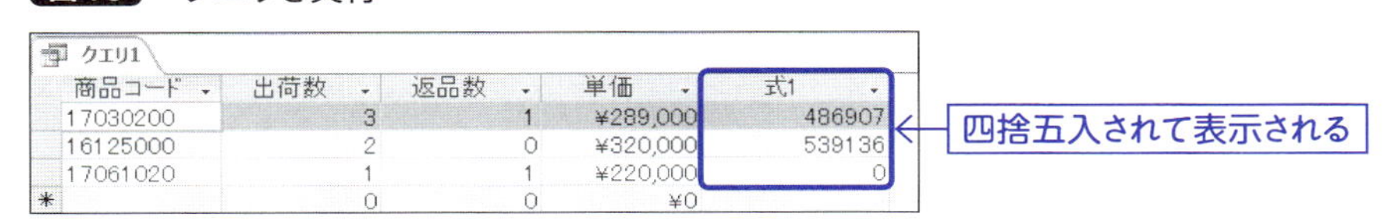

クエリ1

商品コード	出荷数	返品数	単価	式1
17030200	3	1	¥289,000	486907
16125000	2	0	¥320,000	539136
17061020	1	1	¥220,000	0
*	0	0	¥0	

2-6-5　そのほかの関数

Round関数を例にして、式ビルダーでの関数を使った式の組み立て方法を解説しました。

式ビルダーでもわかるとおり、Accessでは数多くの関数が使用可能です。

関数は、引数を伴います。引数に計算に必要なデータを与えます。引数は関数ごとに異なっています。Round関数の場合、2つの引数が必要でした。

関数が実行されると、計算結果が返されます。Round関数なら、引数で与えられた数値の小数点以下が四捨五入されます。

Accessで利用できる関数は、大きく次の2つに分類できます。

集合関数・スカラー関数

集合関数は、集計クエリで使用する関数です。式ビルダーでは、「SQL集合関数」に分類されています。集合関数以外はすべてスカラー関数です。用途によってより細分されています。

集合関数とスカラー関数の大きな違いは、引数に集合を与えられるか否かです。集合関数には引数で集合を与えることが可能です。スカラー関数での引数は単一の値でなければなりません（**表4**）。

表4 集合関数とスカラー関数の違い

関数	引数
集合関数	集合を与える
スカラー関数	単一の値を与える

スカラー関数は数が多いので、より細かく分類されています。

式ビルダーのカテゴリーごとに簡単に表形式で解説します（**表5**）。

表5 スカラー関数の主な分類（式ビルダーのカテゴリー）

カテゴリー	内容	含まれる関数
テキスト	文字列操作を行う関数	Format Left Mid Right Trim Replace 等
算術	数値を算術する関数	Abs Cos Sin Tan Sqr 等
日付/時刻	日付/時刻を計算する関数	Date Day Hour Year Month 等
変換	型変換などの変換を行う関数	CLng CStr Hex 等

見た目を整えて抽出

ここでは、文字列操作を行う関数を使用したレコードの抽出方法を解説します。
また抽出された結果の見た目を整えることについて解説します。

2-7-1 0パティング

連番でデータを作成していくと、桁数がどんどん増えていくことになります。外部にデータを渡す際に、規定の桁数に調整したい、といったケースも多くあります。

ここでは、文字列を操作するLeft（レフト）関数と文字列の長さを調べるLen（レン）関数を使って、10桁の桁数に合わせる方法を解説します（図71）。10桁に満たないデータの場合は、先頭から0を詰め込みます。こういった手法は「0パディング」と呼ばれます。

図71　0パディング

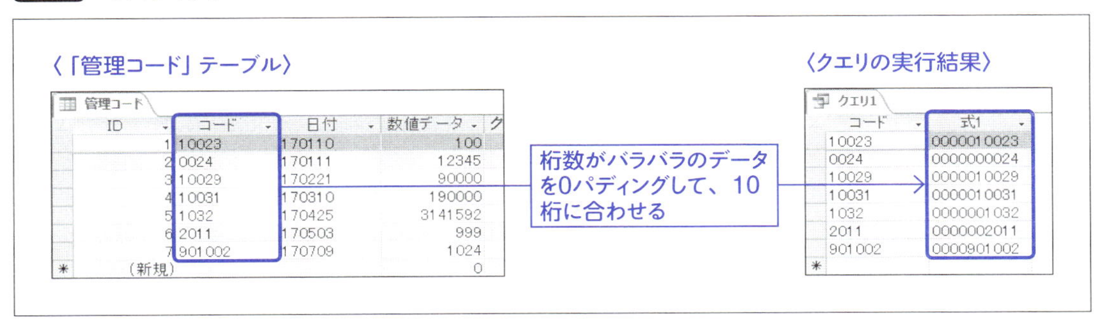

クエリを作成して、「管理コード」テーブルを追加してください。「コード」のフィールドのみを追加します。「コード」の右横をクリックして入力可能状態にします（図72）。

図72 フィールドを追加

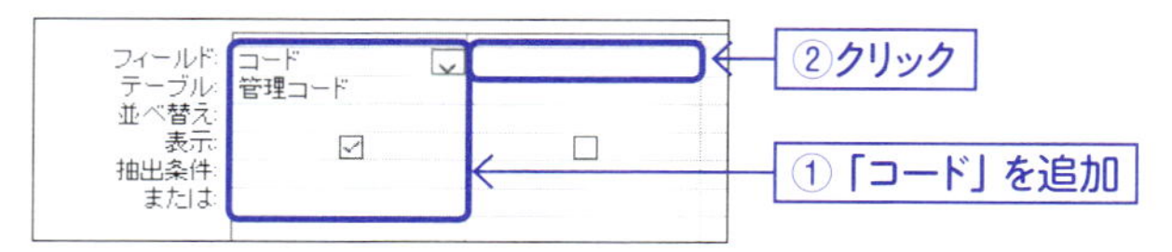

クエリ設定の[ビルダー]をクリックして、式ビルダーを立ち上げます。式ビルダーに計算式を入力します(図73)。

図73 式ビルダーで計算式を作成

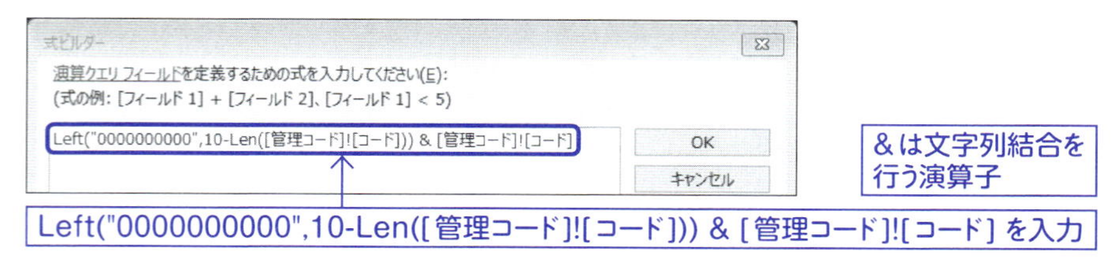

[実行]をクリックします(図74)。

図74 クエリを実行

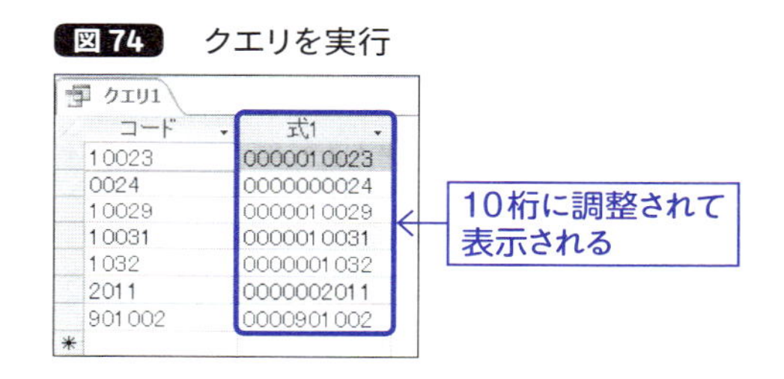

Left関数は、左側から指定桁数分を切り出す関数です。そしてLen関数は、文字列の長さ(文字数)を計算する関数です。「10−Len(「コード」)」としているため、「コード」のデータが10桁に満たない分の文字数が計算できます。Left関数で0が連続する文字列から10桁に満たない数分だけ取り出し、元の「コード」と文字列連結することで、10桁に調整しています。

2-7-2 年月日を取得して日付時刻型に変換

外部から日付データを取り込む際、日付時刻型ではなく、文字列型で取り込むことがあります。ただし、文字列データとして取り込むと、便利な日付時刻処理関数を使うことができません。

そこで、クエリを使って文字列データから日付時刻型のデータに変換する処理を行うことがあります。ここでは、「管理コード」テーブルの「日付」フィールドの値を日付時刻型に変換する方法を解説します。

図75の「日付」フィールドは名前こそ日付ですが、データ型はテキスト型になっています。最初の2桁が年、次の2桁が月、最後の2桁が日を意味します。

文字列から部分文字列を抽出するには、Mid（ミッド）関数を使うことができます。Mid関数を使って、年、月、日の3つの要素に分解して、再構築します。日付時刻型への変換はCDate（シーデート）関数を使用します。CDate関数は、" YYYY/MM/DD" の書式を受け付けることが可能なので、この書式に文字列操作で書式変換します。

図75 文字列型のデータを日付時刻型に変換

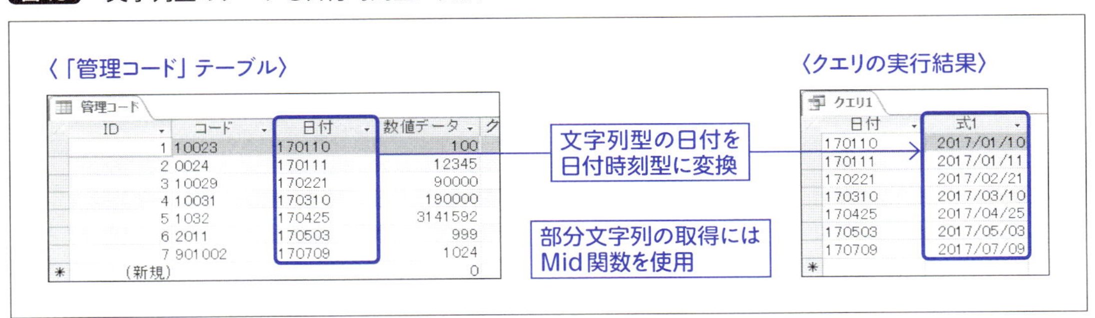

管理コード

ID	コード	日付	数値データ
1	10023	170110	100
2	0024	170111	12345
3	10029	170221	90000
4	10031	170310	190000
5	1032	170425	3141592
6	2011	170503	999
7	901002	170709	1024
(新規)			0

クエリ1

日付	式1
170110	2017/01/10
170111	2017/01/11
170221	2017/02/21
170310	2017/03/10
170425	2017/04/25
170503	2017/05/03
170709	2017/07/09

クエリを作成して、「管理コード」テーブルを追加してください。図76のように「日付」のフィールドのみを追加します。「日付」の右横をクリックして入力可能状態にします。

図76 フィールドを追加

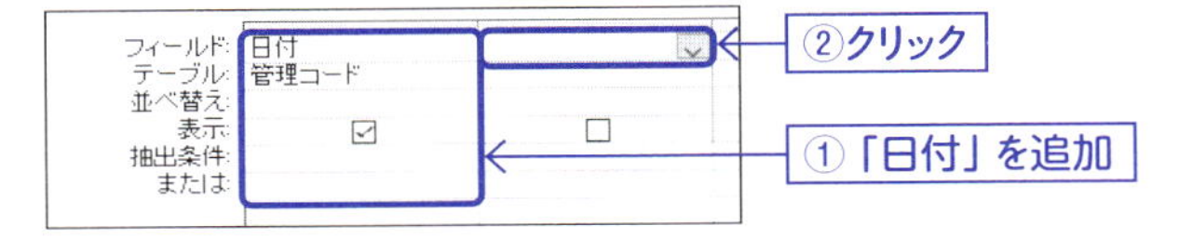

クエリ設定の［ビルダー］をクリックして、式ビルダーを立ち上げます。式ビルダーに計算式を入力します（図77）。

図77 式ビルダーで計算式を作成

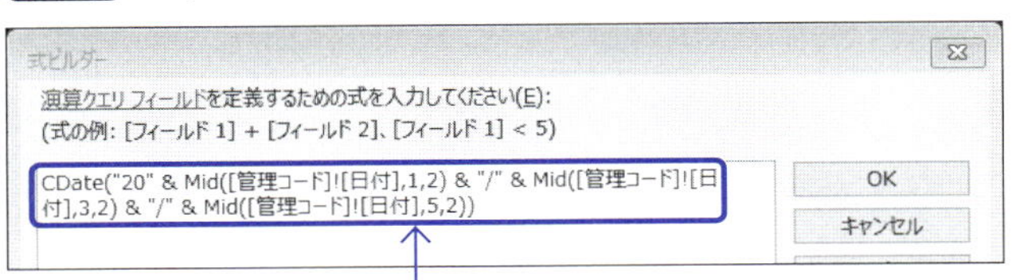

CDate("20" & Mid([管理コード]![日付],1,2) & "/" & Mid([管理コード]![日付],3,2) & "/" & Mid([管理コード]![日付],5,2)) を入力

［実行］をクリックします（図78）。

図78 クエリを実行

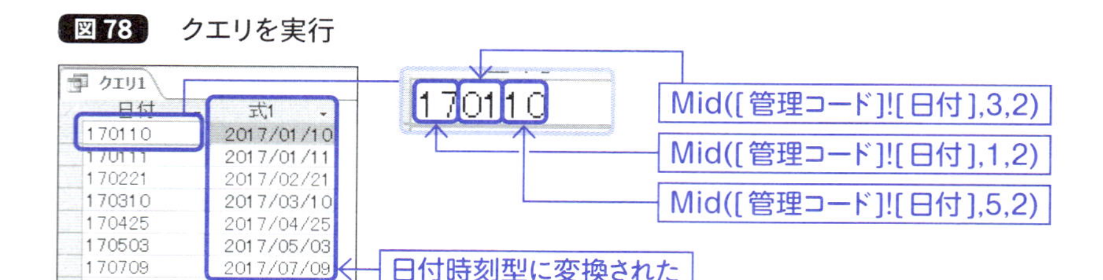

Mid関数は、指定桁から指定桁数分を切り出す関数です。先頭から2桁を取って年、次の2桁を月、次の2桁を日として、文字列結合で「20YY/MM/DD」に整形してCDateに渡しています。

2-7-3 数値型にカンマを付加

桁数が多い数値はカンマを付加して表示すると、可読性が向上します。たとえば、10000よりは10,000の方が認識しやすいと思います。

事前に通貨型でフィールドを作成しておけば、自動的に¥マークとカンマが付加されます。しかし、数値型のフィールドではカンマは付加されません。

数値型のデータに3桁ごとにカンマを付加する方法を解説します。Format（フォーマット）関数を使用します。「管理コード」テーブルの「数値データ」フィールドを使って、Formatによるカンマの付加を行っていきます（図79）。

なお、書式プロパティを設定変更することでも、カンマを付加して表示させることが可能です。

図79 数値型のデータにカンマを付加

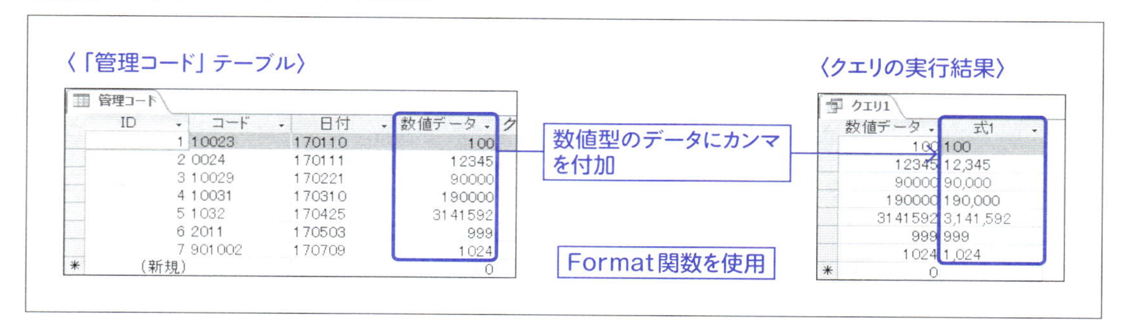

ID	コード	日付	数値データ
1	10023	170110	100
2	0024	170111	12345
3	10029	170221	90000
4	10031	170310	190000
5	1032	170425	3141592
6	2011	170503	999
7	901002	170709	1024
(新規)			0

数値データ	式1
100	100
12345	12,345
90000	90,000
190000	190,000
3141592	3,141,592
999	999
1024	1,024
0	

クエリを作成して、「管理コード」テーブルを追加してください。図80のように「数値データ」のフィールドのみを追加します。「数値データ」の右横をクリックして入力可能状態にします。

図80 フィールドを追加

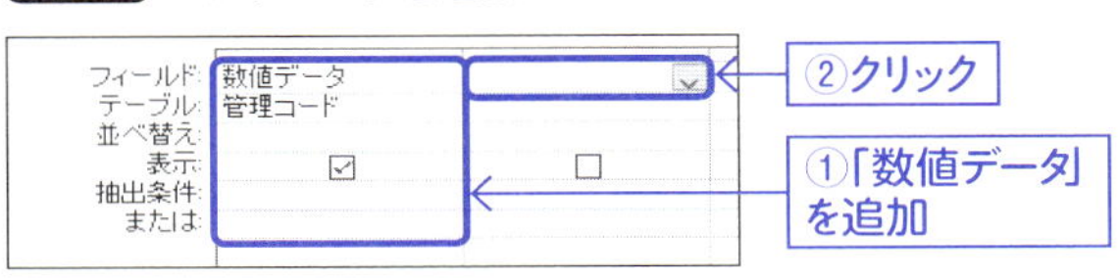

クエリ設定の[ビルダー]をクリックして、式ビルダーを立ち上げます。式ビルダーに計算式を入力します(図81)。

図81 式ビルダーで計算式を作成

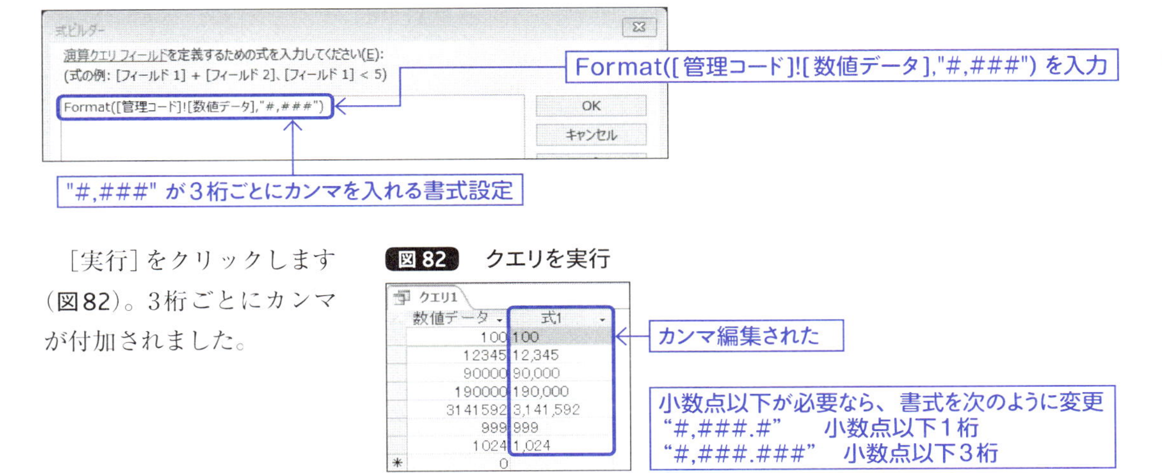

[実行]をクリックします(図82)。3桁ごとにカンマが付加されました。

図82 クエリを実行

なお、Format関数を使用すると文字列型に変換されるので、左詰めで表示されます。

2-7-4 文字列の置換

データベース中のある文字列を置換したいというケースは多くあるでしょう。たとえば、Accessレポートで縦書きにして出力する際に、全角の「－」が縦にならないので、半角の「-」に変換したい場合です。

[ホーム]タブにある[置換]機能で、元々のデータを置換することも可能ですが、データを勝手に書き換えることは避けるべきです。クエリで一時的に置換すれば、この問題は解決します。

「出版物」テーブルに、「書籍名」フィールドがあります。このフィールドの値に含まれる全角「－」を半角「-」に置換する方法を解説します。置換には、Replace(リプレイス)関数を使用します(図83)。

図83 全角「ー」を半角「-」に置換

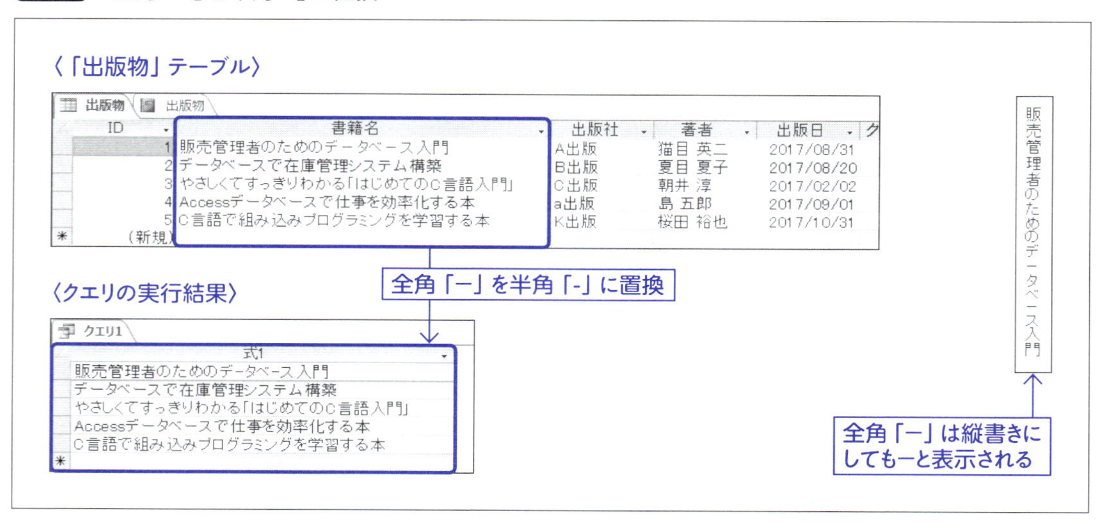

クエリを作成して、「出版物」テーブルを追加してください。フィールドへの追加は行いません。先頭のフィールドをクリックして入力可能状態にします（図84）。

図84 フィールドなしでクエリを作成

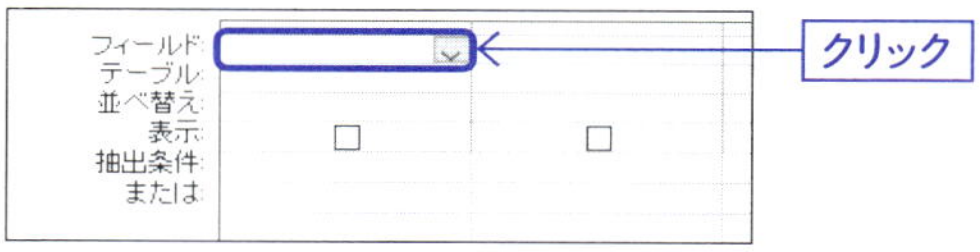

クエリ設定の［ビルダー］をクリックして、式ビルダーを立ち上げます。式ビルダーに計算式を入力します（図85）。

図85 式ビルダーで計算式を作成

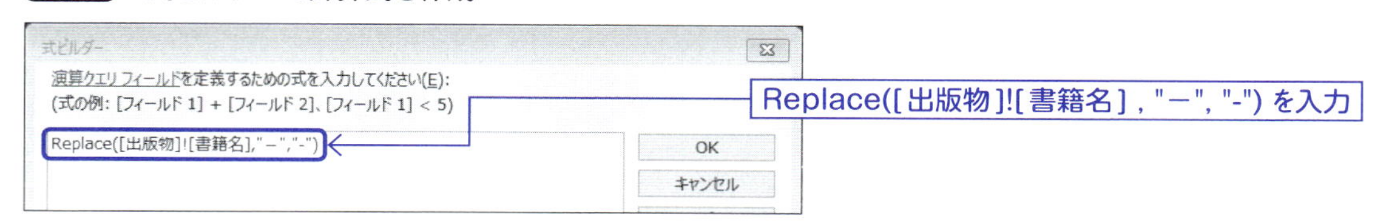

［実行］をクリックします（図86）。

図86 クエリを実行

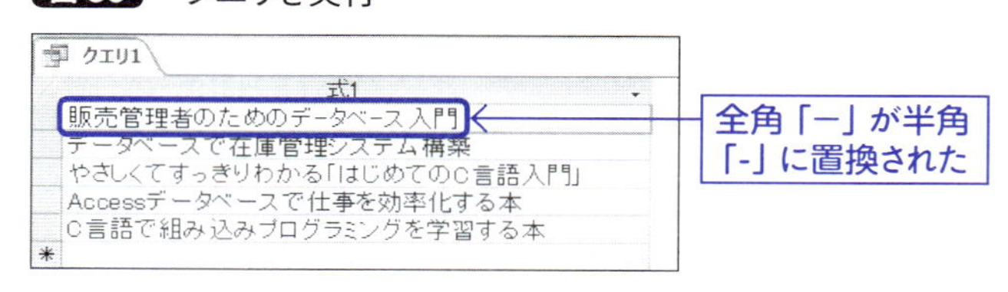

Replace関数の1つ目の引数には、置換対象となる文字列を与えます。２つ目の引数が置換前の

文字列、３つ目の引数が置換後の文字列になります。全角の“－”、半角の”-“の順番でReplaceの引数に与えることで、意図したとおりに置換できます。

2-7-5 コードから文字列への変換

コンピュータは数値計算することが得意なので、データは数値であることが普通です。

そして、数値に意味を持たせることをコード化と呼びます。たとえば、男は1、女は2といった番号付けをして、レコードのデータとしては1または2を記録する、という仕組みです。これも立派なコード化です。

コード化することにより、データサイズが小さくなり、検索処理も速くなります。コンピュータにとっては数値の方がよいのですが、人間にとっては、男や女と表示してくれた方がわかりやすいですよね。

ここでは、そういったコード化された数値を、人間にとってわかりやすい文字列に変換する方法を解説します。文字列への変換はSwitch（スイッチ）関数を使用します。

「性別をコード化」テーブルに、「性別コード」フィールドを用意しました。このフィールドの値はコード化された性別です（男は1、女は2）。この数値を男と女に変換します（図87）。

図87　「1」を「男」、「2」を「女」に変換

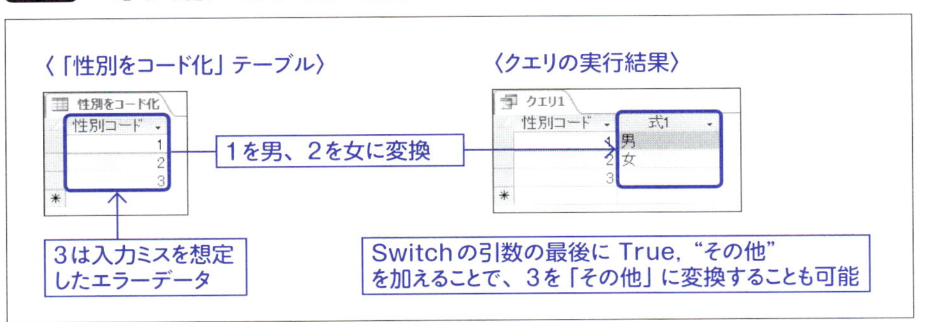

Iif関数を使用することでも、このような変換が可能です。ただし、Iifの場合は、入れ子にする必要があり、コードの番号が多くなると、わかりにくくなるのでお勧めできません。

クエリを作成して、「性別をコード化」テーブルを追加してください。「性別コード」のフィールドのみを追加します。「性別コード」の右横をクリックして入力可能状態にします（図88）。

図88　フィールドを追加

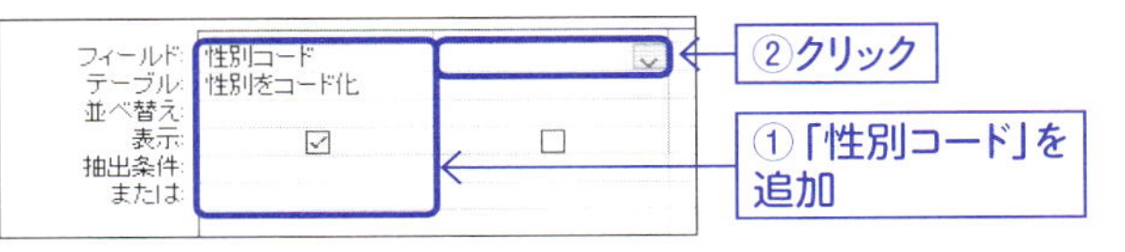

クエリ設定の［ビルダー］をクリックして、式ビルダーを立ち上げます。式ビルダーに計算式を入力します（図89）。

図89 式ビルダーで計算式を作成

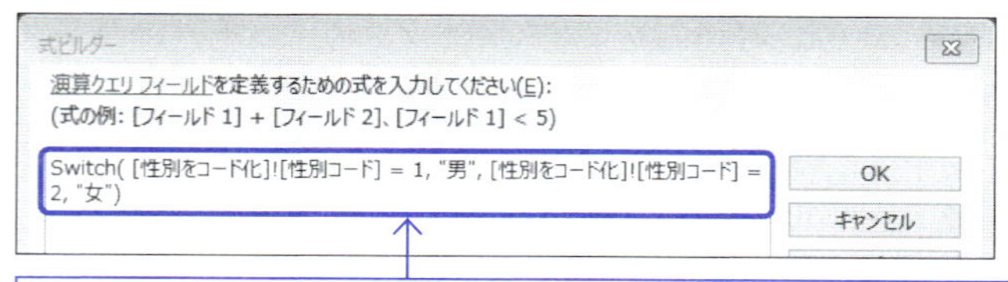

［実行］をクリックします（図90）。

図90 クエリを実行

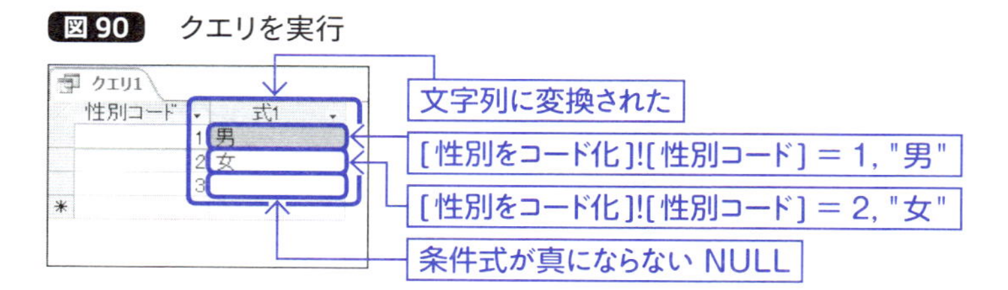

Switch関数は可変長の関数です。引数は2個以上なら、いくつあっても構いませんが、偶数である必要があります。つまり2個を1セットとします。1セットの内訳は「条件式と値」になります。Switch関数は、左から順番に条件式を評価していき、最初に真となった引数の次の値を返します。すべての条件式が真にならなかった場合、NULLが返されます。

2-7-6 NULL値の変換（Iif関数）

データベースでは値が何も記録されていない状態を特殊なキーワード「NULL」で表現します。NULL値となっているデータを表示してみても、何も表示されません。データとしてスペース（空白文字）だけが入っている場合でも表示されないので、未入力なのか、スペースが入力されているのかわかりません。

そのため、NULL値の場合、「未入力」や「計算エラー」といった表示にすることがあります。ここでは、NULL値を文字列の「未入力」に変換する方法を解説します。変換にはIif（アイアイエフ）関数を、NULL値であるかどうかの判定に、IsNull（イズヌル）関数を使用します。

IsNull関数は引数で与えられた値が、NULL値である場合、-1を、そうでない場合0を返します。

Iif関数は、１つ目の引数が真である場合、２つ目の引数の値を、そうでない場合、３つ目の引数の値を返します。

```
Iif(IsNull([フィールド]) = -1, "未入力", [フィールド])
```

IifとIsNullを組み合わせた上記の式は、［フィールド］の値がNULL値であった場合、IsNullから

-1が返り、Iifの条件が真になり、２つ目の引数の"未入力"が返されます。NULL値でない場合は、条件が偽になるので[フィールド]の値がそのまま返ります(図91)。

図91　NULL値を「未入力」に変換

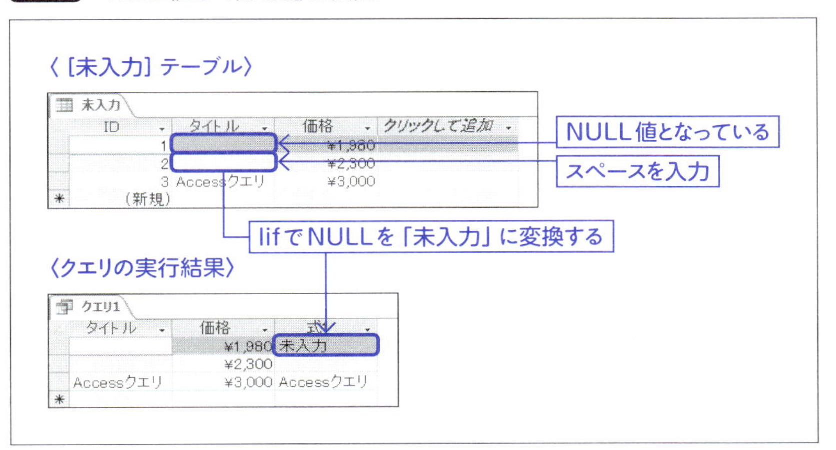

クエリを作成して、「未入力」テーブルを追加してください。以下のように「タイトル」と「価格」のフィールドを追加します。「価格」の右横をクリックして入力可能状態にします(図92)。

図92　フィールドを追加

クエリ設定の[ビルダー]をクリックして、式ビルダーを立ち上げます。式ビルダーに計算式を入力します(図93)。IsNullでNULL値であるかどうかを判定して、IifでNULL値なら、"未入力"を、NULL値でないのなら、「タイトル」フィールドの値を返すようにします。

図93　式ビルダーで計算式を作成

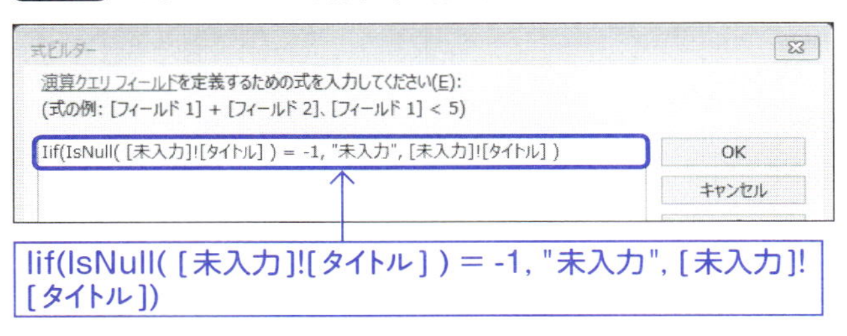

[実行]をクリックします。1行目は、タイトルがNULLとなっているので、「未入力」に変換されました。2行目は、スペースが入力されているので、変換されません(図94)。

図94　クエリを実行

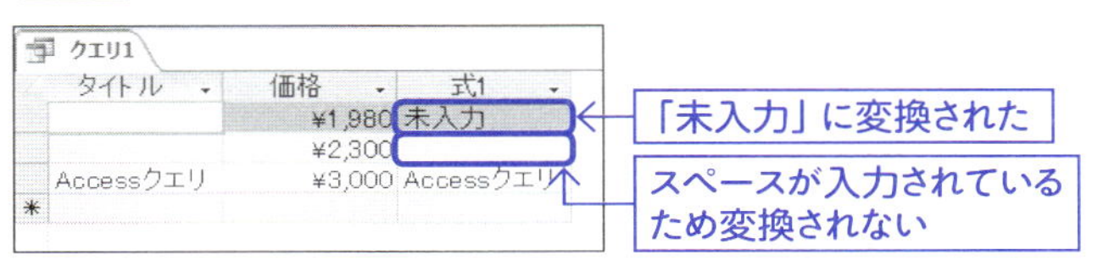

2-7-7 NULL値の変換（Nz関数）

2-7-6では、Iif関数を使ってNULL値を変換しました。Iif関数は、任意の条件式を記述できるので、NULL値の変換だけでなく、さまざまな用途に使用できる応用範囲が広い関数です。

NULL値を変換する専用の関数に**Nz（エヌゼット）関数**があります。NULL値を変換するだけであれば、こちらの方がIif関数よりも簡潔に記述できます。

関数の中には、計算できない場合にNULL値を返す関数もあります。引数にNULL値を渡した場合、計算不可能なので多くの関数がNULL値を返してきます。また、演算子を使った演算処理でもNULL値が含まれる場合にはNULL値が返されます。そこで、数値計算の結果、返ってきたNULL値を0に変換する方法を解説します（図95）。

図95 NULL値を0に変換

〈「出荷」テーブル〉

出荷

ID	商品コード	出荷数	返品数	単価	クリックして追加
1	17030200	3	1	¥289,000	
2	16125000	2		¥320,000	
3	17061020	1	1	¥220,000	
* (新規)		0	0	¥0	

NULL値に変更

〈クエリの実行結果〉

出荷　クエリ1

商品コード	出荷数	返品数	単価	金額
17030200	3	1	¥289,000	¥578,000
16125000	2		¥320,000	
17061020	1	1	¥220,000	¥0
*	0	0	¥0	

「(出荷数 - 返品数) * 単価」で金額を計算

NULL値で計算不能

〈Nzで0に変換〉

出荷　クエリ1

商品コード	出荷数	返品数	単価	金額
17030200	3	1	¥289,000	578000
16125000	2		¥320,000	640000
17061020	1	1	¥220,000	0
*	0	0	¥0	

NULL値でも計算可能

Nzで0に変換

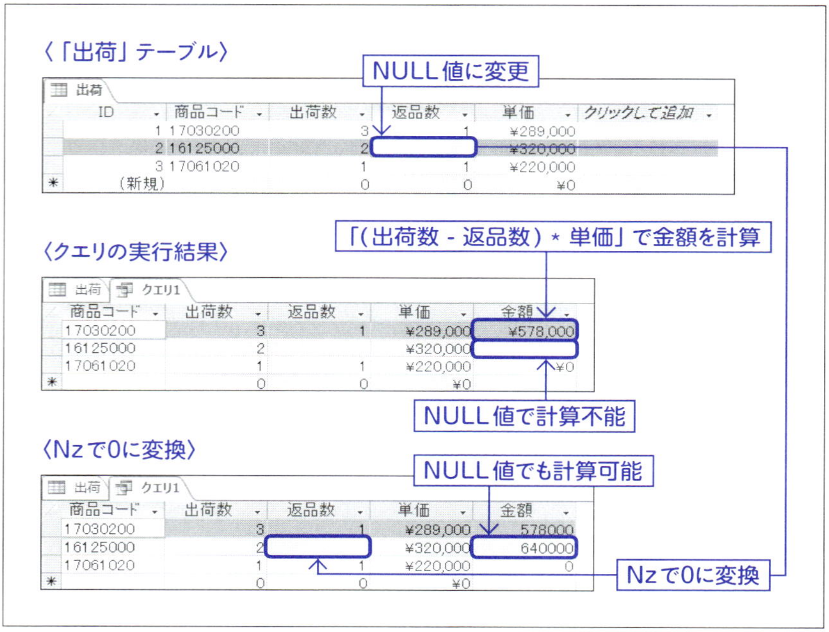

「出荷」テーブルを開きます。ナビゲーションウィンドウで、テーブル中の「出荷」をダブルクリックすることで開くことができます（図96）。

図96　「出荷」テーブルを開く

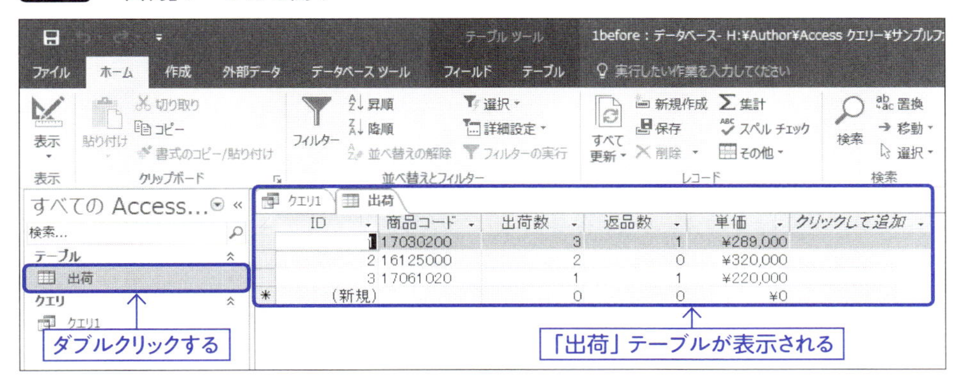

「返品数」フィールドが0のところ（2レコード目）をクリックして入力可能にして、Delキーでデータを削除します（図97）。

図97　NULL値を入力

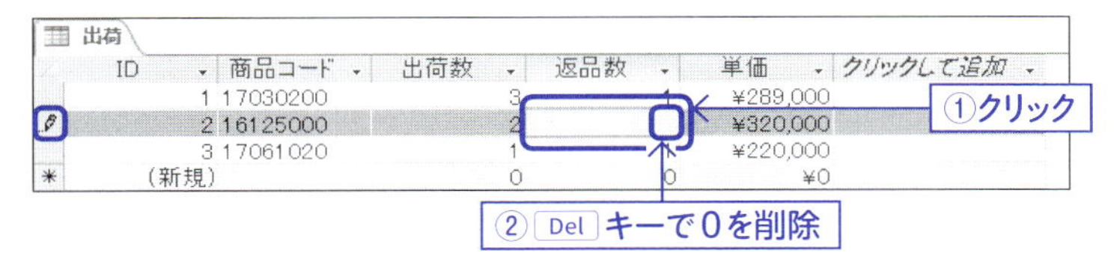

削除すると、左端に、レコードが変更されたマークが表示されます。

↓キーを押して、3レコード目に移動します（図98）。

図98　変更を確定

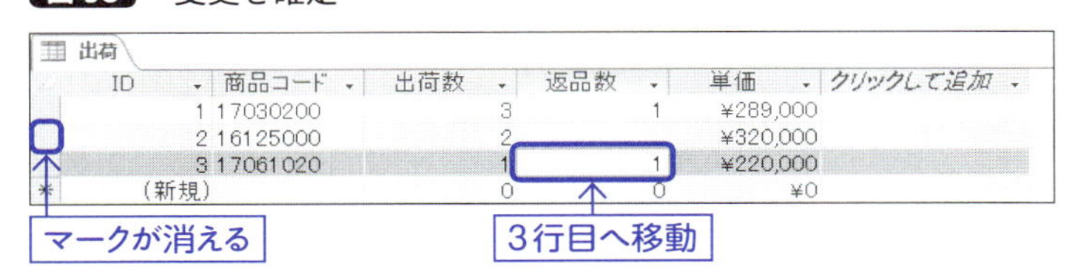

編集したレコードからフォーカスが外れると変更が確定します。確定していない間はEscキーで変更をキャンセルすることが可能です。

2-6-3（63ページ）で実行したクエリを実行します。［実行］をクリックします（図99）。

図99　クエリを実行

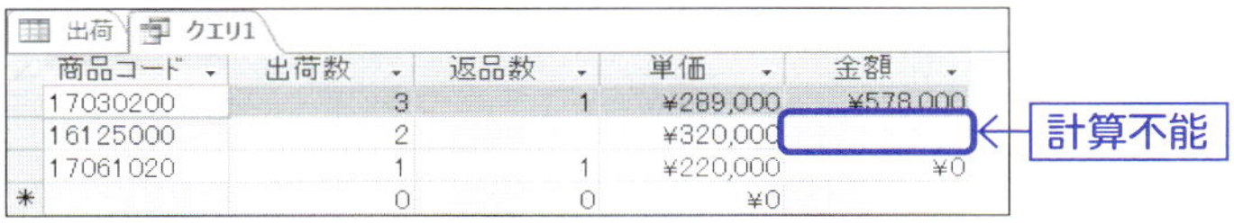

	商品コード	出荷数	返品数	単価	金額
	17030200	3	1	¥289,000	¥578,000
	16125000	2		¥320,000	
	17061020	1	1	¥220,000	¥0
*		0	0	¥0	

計算不能

「金額」は「(「出荷数」－「返品数」)＊「単価」」で計算した結果です。

返品数をNULL値に変更した影響で2レコード目が計算不能になってしまいました。

クエリを変更して、計算できるように修正していきます。

クエリをデザインビューで表示します。金額のフィールドをクリックして、［ビルダー］をクリックし、式ビルダーを表示します（図100）。

図100 デザインビューに切り替えて式ビルダーを立ち上げる

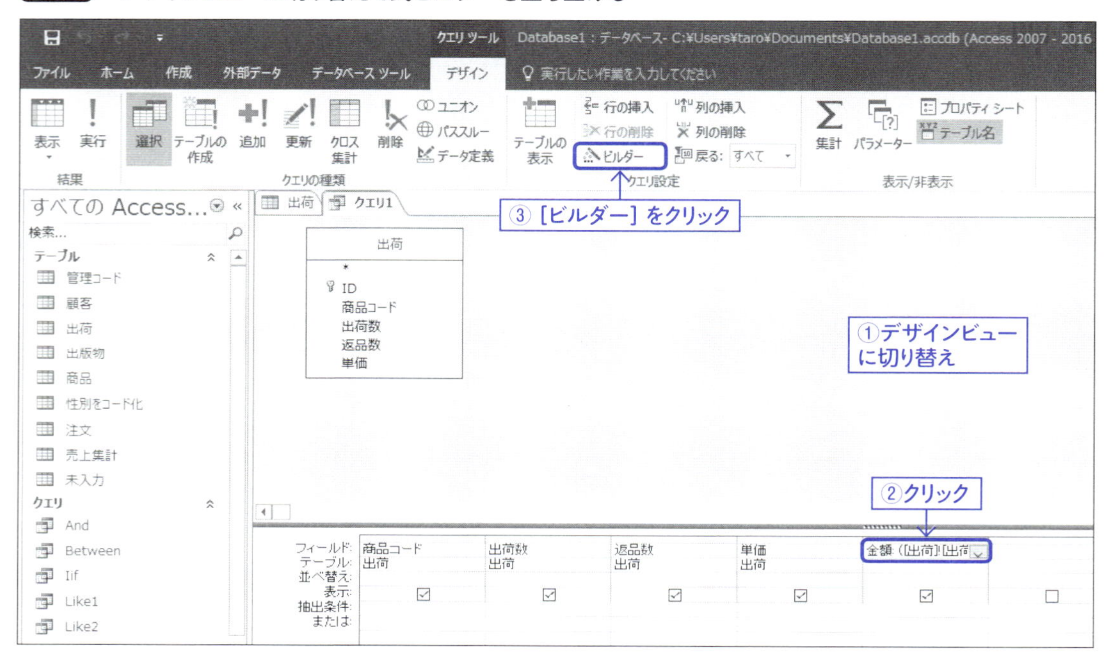

式ビルダーで式を変更していきます（図101）。変更箇所は、返品数がNULL値であった場合に、0に変換するという処理をNz関数で行うようにする点です。

図101 クエリを編集

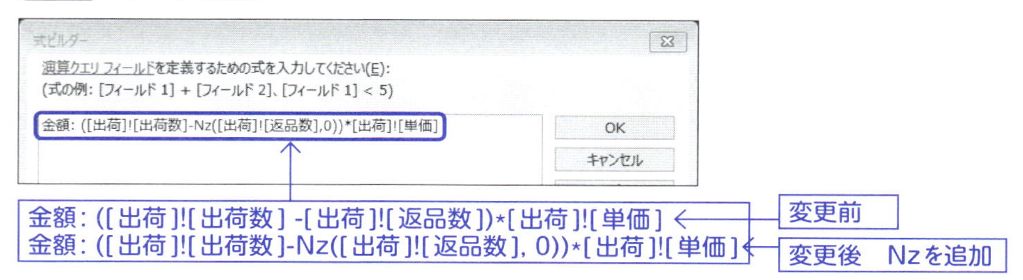

［実行］をクリックします。2レコード目の金額を正しく計算できました（図102）。

図102　クエリを再実行

出荷　クエリ1

商品コード	出荷数	返品数	単価	金額
17030200	3	1	¥289,000	578000
16125000	2		¥320,000	640000
17061020	1	1	¥220,000	0
*	0	0	¥0	

計算できた

Nz関数は、1つ目の引数にNULL値であるかどうかを判定させたい式を与えます。1つ目の引数がNULL値であると評価された場合、2つ目の引数で与えられた値を返します。NULL値でない場合、1つ目の引数の値がそのまま返ります。図101では2つ目の引数に0を指定していますから、返品数がNULL値の2行目のレコードでは、0に変換されて計算されます。なお、2つ目の引数は省略可能で、省略した場合「""（空文字列）」とみなされます。

2-7-8　日付時刻型のデータから年月日を取得

日付時刻型の日時データから年や月、日だけを抜き出したいことがあります。

そういった場合、日付時刻型の関数を使用するとよいでしょう。

ここでは、Year（イヤー）関数とMonth（マンス）関数、Day（デイ）関数を使った、日付値の抜き出し方法を紹介します。「出版物」テーブルの「出版日」フィールドから年、月、日を取得してみます（図103）。

図103　年、月、日を取得

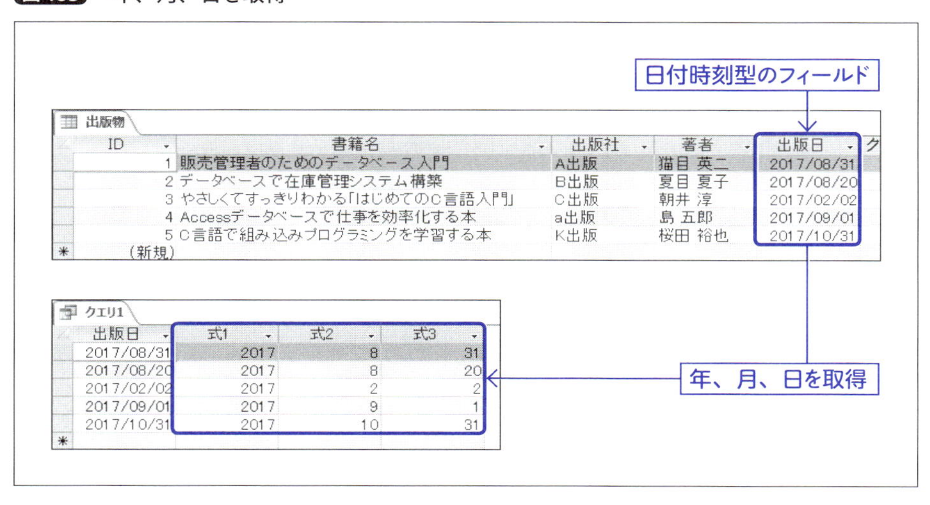

Year関数は日付時刻型のデータから「年」のみを取得する関数です。年は西暦で取得できます。

Month関数は日付時刻型のデータから「月」のみを取得する関数です。月は1～12までの値で取得できます。

Day関数は日付時刻型のデータから「日」のみを取得する関数です。日は1～31までの値で取得できます。

クエリを作成して、「出版物」テーブルの「出版日」フィールドを追加してください。「出版日」の右横をクリックして入力可能状態にします（図104）。

図104 フィールドを追加

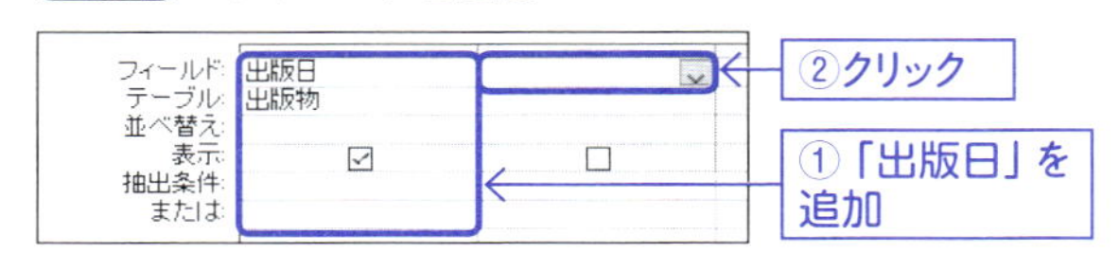

今回は、式ビルダーを使用せず、直接デザインビューの入力欄に式を入力します。

「Year(出版日)」と入力します。入力できたら Enter キーを押します（図105）。

図105 Yearを使った計算式を入力して Enter を押す

フィールド: 出版日 Year(出版日)
テーブル: 出版物
並べ替え:
表示:
抽出条件:
または:
①「Year(出版日)」と入力
② Enter を押す

入力可能な欄がひとつ右に移動しますので、「Month(出版日)」を入力します。入力できたら Enter キーを押します（図106）。

図106 Monthを使った計算式を入力して Enter を押す

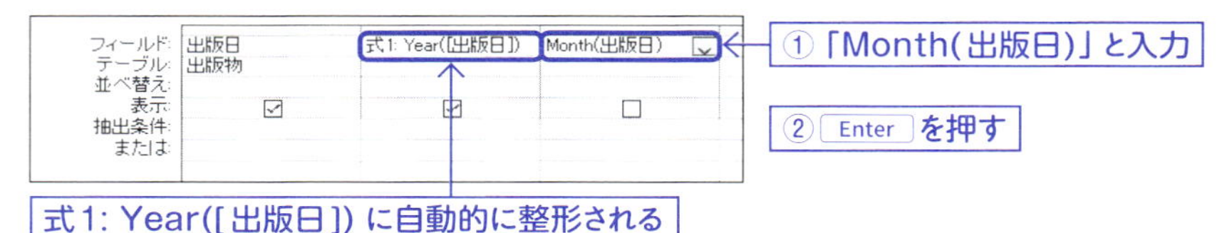

同じ要領で、「Day(出版日)」を入力します。入力できたら Enter キーを押します（図107）。

図107 Dayを使った計算式を入力して Enter を押す

最終的に、4つのフィールドができました。[実行]をクリックします。追加したフィールドで、年、月、日が取得できました（図108）。

図108 クエリを実行

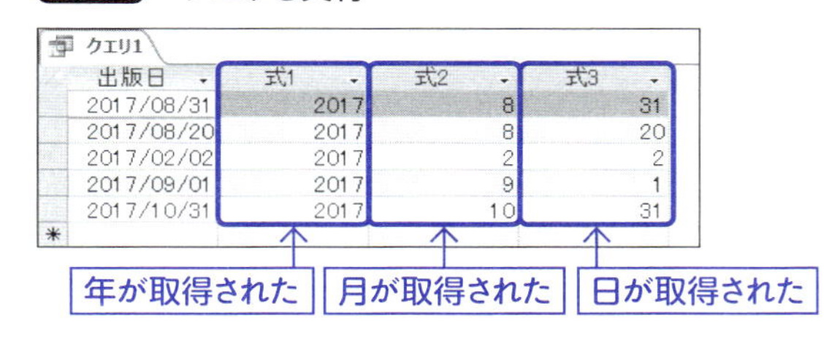

出版日	式1	式2	式3
2017/08/31	2017	8	31
2017/08/20	2017	8	20
2017/02/02	2017	2	2
2017/09/01	2017	9	1
2017/10/31	2017	10	31

今回は、抽出条件を付けませんでしたが、式2の［抽出条件］に8を入力すれば、8月のみのレコードを抽出するといったことも可能です（図109）。

図109 「8月」のみ抽出

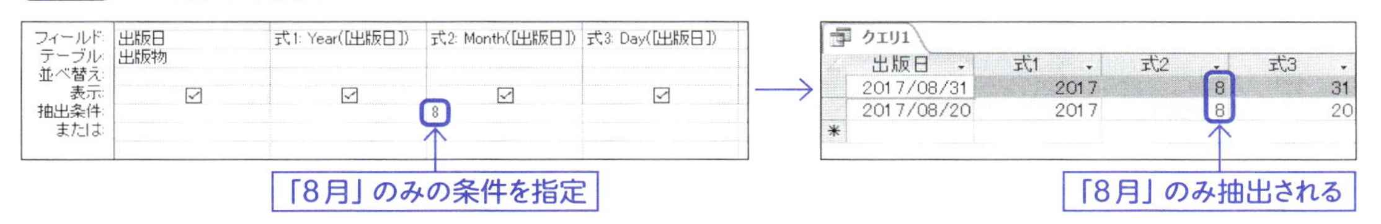

文字列操作のところで、Mid関数を使用し部分文字列を取得して日付値を計算しました。日付時刻型のデータを文字列に変換して、桁指定で部分文字列を取得することでも、年や月を計算することが可能です。しかし、桁数を気にする必要があるので面倒です。日付時刻型のデータなら、YearやMonth、Day関数を使用した方が簡単です。また、Midの場合はテキスト型で結果が返ります。YearやMonthでは数値型で結果が返されます。この点も異なります。

2-7-9 そのほかの日付取得関数

ここで解説したYear、Month、Day以外の日付時刻型データから部分的に値を抜き出すことができる関数を表6にまとめます。

表6 日付取得関数

関数	取得できる値
Hour	時を取得
Minute	分を取得
Second	秒を取得
WeekDay	曜日1～7を取得。1が日曜日
DatePart	引数で指定された任意の日付要素を取得

なお、計算を行う場合、式が長くなりがちです。入力欄はマウス操作で長さを調整可能です。長い式を入力する場合は、入力欄の大きさを調整するとよいでしょう（図110）。

図110 入力欄を調整

フィールド: 出版日 | 式1: Year([出版日]) | 式2: Month([出版日]) | 式3: Day(
テーブル: 出版物
並べ替え:
表示:
抽出条件:
または:

ドラッグ操作で広げることができる

抽出時に条件を入力

最初からクエリに条件を入力しておかずに、クエリの実行の段階で条件を指定して、レコードを抽出することが可能です。

2-8-1 上位n件を取得するTOP指定

データベースシステムでは、レコードが何万件にもおよぶ大きさになることが、珍しくありません。扱う商品の数が、万単位であるのなら、商品テーブルのレコード数も万単位になります。小規模な在庫管理システムでも、運用状態が何年も継続すれば、気付いたらレコード数が数万になっていた、ということもあるかもしれません。

日々の業務では、常に新しいデータしか参照しない場合がほとんどだと思います。せいぜい、新しいものから順に10件くらいのデータしか表示されなくても、困ることはないと思います。

また、分析をする上でも上位のデータしか見なくてもOK、ということもあるでしょう。

ここでは、上位のn件分だけ抽出する方法について解説します。具体的には、「顧客」テーブルを「年齢」が大きい順に並べ替え、上位3レコードのみを表示させます(図111)。

図111 トップ3を抽出

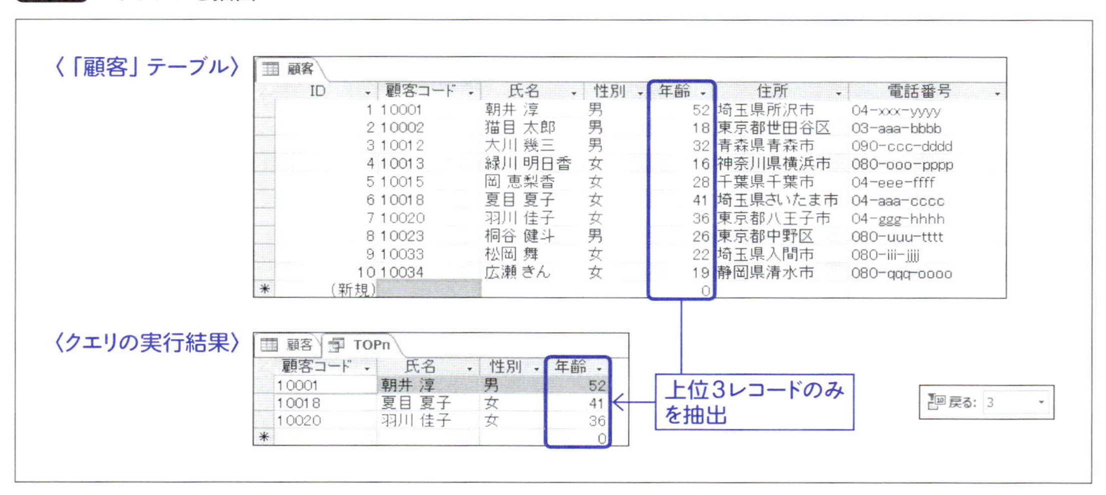

顧客

ID	顧客コード	氏名	性別	年齢	住所	電話番号
1	10001	朝井 淳	男	52	埼玉県所沢市	04-xxx-yyyy
2	10002	猫目 太郎	男	18	東京都世田谷区	03-aaa-bbbb
3	10012	大川 幾三	男	32	青森県青森市	090-ccc-dddd
4	10013	緑川 明日香	女	16	神奈川県横浜市	080-ooo-pppp
5	10015	岡 恵梨香	女	28	千葉県千葉市	04-eee-ffff
6	10018	夏目 夏子	女	41	埼玉県さいたま市	04-aaa-cccc
7	10020	羽川 佳子	女	36	東京都八王子市	04-ggg-hhhh
8	10023	桐谷 健斗	男	26	東京都中野区	080-uuu-tttt
9	10033	松岡 舞	女	22	埼玉県入間市	080-iii-jjjj
10	10034	広瀬 きん	女	19	静岡県清水市	080-qqq-oooo
(新規)				0		

TOPn

顧客コード	氏名	性別	年齢
10001	朝井 淳	男	52
10018	夏目 夏子	女	41
10020	羽川 佳子	女	36
			0

クエリを作成して、「顧客」テーブルを追加し、図112のように4つのフィールドを追加します。

図112 フィールドを追加

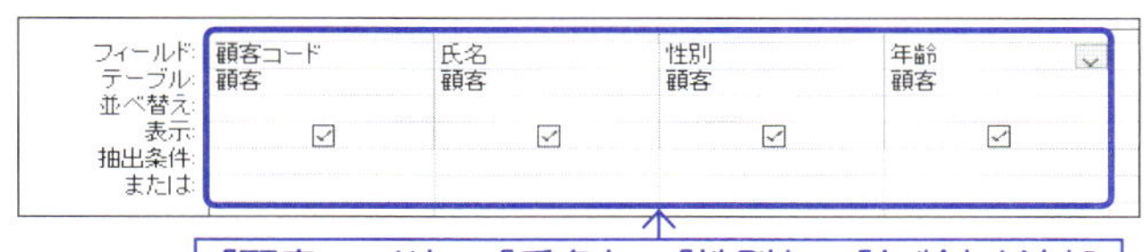

「年齢」の［並べ替え］を「降順」に設定します（図113）。

図113 「年齢」の並べ替えを「降順」に設定

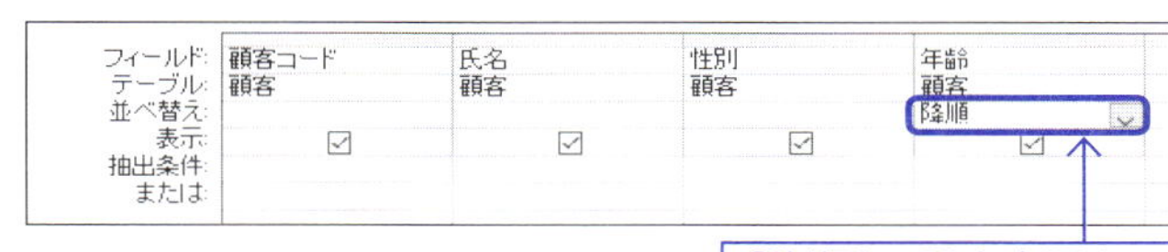

クエリ設定の［戻る］のコンボボックスに「3」を入力します（図114）。

図114 トップ値を3に設定

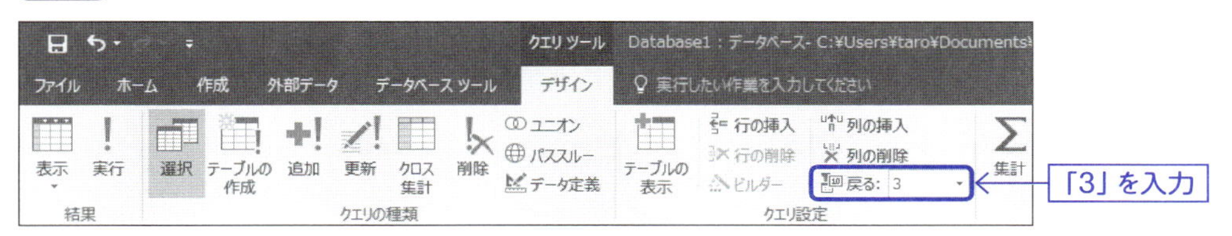

［実行］をクリックします。年齢の大きい順に並べ替えされ、上位3件のみ表示されました（図115）。

図115 クエリを実行

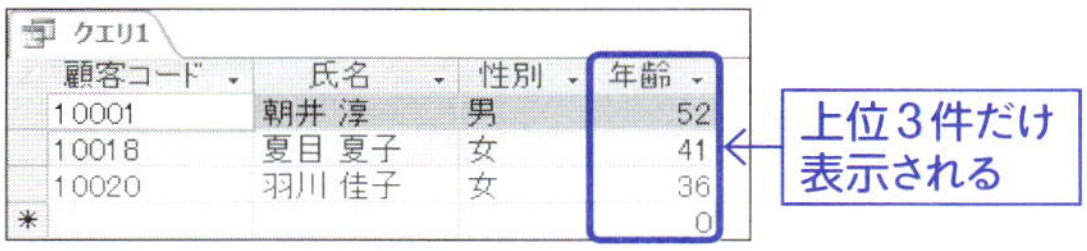

クエリ1

顧客コード	氏名	性別	年齢
10001	朝井 淳	男	52
10018	夏目 夏子	女	41
10020	羽川 佳子	女	36
*			0

上位3件だけ表示される

2-8-2 パラメーターを使った条件指定

これまでにさまざまな抽出条件を付けて選択クエリを作成してきました。抽出条件は、クエリデザインの［抽出条件］の入力欄に記入します。たとえば、「顧客」テーブルの「性別」フィールドの値が「男」であるレコードを抽出するクエリでは、［抽出条件］の入力欄には「男」と記入して、クエリを実行します。また、条件を「女」に変更したい場合、［抽出条件］のところを「女」に変更してクエリを再実行させる必要があります。

抽出条件をパラメーター化しておけば、クエリが実行される際に条件を入力させることが可能になります。パラメーター化すると、「男」で検索するのか「女」で検索するのかを、クエリの実行時に決定できるのです（図116）。

図116 パラメーターでクエリ実行時に条件設定

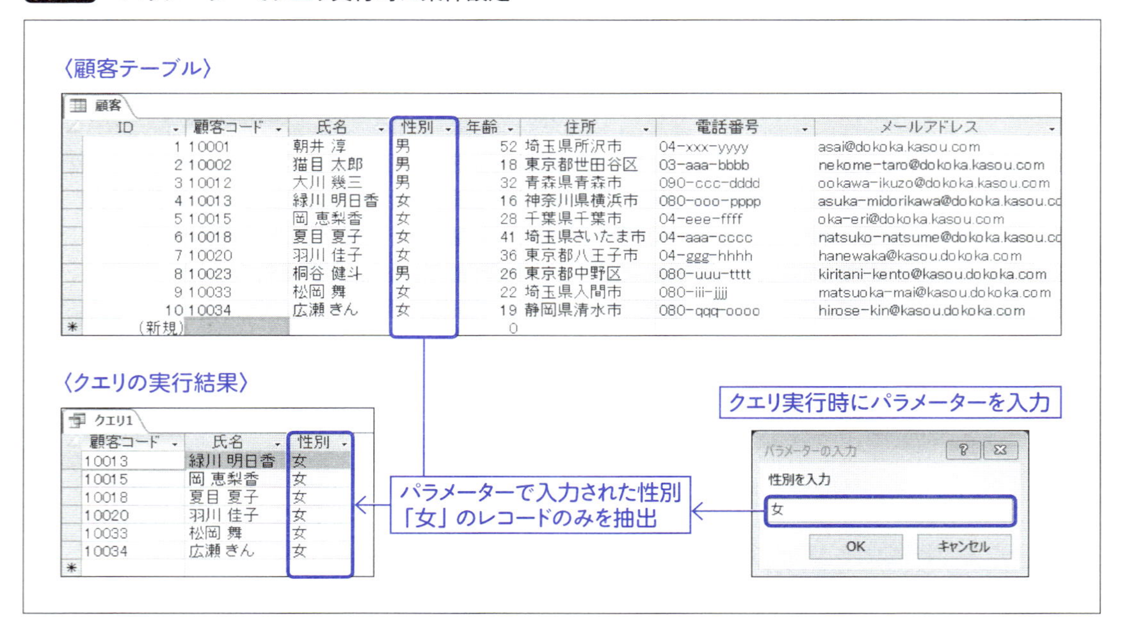

ID	顧客コード	氏名	性別	年齢	住所	電話番号	メールアドレス
1	10001	朝井 淳	男	52	埼玉県所沢市	04-xxx-yyyy	asai@dokoka.kasou.com
2	10002	猫目 太郎	男	18	東京都世田谷区	03-aaa-bbbb	nekome-taro@dokoka.kasou.com
3	10012	大川 幾三	男	32	青森県青森市	090-ccc-dddd	ookawa-ikuzo@dokoka.kasou.com
4	10013	緑川 明日香	女	16	神奈川県横浜市	080-ooo-pppp	asuka-midorikawa@dokoka.kasou.co
5	10015	岡 恵梨香	女	28	千葉県千葉市	04-eee-ffff	oka-eri@dokoka.kasou.com
6	10018	夏目 夏子	女	41	埼玉県さいたま市	04-aaa-cccc	natsuko-natsume@dokoka.kasou.co
7	10020	羽川 佳子	女	36	東京都八王子市	04-ggg-hhhh	hanewaka@kasou.dokoka.com
8	10023	桐谷 健斗	男	26	東京都中野区	080-uuu-tttt	kiritani-kento@kasou.dokoka.com
9	10033	松岡 舞	女	22	埼玉県入間市	080-iii-jjjj	matsuoka-mai@kasou.dokoka.com
10	10034	広瀬 きん	女	19	静岡県清水市	080-qqq-oooo	hirose-kin@kasou.dokoka.com
(新規)				0			

顧客コード	氏名	性別
10013	緑川 明日香	女
10015	岡 恵梨香	女
10018	夏目 夏子	女
10020	羽川 佳子	女
10033	松岡 舞	女
10034	広瀬 きん	女

クエリを作成して、「顧客」テーブルを追加し、図117のように3つのフィールドを追加します。

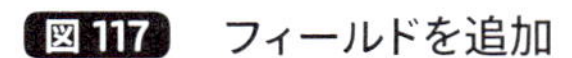

図117 フィールドを追加

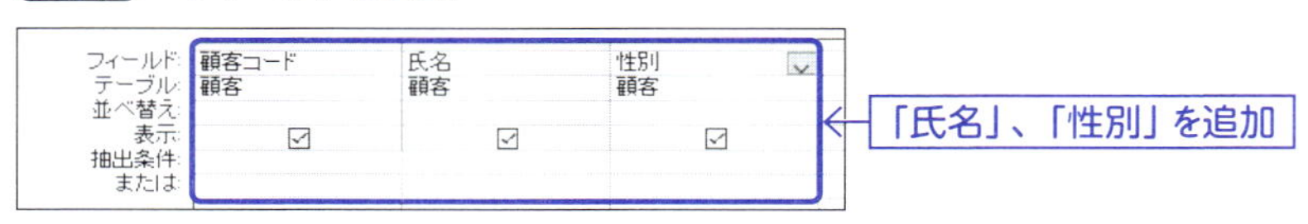

「性別」の[抽出条件]に「[性別を入力]」を入力します(図118)。

図118 「性別」の抽出条件にパラメーター名を入力

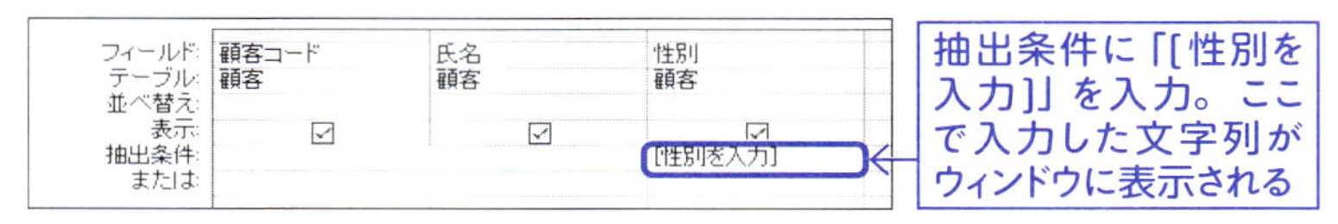

[実行]をクリックします。パラメーターを入力するウィンドウが表示されるので、「女」を入力します。入力後、[OK]をクリックします。クエリの実行結果が表示されます(図119)。

図119 クエリを実行

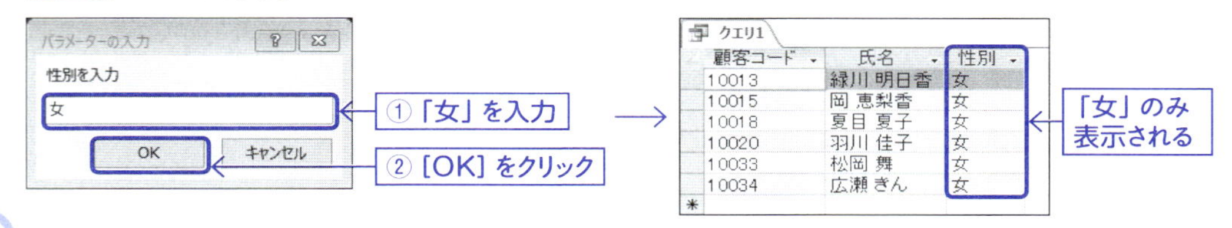

顧客コード	氏名	性別
10013	緑川 明日香	女
10015	岡 恵梨香	女
10018	夏目 夏子	女
10020	羽川 佳子	女
10033	松岡 舞	女
10034	広瀬 きん	女

リレーショナルデータベース

Accessはリレーショナルデータベースです。リレーショナルデータベースはいくつものテーブルから構成されます。データベースの中に1つしかテーブルが存在しないケースはあまり多くありません。

2-9-1 テーブルの構造

本書は、クエリを解説する書籍ですが、クエリの元となるのはテーブルです。リレーショナルデータベースにおいてテーブルをどうやって作成すればよいのかは、重要な事柄になります。

ここでは、よいテーブルとはどういったものかを少しだけ解説します。

まず、テーブルはレコードとフィールドから構成されます。レコードとフィールドが決まれば、1つのセルが決定します。一般的なリレーショナルデータベースでは、セルには1つの値しか記録できません（図120）。Accessではこの点が拡張されており、ルックアップフィールドであれば、複数の値を1つのセルで記憶することが可能です。

図120 テーブルの構造・レコード・フィールド・セル

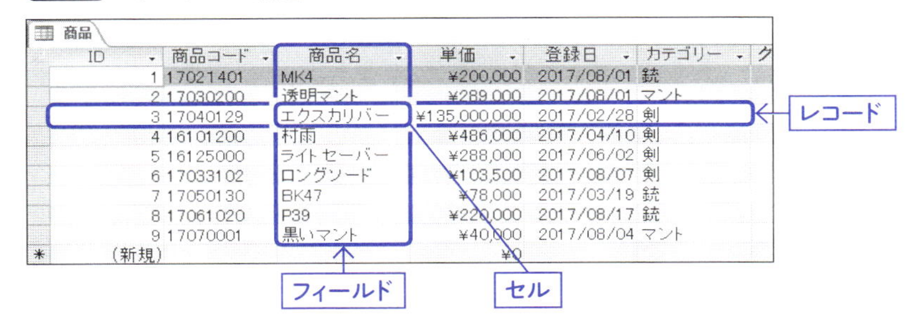
商品

ID	商品コード	商品名	単価	登録日	カテゴリー
1	17021401	MK4	¥200,000	2017/08/01	銃
2	17030200	透明マント	¥289,000	2017/08/01	マント
3	17040129	エクスカリバー	¥135,000,000	2017/02/28	剣
4	16101200	村雨	¥486,000	2017/04/10	剣
5	16125000	ライトセーバー	¥288,000	2017/06/02	剣
6	17033102	ロングソード	¥103,500	2017/08/07	剣
7	17050130	BK47	¥78,000	2017/03/19	銃
8	17061020	P39	¥220,000	2017/08/17	銃
9	17070001	黒いマント	¥40,000	2017/08/04	マント
(新規)			¥0		

2-9-2 悪いテーブルの例

携帯電話の普及によって、電話番号が複数存在するということが珍しくありません。住所録テーブルで電話番号を複数記録できるようにと、電話番号1、電話番号2、電話番号3の3つのフィールドを作成したとします（図121）。

図121 電話番号に関するフィールドが３つ

フィールドが繰り返される悪いテーブル

氏名	住所	電話番号1	電話番号2	電話番号3
朝井 淳	埼玉県所沢市	04-29XX-XXXX	080-XXXX-XXXX	
山田 太郎	東京都世田谷区	090-XXXX-XXXX		
*				

このように、繰り返しとなるようなフィールドを作成することは、どうしても問題を含んでしまいます。

たとえば、電話番号テーブルにその番号が固定電話なのか、携帯なのか、FAX専用なのか、といった種別も記録できるように拡張したくなったとします。

繰り返しのフィールドを作成する方式では、電話番号種別1、電話番号種別2、電話番号種別3と電話番号の数分だけフィールドを作成する必要があります。さらに、記録できる電話番号の数を5個までに拡張したくなったら、電話番号4、電話番号5、電話番号種別4、電話番号種別5を増やす必要があります。これは面倒ですし、プログラムを変更する必要もあるでしょう。

2-9-3 テーブルを分割して対応

テーブルに繰り返しのフィールドができてしまう場合、テーブルを分割します。「住所録」テーブルに、電話番号1、2、3の繰り返しフィールドができてしまう例では、「住所録」テーブルと「電話番号」テーブルの２つに分割します。

図122 テーブルを２つに分割

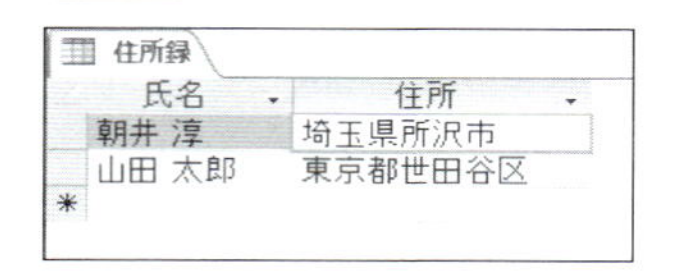
住所録

氏名	住所
朝井 淳	埼玉県所沢市
山田 太郎	東京都世田谷区
*	

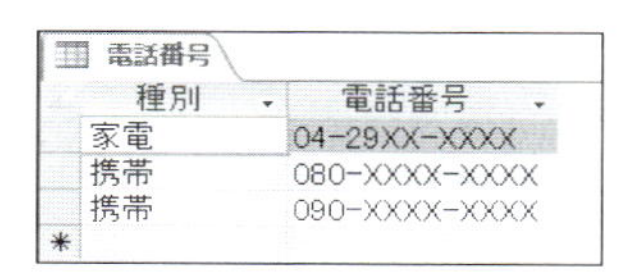
電話番号

種別	電話番号
家電	04-29XX-XXXX
携帯	080-XXXX-XXXX
携帯	090-XXXX-XXXX
*	

分割してみました。しかし、このままだと誰の電話番号であるのかがわかりません（図122）。

そこで、「住所録」テーブルと「電話番号」テーブルの関係性を作成します。

２つのテーブルに住所録IDフィールドを増やしました。これで「朝井 淳」のデータは「住所録ID」が「1」のレコードになります（図123）。

図123 「住所録ID」フィールドを追加

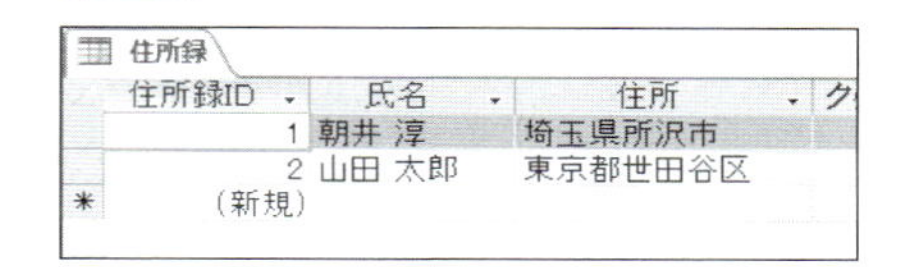
住所録

住所録ID	氏名	住所	ク
1	朝井 淳	埼玉県所沢市	
2	山田 太郎	東京都世田谷区	
* (新規)			

電話番号

住所録ID	種別	電話番号
1	家電	04-29XX-XXXX
1	携帯	080-XXXX-XXXX
2	携帯	090-XXXX-XXXX
* 0		

2-9-4 主キー

「住所録」テーブルの「住所録ID」フィールドは、オートナンバー型で**主キー**になっています。主キーである「住所録ID」が決定すると、単一のレコードを特定することができます。

しかし、「電話番号」テーブルの「住所録ID」フィールドは、単なる数値型のフィールドです。「住所録ID」が1であるレコードが2件存在するので、「住所録ID」だけではレコードを特定することができません。「住所録ID」を主キーに設定することはできないのです。

テーブルを作成する際によく「主キーが設定されていません」の警告メッセージを見ると思います。主キーが設定されていない状態のテーブルは、リレーショナルデータベース的に好ましくない状況で不完全であるといえます。

そこで、「電話番号」テーブルにも主キーを設定していきます。「住所録ID」だけではユニークにならないので、枝番を付けてレコードが決定できるようにします(図124)。

図 124 フィールド2つで主キーを設定

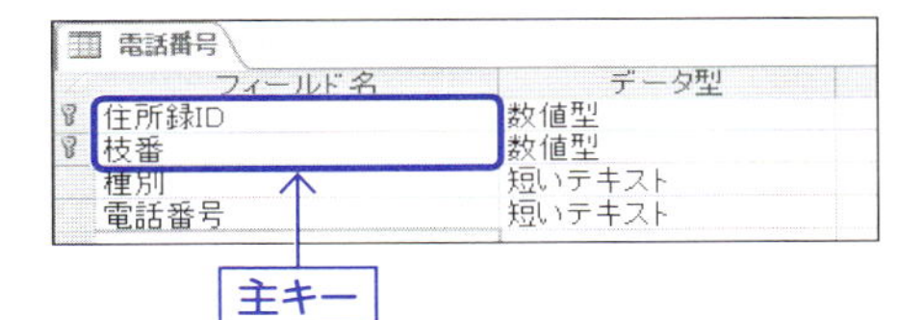

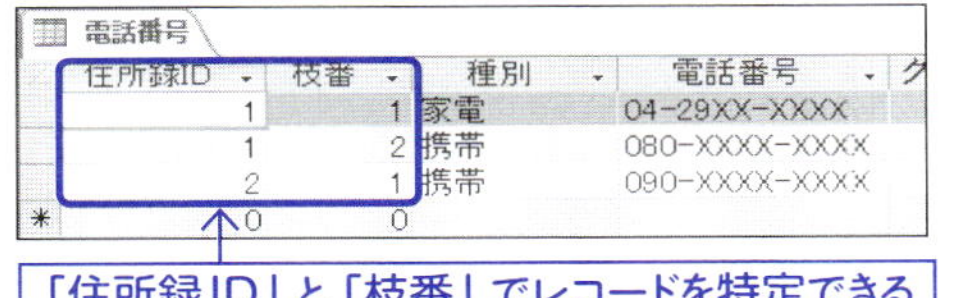

数値型の「枝番」フィールドを追加しました。「住所録ID」と「枝番」の2つのフィールドで主キー設定にします。

2-9-5 分割する理由

「住所録」テーブルの「電話番号」フィールドの繰り返しを、2つのテーブルに分割することで、排除することができました。分割する上で、主キーを設定することも重要な作業になります。しかし、どうしてこのような苦労をしてまで分割しなければならないのでしょうか？

実は、リレーショナルデータベースでは、クエリによって複数のテーブルを結合した結果からデータの抽出を行うことができます(図125)。クエリで結合できるので、細かい単位でテーブルを分割しておいた方が得策なのです。

図 125 結合を使用したクエリの実行例

クエリ1

住所録ID	氏名	住所	枝番	種別	電話番号
1	朝井 淳	埼玉県所沢市	1	家電	04-29XX-XXXX
1	朝井 淳	埼玉県所沢市	2	携帯	080-XXXX-XXXX
2	山田 太郎	東京都世田谷区	1	携帯	090-XXXX-XXXX
(新規)					

テーブルの結合方法を工夫すれば、電話番号1、2を横方向に並べて表示するクエリにすることもできます（図126）。

図126 クエリで表示

クエリ1

	住所録ID	氏名	住所	式1	式2
	1	朝井 淳	埼玉県所沢市	04-29XX-XXXX	080-XXXX-XXXX
	2	山田 太郎	東京都世田谷区	090-XXXX-XXXX	
*	（新規）				

2-9-6 主キーとインデックス

テーブルに主キーを設定することで、インデックスが作成されます。インデックスを作成しておくと、検索処理を効率的に行うことができるため、クエリの実行速度が向上します。

主キーを設定することで得られる特典のひとつと考えてください。

また、主キーが設定されていないと使用できない機能もあります。ルックアップフィールドを使用する場合、主キーの設定が不可欠となります。

ここで解説したテーブルの分割手法は、正規化と呼ばれるものです。正規化は「1つのデータは1ヶ所にあるべき」といった考え方に基づいて行われます。

リレーショナルデータベースにおいて、正規化は重要な概念となりますので、理解しておいて損はないでしょう。Accessでは、［データベースツール］タブの「テーブルの正規化」で正規化できているかを解析することができます（図127）。

図127 ［テーブルの正規化］コマンドボタン

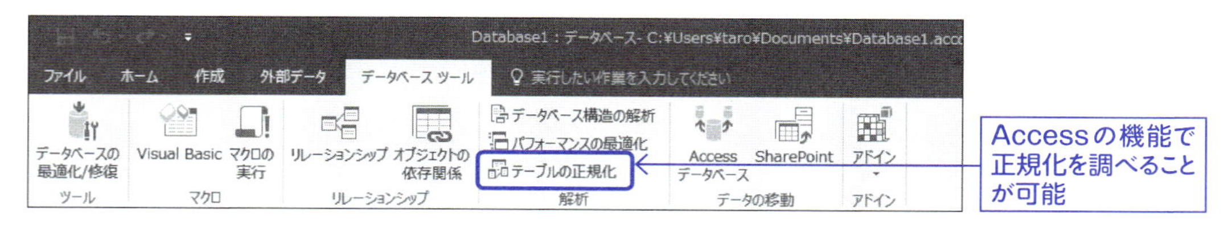

2-9-7 ルックアップフィールド

図124では、電話番号の種別を「種別」フィールドで区別するようにしていますが、「家電」の表記を「固定電話」に変更したくなったら、「電話番号」テーブルの「種別」フィールドが「家電」であるレコードすべてを更新しなければなりません。

この場合、「電話番号」テーブルから種別のところを抜き出して、別のテーブルに分割します。「電話番号種別」テーブルを作成して、「ID」と「種別」の２つのフィールドを作成すればよいでしょう。「電話番号」テーブル側では、「ID」を記録させます（図128）。

単純に「ID」と「名前」の２つのフィールドがあるようなテーブルは、それを参照する側のテーブルでは、ルックアップフィールドに設定すると簡単に扱うことができます。

ここでは、ルックアップフィールド化された「電話番号」テーブルから固定電話の電話番号だけを抽出するクエリの作成方法を解説します。

図128 固定電話のみ抽出する

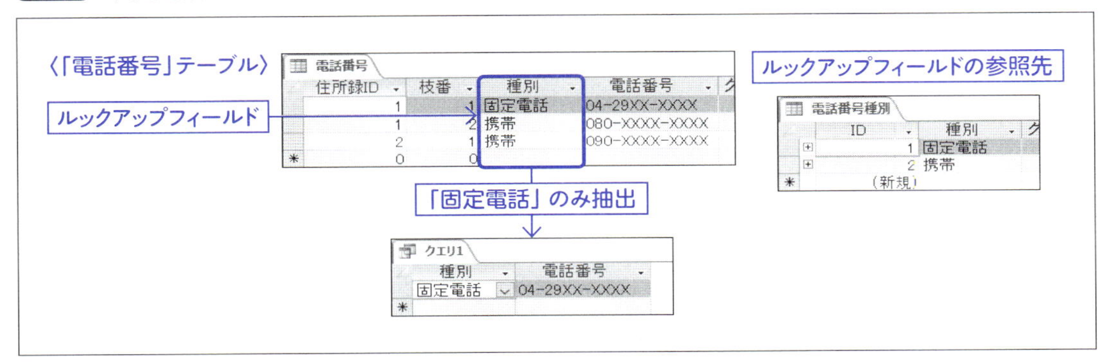

クエリを作成して、「電話番号」テーブルを追加し、図129のように2つのフィールドを追加します。

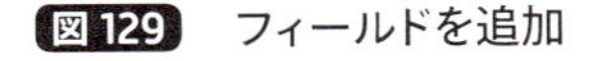
図129 フィールドを追加

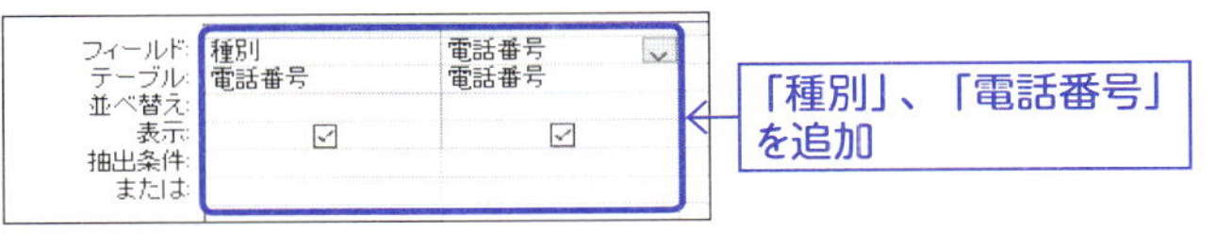

「種別」の［抽出条件］に「1」を入力します（図130）。

図130 「種別」の抽出条件に「1」を入力

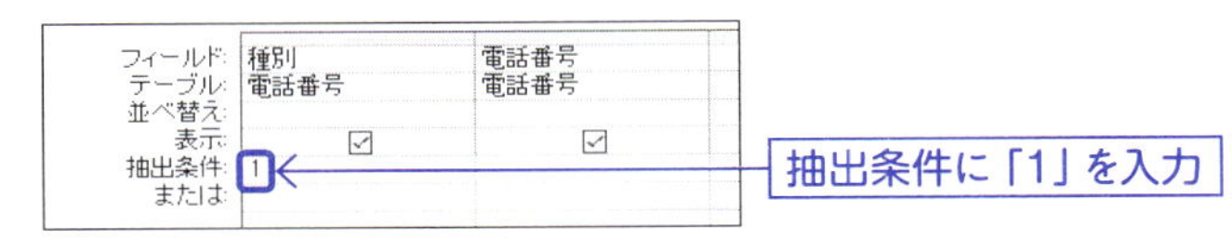

「固定電話」や「携帯」など種別の文字列ではなく、「ID」で条件を指定する必要がある点に注意しましょう。「1」は、固定電話のレコードの「ID」になります。「2」を指定すれば、携帯であるレコードを抽出することができます。

［実行］をクリックします（図131）。

図131 クエリを実行

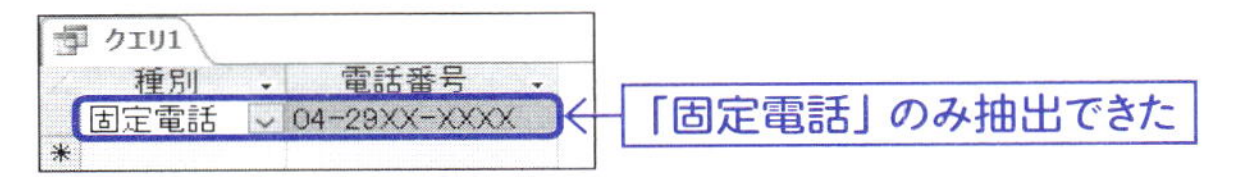

固定電話のレコードだけが抽出できました。

ルックアップフィールドとなっている種別フィールドには、「電話番号種別」テーブルの「種別」フィールドに記録されている文字列が表示されます。ただし、ルックアップフィールドの「種別」フィールドには主キーの値が記録されているため、それに対する抽出条件は、「電話番号種別」テーブルの「ID」フィールドの値で指定する必要があります。

2-9-8 1つのフィールドに複数の値

ルックアップフィールドにすることで、電話番号種別の表記にて、「家電」から「固定電話」に変更したい場合、「電話番号種別」テーブルの「ID=1」のレコードだけを変更するだけでデータベース全体を変更することが可能になります。

ルックアップフィールドにはもうひとつの効果があります。ルックアップフィールドにすると、複数の値を1つのセルに記録できるようになります。

ここでは、「商品」テーブルを参照する「冒険者」テーブルを例にします。「冒険者」テーブルの保持アイテムはルックアップフィールド化されていて、複数の値が保持できます。

この「冒険者」テーブルから商品の「ID=5（商品名は「ライトセーバー」）」を持っているレコードを抽出するクエリを実行してみます（図132）。

図 132　ライトセーバー保持者のみ抽出

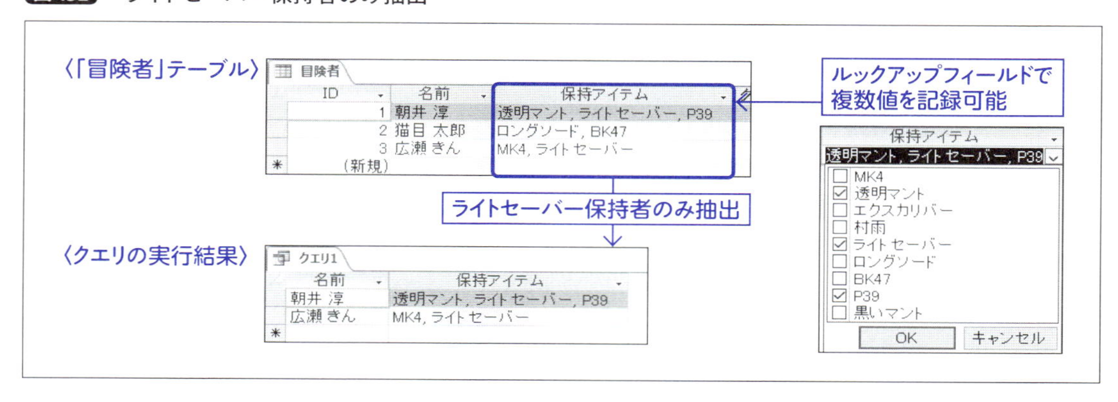

クエリを作成して、「冒険者」テーブルを追加し、**図133**のように2つのフィールドを追加します。

図133 フィールドを追加

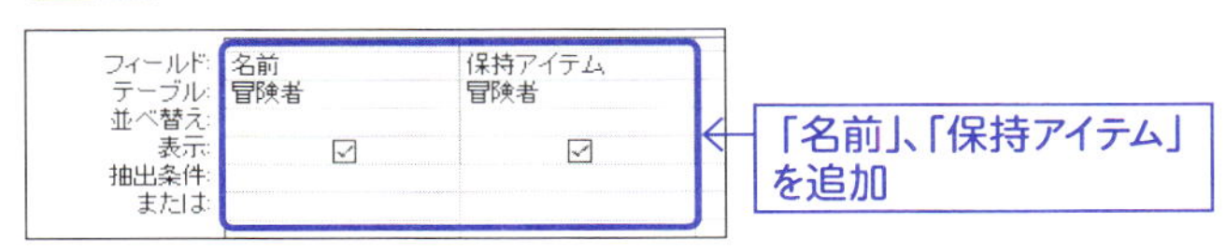

「保持アイテム」の［抽出条件］に「5」を入力します（**図134**）。

図134 「保持アイテム」の抽出条件に5を入力

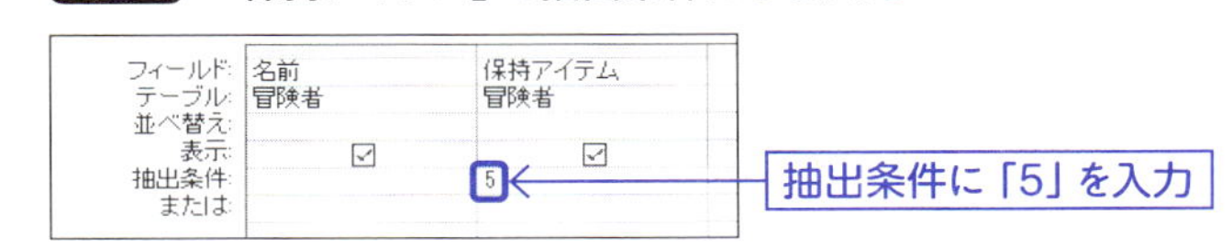

［実行］をクリックします。「ID=5」の商品「ライトセーバー」を持っている2レコードだけが抽出されます（**図135**）。

図135 クエリを実行

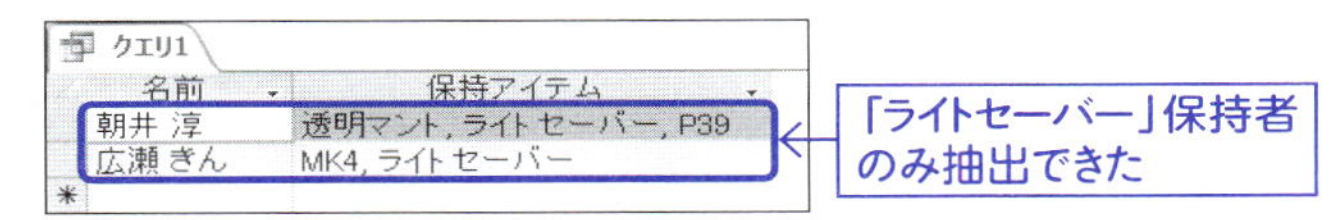

なお、複数の値が許可されたルックアップフィールドでは、「フィールド名.Value」といった項目が表示されます。このValueを選択すると、別レコードとして縦方向に保持アイテムが表示されます（**図136**）。

図136 「フィールド名.Value」の項目を表示

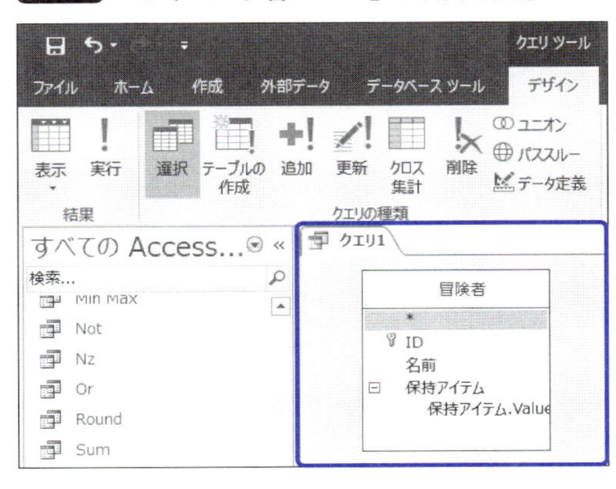

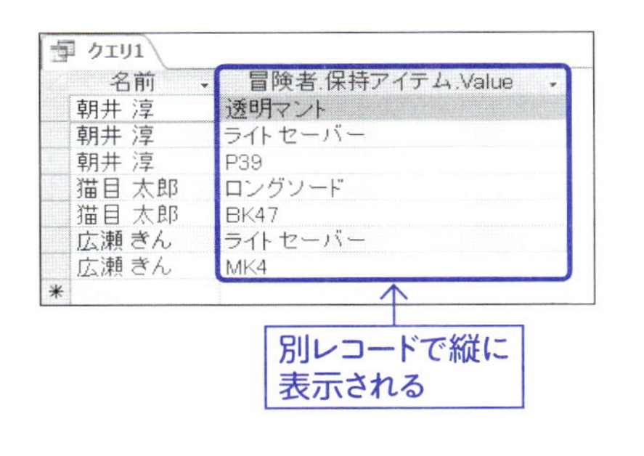

CHAPTER 2

複数テーブルから抽出

2-9ではテーブルの分割について解説しました。テーブルの分割や正規化はリレーショナルデータベースにおいて基本的な考え方になります。では、ここでは複数のテーブルからのデータ抽出について解説します。

2-10-1 複数テーブルからフィールドを追加して結合

2-9（88ページ）にて、「住所録」テーブルと「電話番号」テーブルの２つに分割しました。ここではまず、複数テーブルからそれぞれのフィールドを抽出して、それを結合してみます（図137）。

図137 複数のテーブルから抽出

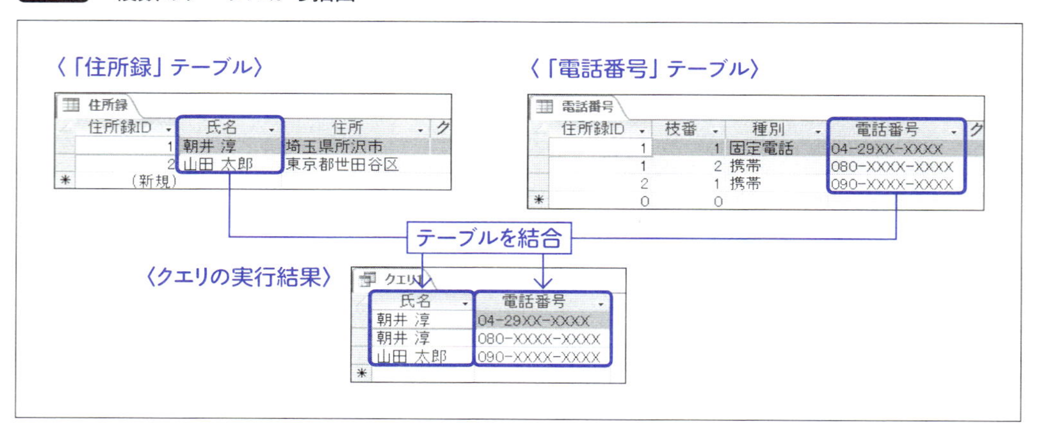

［作成］タブの［クエリデザイン］をクリックします（図138）。

図138 クエリデザインをクリック

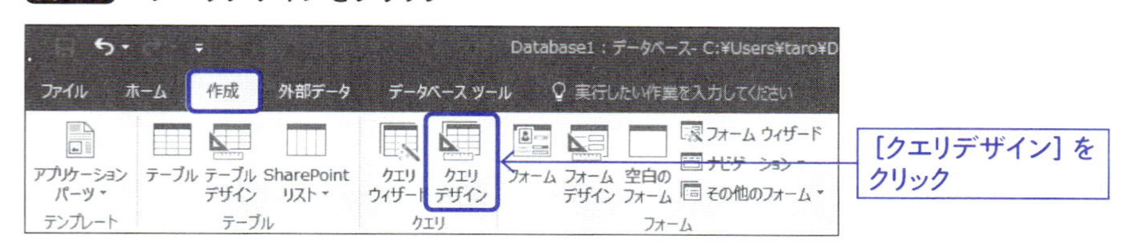

テーブルの表示から、住所録を選択します。[追加]をクリックします。「住所録」テーブルがクエリに追加されます(図139)。

図 139 「住所録」テーブルを追加

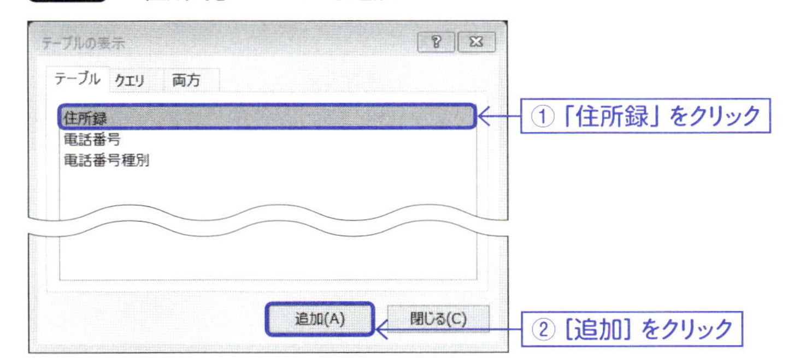

続けて、テーブルの表示から、電話番号を選択します。[追加]をクリックします。「電話番号」テーブルがクエリに追加されます。2つのテーブルを追加したら、[閉じる]をクリックします(図140)。

図 140 「電話番号」テーブルを追加

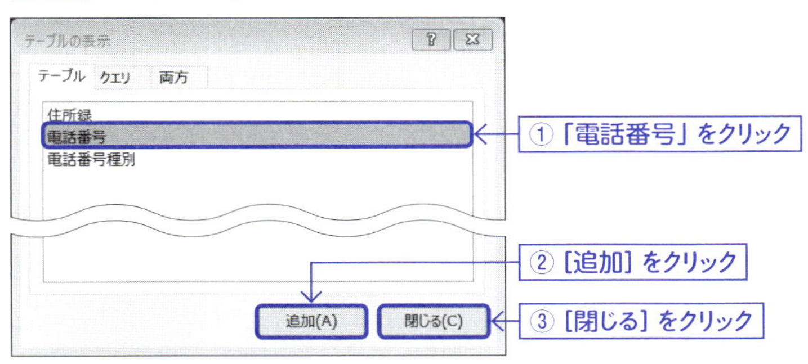

「住所録」テーブルの「氏名」をダブルクリックして、クエリに追加します(図141)。

図 141 「住所録」テーブルの「氏名」フィールドをクエリに追加

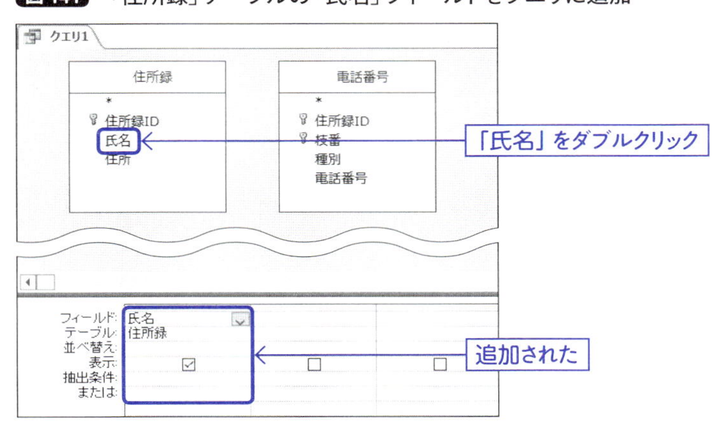

テーブルの欄が自動的に「住所録」になります。

クエリの下部入力欄を使用して、フィールドを追加する場合は、「テーブル」の入力欄からまずテーブルを選択して、その上の「フィールド」を選択すると操作しやすいと思います(図142)。

図142 テーブルとフィールドを選択

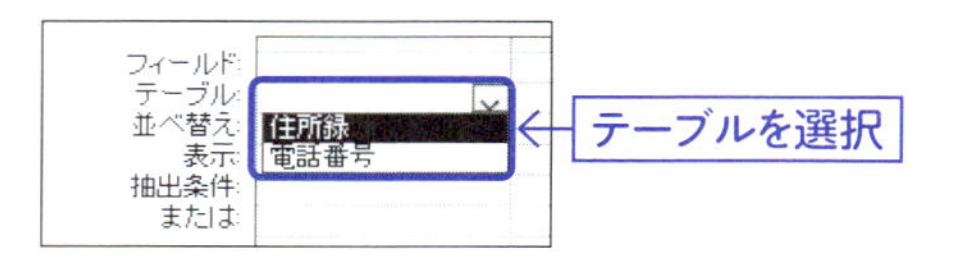

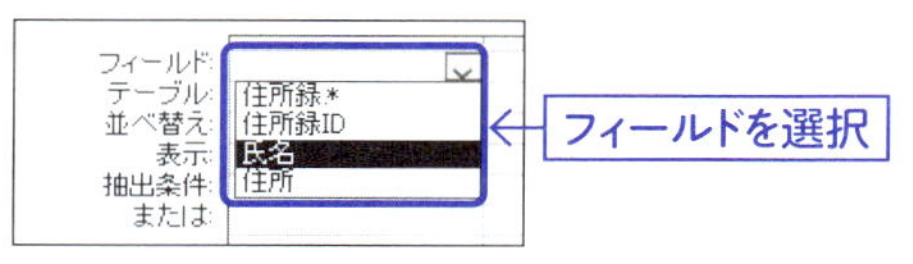

「電話番号」テーブルの「電話番号」をダブルクリックして、クエリに追加します（図143）。

図143 「電話番号」テーブルの「電話番号」フィールドをクエリに追加

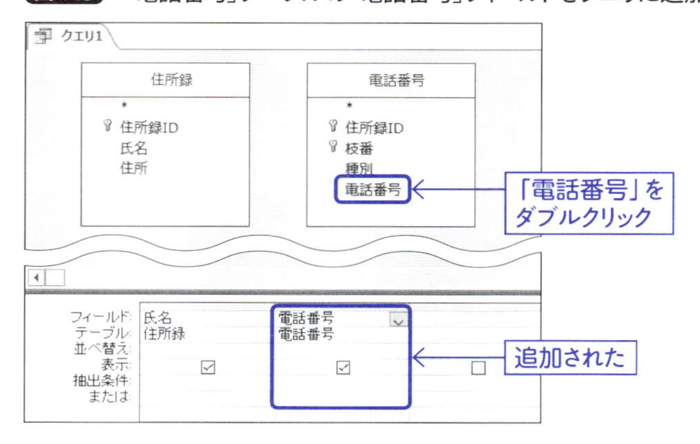

この状態で一度実行してみます。［実行］をクリックします（図144）。

図144 クエリを実行

氏名	電話番号
朝井 淳	04-29XX-XXXX
山田 太郎	04-29XX-XXXX
朝井 淳	080-XXXX-XXXX
山田 太郎	080-XXXX-XXXX
朝井 淳	090-XXXX-XXXX
山田 太郎	090-XXXX-XXXX

6つのレコードが抽出されました。「住所録」テーブルには2つレコード、「電話番号」テーブルには3つレコードあります。2×3の6レコードが取得できます。これは**クロス結合**という結合方法になります。しかし「朝井 淳」「山田 太郎」のいずれにも同じ電話番号があります。

そこで、デザインビューに切り替えて「住所録」テーブルの「住所録ID」をクリックして選択状態とし、「電話番号」テーブルの「住所録ID」までドラッグ＆ドロップします（図145）。

図145 結合条件を設定する

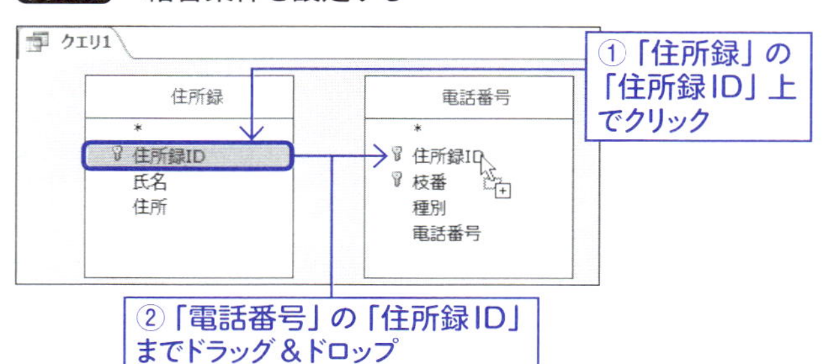

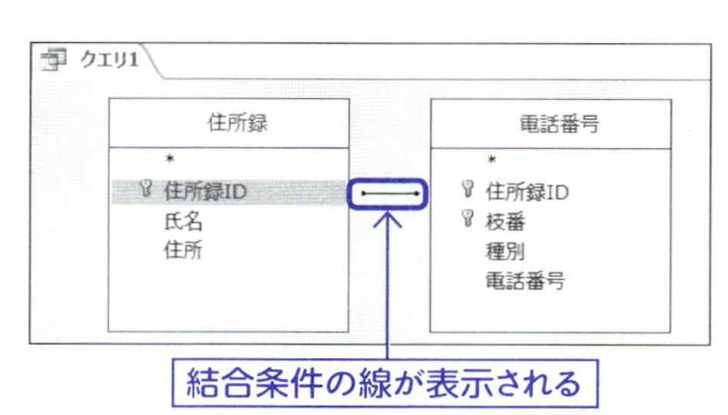

結合条件が設定できたら。[実行]をクリックします。「住所録」テーブルと「電話番号」テーブルが「住所録IDが等価である」といった結合条件で結合され、抽出することができました(図146)。

図146 クエリを実行

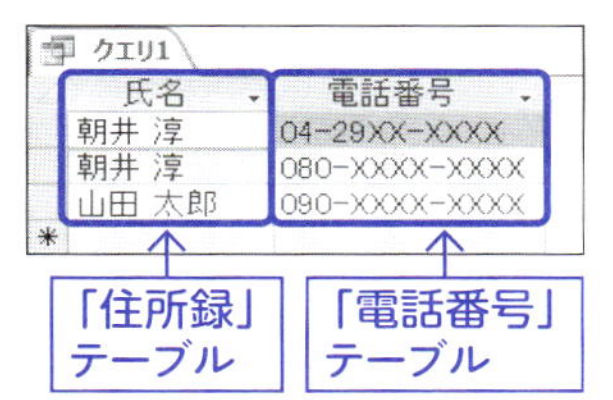

2-10-2 結合の考え方

結合は、クロス結合の結果から結合条件を満たす(住所録IDが同じである)レコードだけを抽出する、と考えると理解しやすいでしょう。

クロス結合は、結合条件を指定しないタイプの結合方法になります。図146では、「住所録ID」を表示していないため、このフィールドが等価である条件がよくわかりませんでした。図147は、クエリに両テーブルの「住所録ID」フィールドを含めてクロス結合してみた様子です。

図147 「住所録ID」を含めたクロス結合の様子

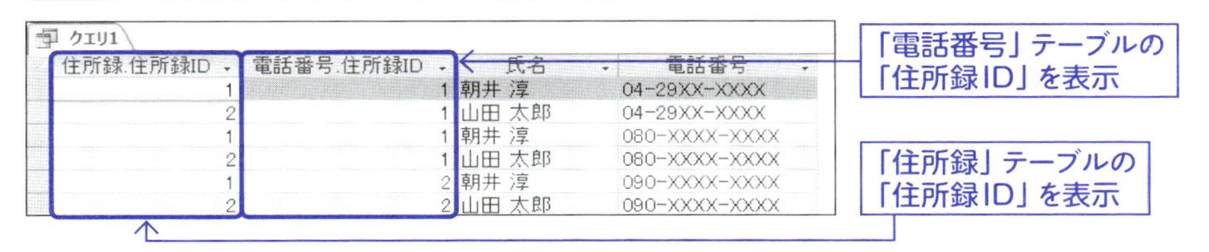

テーブルを分割して作成する際に、「住所録ID」により紐付けを行うため、双方のテーブルに同じ「住所録ID」という名前のフィールドを追加しました。同じフィールド名を付ける手法は慣例的によく行われています。

デザインビューでは、[フィールド]の欄は同じ「住所録ID」となりますが、[テーブル]の欄を見るとどちらのテーブルであるのかを区別することができます(図148)。

図148 「住所録」テーブルと「電話番号」テーブルの「住所録ID」を追加

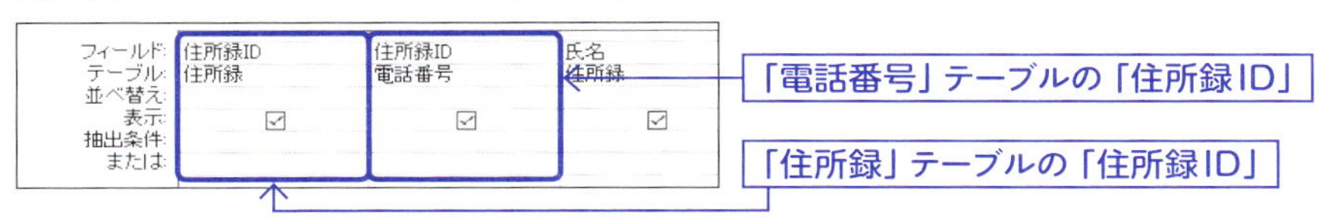

クエリの実行結果であるデータシートビューでは、「[テーブル名].[フィールド名]」といった表記になるので、どちらのテーブルなのかを区別することができます。

結合条件は、「「住所録」.「住所録ID」=「電話番号」.「住所録ID」」となります。「住所録」テーブルの「住所録ID」と「電話番号」テーブルの「住所録ID」が同じ、という意味の条件式です。この条件に合致するレコードを抜き出してみましょう(図149)。

図149 「住所録ID」が同じものを抜き出す

クエリ1

住所録.住所録ID	電話番号.住所録ID	氏名	電話番号	
1	1	朝井 淳	04-29XX-XXXX	1と1で合致
2	1	山田 太郎	04-29XX-XXXX	
1	1	朝井 淳	080-XXXX-XXXX	1と1で合致
2	1	山田 太郎	080-XXXX-XXXX	
1	2	朝井 淳	090-XXXX-XXXX	
2	2	山田 太郎	090-XXXX-XXXX	2と2で合致

抜き出してみると結合して実行した結果と一致します(図150)。

図150 抜き出した結果

クエリ1

住所録.住所録ID	電話番号.住所録ID	氏名	電話番号
1	1	朝井 淳	04-29XX-XXXX
1	1	朝井 淳	080-XXXX-XXXX
2	2	山田 太郎	090-XXXX-XXXX
(新規)			

2-10-3 結合条件の編集・削除

「住所録」テーブルと「電話番号」テーブルを結合させることができました。両テーブルに「住所録ID」フィールドがあり、それらが一致するという条件で結合を行っています。結合条件を設定する際は、フィールドのドラッグ操作を使用します。

ドラッグ操作を間違え、異なるフィールドに結合条件を設定してしまうこともあると思われます。ここでは、結合条件の変更と削除方法について解説します(図151)。

図151　結合条件の削除・編集

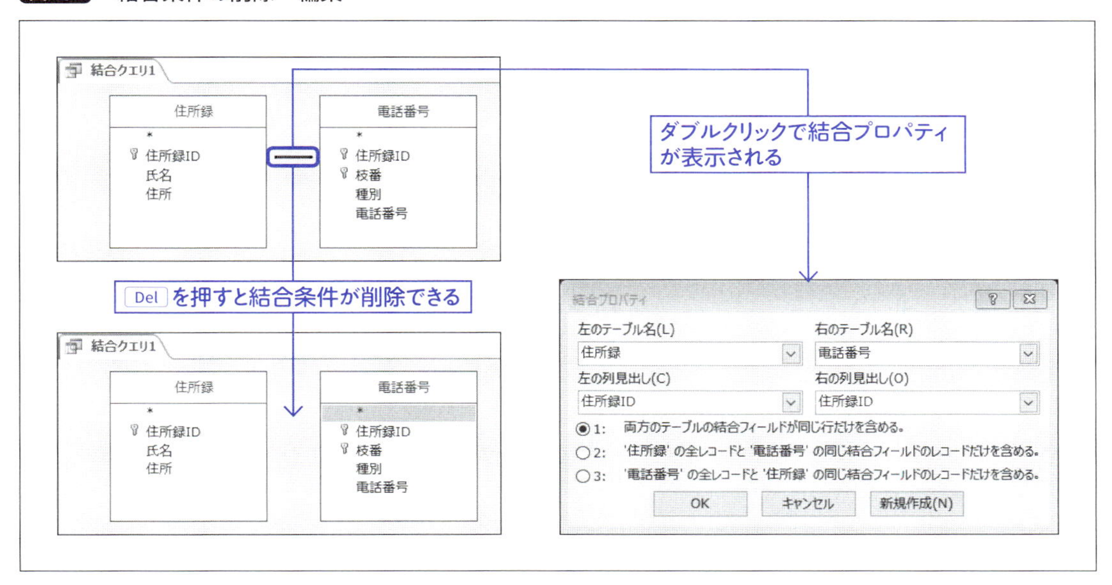

結合の線を選択して Del キーを押すと、結合条件が削除され、クロス結合の状態に戻ります。

結合の線をダブルクリックすると、結合プロパティが表示されます。

結合プロパティでは、結合に使用するフィールドを変更することが可能です。ドラッグ操作を間違えてしまった場合は、ここでフィールドを選択するとよいでしょう。

また、結合プロパティでは結合の方法を3択で選ぶことが可能です。この結合種別については、あとで解説します。

2-10-4 外部結合への変更

「住所録」テーブルと「電話番号」テーブルを結合させることで結合を解説してきました。デザインビューでテーブルの間に引かれた結合の線は、テーブル間の結合条件を意味しています。

その線をダブルクリックして表示される結合プロパティでは、3種類の結合方法から種別を選択することが可能です。ここでは、結合種別を変更することで、どのような効果があるのかを解説します。

「住所録」テーブルに、レコードを1件追加しました。「住所録ID」が「3」の「鈴木 花子」のレコードです。「鈴木 花子」は電話番号が不明であるため、「電話番号」テーブルにはレコードが存在しない状態です（図152）。

図152 レコードを1件追加

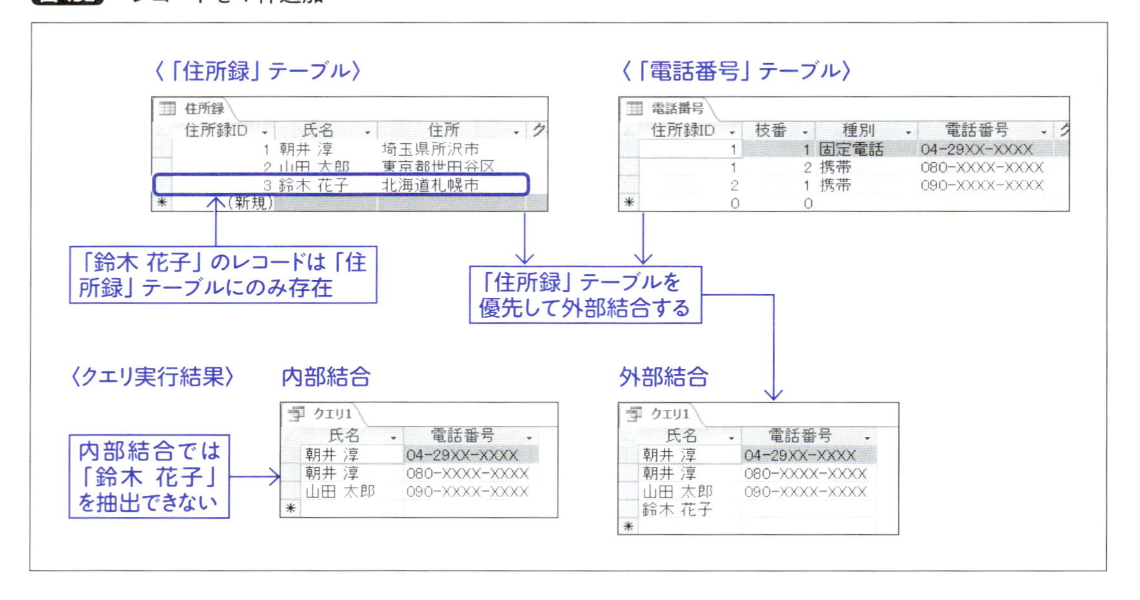

結合クエリを作成します。「住所録」テーブルと「電話番号」テーブルの2つをクエリに追加登録し、「住所録ID」フィールドで結合条件を作成します（図153）。

図153 結合クエリを作成

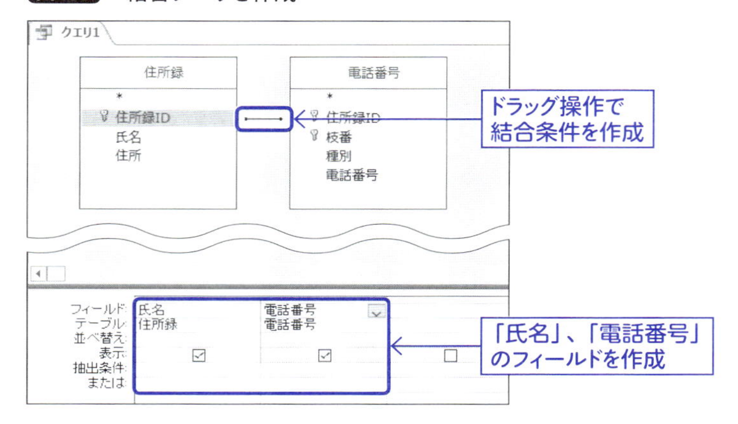

結合種別を変えずに一度実行させてみます。［実行］をクリックします。「住所録」テーブルにしか存在しない「鈴木 花子」のレコードは抽出されません（図154）。

図154 クエリを実行

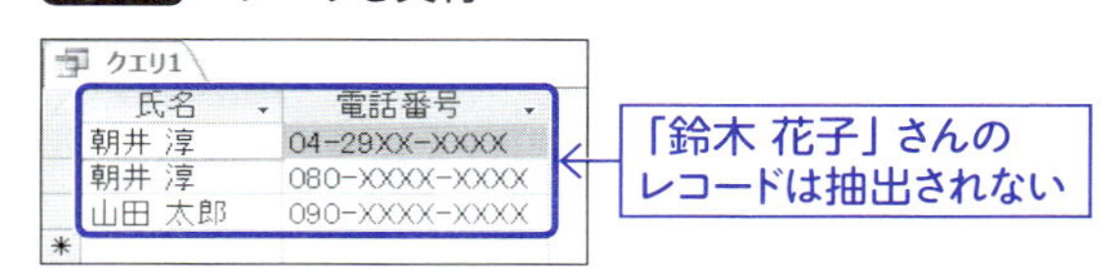

電話番号がわからなくても、「住所録」テーブルにある全データを表示させたい場合、このクエリでは実現できません。

デザインビューに戻して、結合の線をダブルクリックします（図155）。

図155　デザインビューに戻して結合の線をダブルクリック

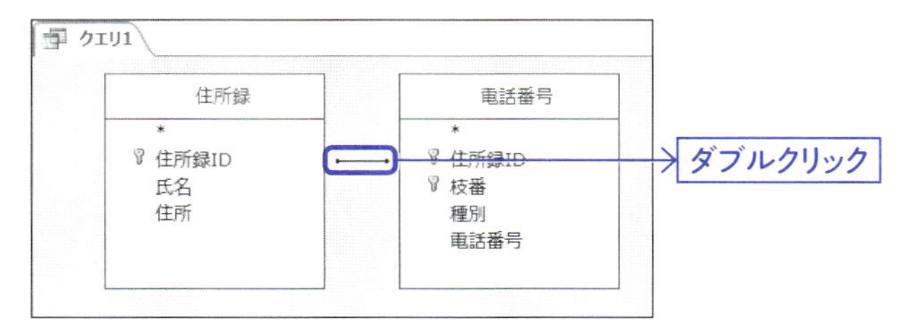

［結合種別］の［2:'住所録'の全レコード...］を選択します。最後に［OK］をクリックします（図156）。

図156　結合プロパティの設定

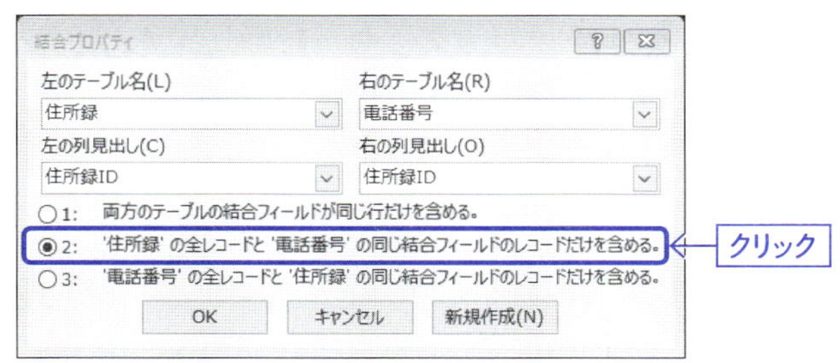

結合種別を変更したら実行します。［実行］をクリックします。「鈴木 花子」のレコードも抽出することができました（図157）。

図157　クエリを実行

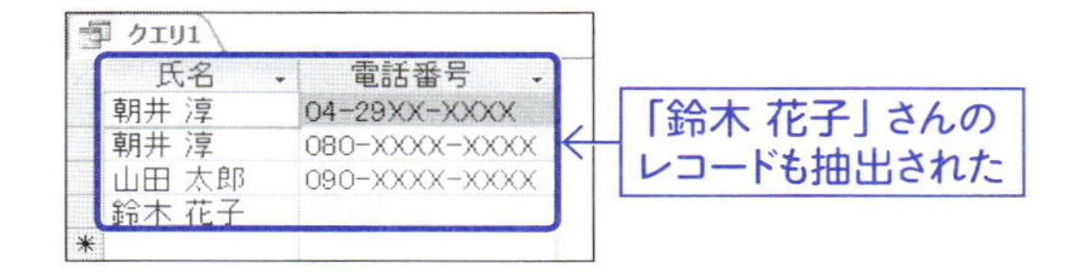

結合条件の種別で、「住所録」テーブルの「全レコード」と結合条件に一致するレコードを抽出するように指示したため、結合条件には合致しない、「鈴木 花子」のレコードも結果に含まれるようになります。

ここで作成したような、結合を行うテーブルのどちらかを優先して、全レコードを抽出するような結合方法を**外部結合**と呼びます。結合では、２つのテーブルを接続します。優先するテーブルを左右のどちらにするかで、**左外部結合**と**右外部結合**の２種類に細分されます。結合プロパティの選択肢でいうと、「2」が左外部結合で「3」が右外部結合です。

テーブルが左右のどちらに位置するのかは、結合の線を作成した際に決定します。ドラッグ操作で結合条件の線を作成しますが、最初にクリックしてドラッグを開始した方が、左になります。本書では、「住所録」テーブルの「住所録ID」フィールドを最初にクリックしてドラッグ操作を行っていますので、「住所録」テーブルが左に位置するテーブルになります。

どちらのテーブルを優先するのかについては、ケースバイケースになりますので、そのつど適切な方を選択するようにします。

結合条件だけが有効ないわば普通の結合は、外部結合と比較するため内部結合と呼ばれることもあります。結合プロパティの選択肢でいうと、「1」が内部結合になります。
内部結合の場合は、左右の違いがありませんので、ドラッグ操作で結合条件を作成する際に、どちら側から操作を始めるかについて、気にする必要はありません。

2-10-5 リレーショナルデータベースにおける結合

リレーショナルデータベースにおいて、結合や主キーは非常に重要な概念になります。Excelシートでのデータ管理に慣れている方は、テーブルを分割する意味がわからないと思われるかもしれません。
しかし、Excelでもシート上にマスタテーブルのようなものを作成して、VLOOKUP関数を使って、別表に用意したコードを通じて名称にデータ変換する、といったことをやりませんか？

これと似たことをAccessでは、テーブル分割で行うことができるわけです。しかも、VLOOKUP関数では、データ量が多くなると「処理が重たくなる」という欠点があります。MATCH INDEXを使えばそれなりに高速にはなりますが、限界もあるでしょう。Accessでちゃんと主キー付きのテーブルやルックアップフィールドにしておけば、こういった問題は発生しません。
数万のレコードがあっても検索処理は一瞬で終了します。これがAccessクエリの強みなのです。

集計クエリ

値を集計して抽出

集計クエリは、レコードのデータを集計処理する際に使用されるクエリです。ある条件を満たしているレコード数を集計したり､レコードをグループに分け、グループ内の合計値、平均値などを計算したりできます。

3-1-1 集計クエリで合計値を算出

クエリでは、集計を簡単に行うことが可能です。選択クエリでは、レコードの抽出が可能でした。集計クエリにすると合計値や平均値、個数といった集計をして計算する、といったことが可能になります。

ここでは､集計クエリの作成方法について解説します。具体的には､「顧客」テーブルの「年齢」フィールドの「全データの合計値」を計算することにします(図1)。

図1　全データの合計値

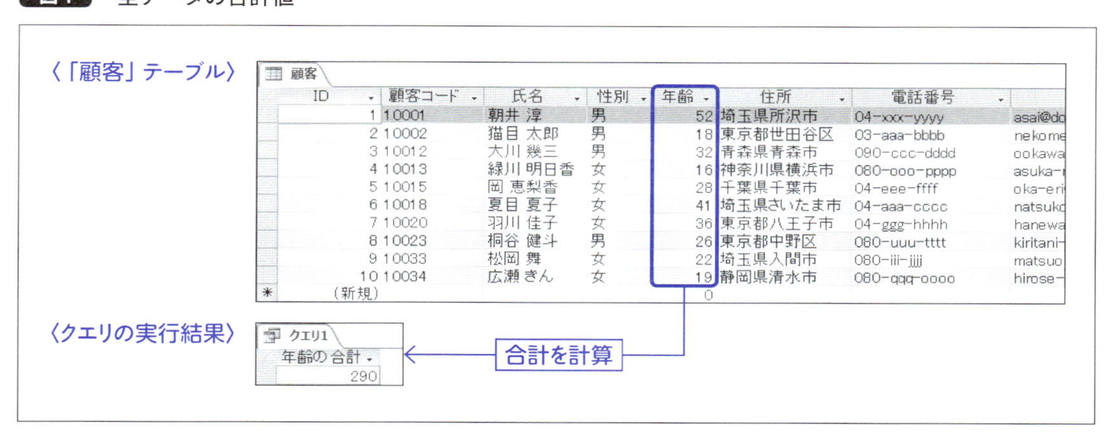

ID	顧客コード	氏名	性別	年齢	住所	電話番号	
1	10001	朝井 淳	男	52	埼玉県所沢市	04-xxx-yyyy	asai@dc
2	10002	猫目 太郎	男	18	東京都世田谷区	03-aaa-bbbb	nekome
3	10012	大川 幾三	男	32	青森県青森市	090-ccc-dddd	ookawa
4	10013	緑川 明日香	女	16	神奈川県横浜市	080-ooo-pppp	asuka-
5	10015	岡 恵梨香	女	28	千葉県千葉市	04-eee-ffff	oka-eri
6	10018	夏目 夏子	女	41	埼玉県さいたま市	04-aaa-cccc	natsukc
7	10020	羽川 佳子	女	36	東京都八王子市	04-ggg-hhhh	hanewa
8	10023	桐谷 健斗	男	26	東京都中野区	080-uuu-tttt	kiritani-
9	10033	松岡 舞	女	22	埼玉県入間市	080-iii-jjjj	matsuo
10	10034	広瀬 きん	女	19	静岡県清水市	080-qqq-oooo	hirose-
(新規)				0			

クエリを作成して、「顧客」テーブルを追加してください。フィールドはまだ追加しません(図2)。

図2 テーブルを追加

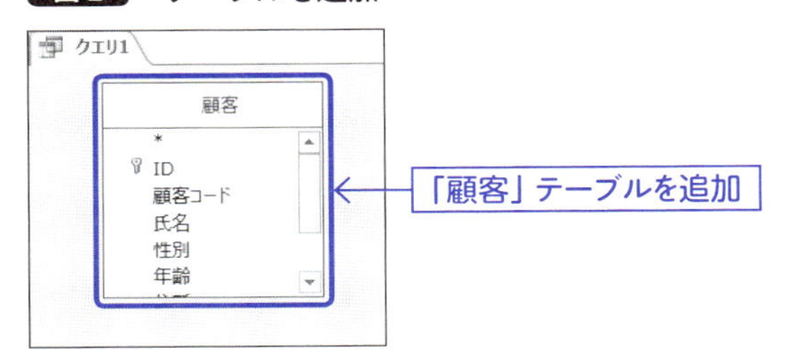

［表示/非表示］の［集計］をクリックします。これでクエリが集計クエリに変化します。集計クエリでは、［集計］の入力欄が増えます（図3）。

図3 ［集計］をクリック

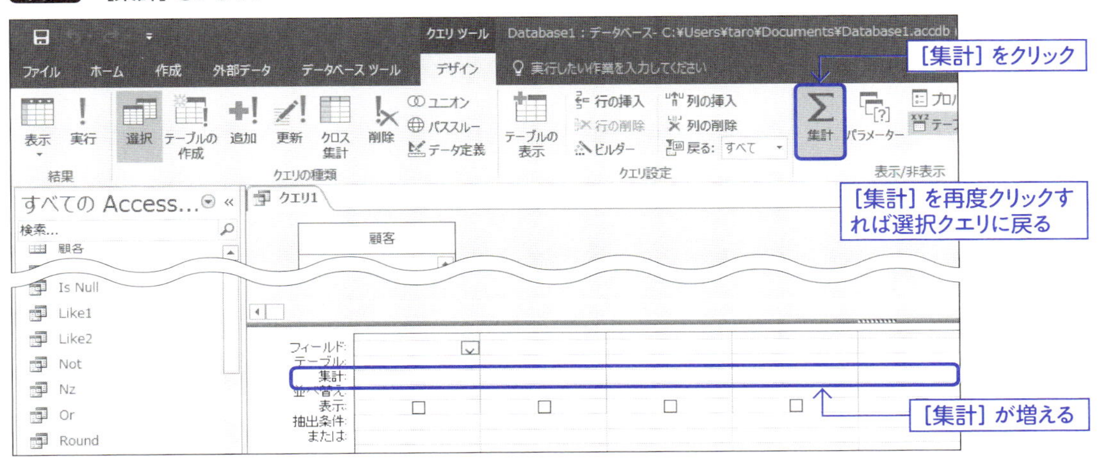

年齢の合計値を計算したいので、「年齢」フィールドを追加します。▽をクリックしてリストを表示します。リストの中から［年齢］をクリックします（図4）。

図4 フィールドを追加

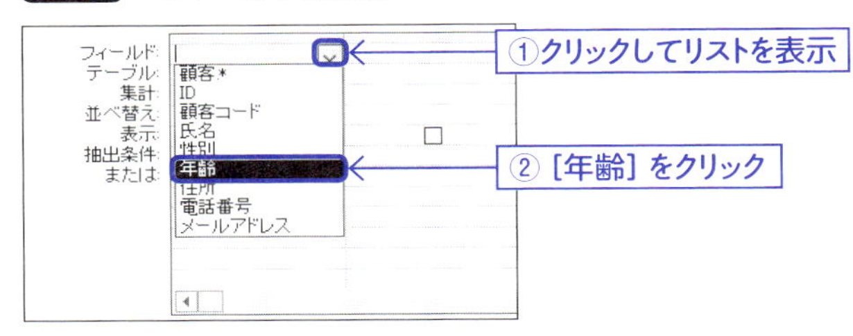

「年齢」フィールドを追加すると、［集計］の入力欄が自動的に「グループ化」になります。これを「合計」に変更します。▽をクリックしてリストを表示します。リストの中から［合計］をクリックします（図5）。

CHAPTER 3

図5 ［集計］を合計にする

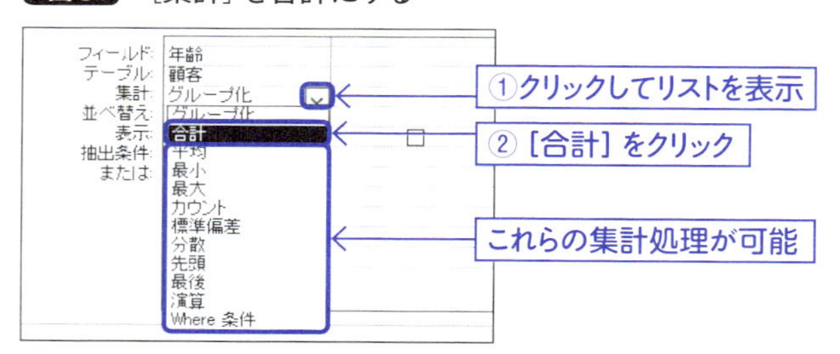

図5で一覧表示されている項目で、集計処理が可能です。

［実行］をクリックします。年齢の合計が計算されて表示されました（図6）。

図6 クエリを実行

3-1-2 集計クエリと選択クエリの違い

集計クエリでは、グループごとにデータの集約が行われるため、元のテーブルにレコードが複数あってもグループ単位にしか表示されません。集計クエリを使用する場合は、この点が選択クエリと異なるので注意が必要です（表1）。

ここでの集計クエリは、グループ化を行っていないため、テーブル全体で１つのグループであるとみなされます。合計値も１つの値となります。

表1 選択クエリと集計クエリの違い

クエリ	内容
選択クエリ	抽出条件に合致するレコードが結果として返される
集計クエリ	グループ単位に集約されたレコードが結果として返される

3-1-3 合計はSum集合関数

3-1-1では、リストから「合計」を選択することで、合計値を計算するようにしました。

合計値は、Sum集合関数で計算することができます。そのため［フィールド］の入力欄に「Sum（年齢）」と入力しても合計値を計算することが可能です（図7）。

図7 「Sum（年齢）」と入力

3-1-4 集計クエリに条件を付加

テーブル全体の合計ではなく、レコードを限定した状態で合計を計算したい場合があります。条件を指定して、条件に合致したレコードのみを抽出して集計処理を行う、という処理です。

ここでは、「顧客」テーブルの「年齢」フィールドの「合計値」を計算することにします。ただし、「性別」が「男」であるレコードに限定して、集計処理させます。つまり、男の年齢だけを合計したい、ということです（図8）。

図 8 「男」の年齢の合計

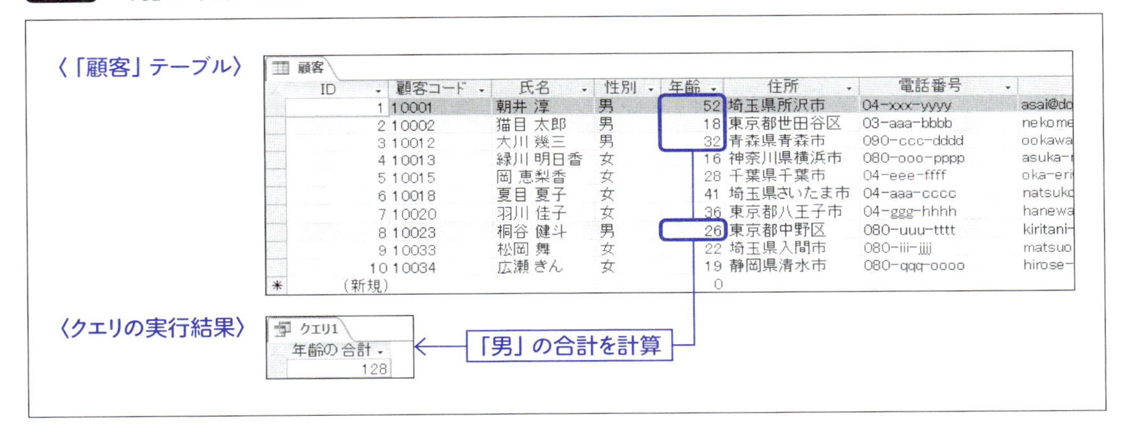

ID	顧客コード	氏名	性別	年齢	住所	電話番号	
1	10001	朝井 淳	男	52	埼玉県所沢市	04-xxx-yyyy	asai@do
2	10002	猫目 太郎	男	18	東京都世田谷区	03-aaa-bbbb	nekome
3	10012	大川 幾三	男	32	青森県青森市	090-ccc-dddd	ookawa
4	10013	緑川 明日香	女	16	神奈川県横浜市	080-ooo-pppp	asuka-
5	10015	岡 恵梨香	女	28	千葉県千葉市	04-eee-ffff	oka-eri
6	10018	夏目 夏子	女	41	埼玉県さいたま市	04-aaa-cccc	natsuk
7	10020	羽川 佳子	女	36	東京都八王子市	04-ggg-hhhh	hanewa
8	10023	桐谷 健斗	男	26	東京都中野区	080-uuu-tttt	kiritani-
9	10033	松岡 舞	女	22	埼玉県入間市	080-iii-jjjj	matsuo
10	10034	広瀬 きん	女	19	静岡県清水市	080-qqq-oooo	hirose-
（新規）				0			

クエリを作成して、「顧客」テーブルを追加し、図9のように2つのフィールドを追加します。

図 9 フィールドを追加

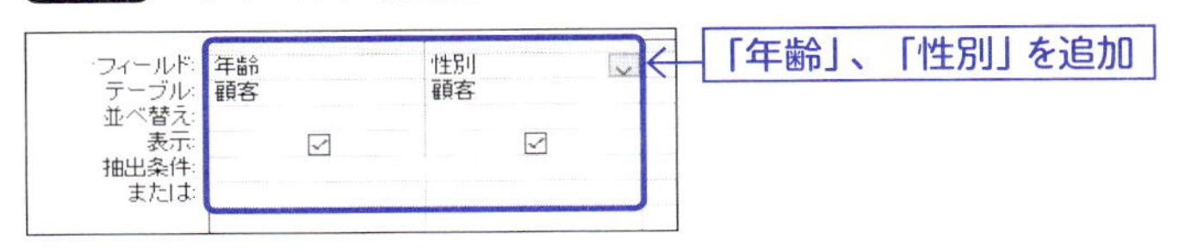

［デザイン］タブの［集計］をクリックして、集計クエリに変更します。「年齢」の列の［集計］を「合計」に変更します。「性別」の［集計］は「Where 条件」に変更し、［抽出条件］に「男」と入力します（図10）。

図10 ［集計］を合計にする

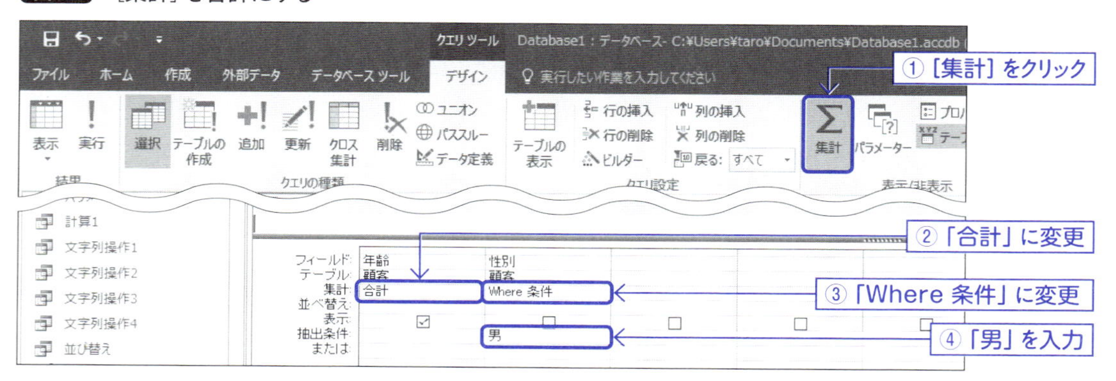

［実行］をクリックします。男の年齢の合計が計算されて表示されました（図11）。

図11 クエリを実行

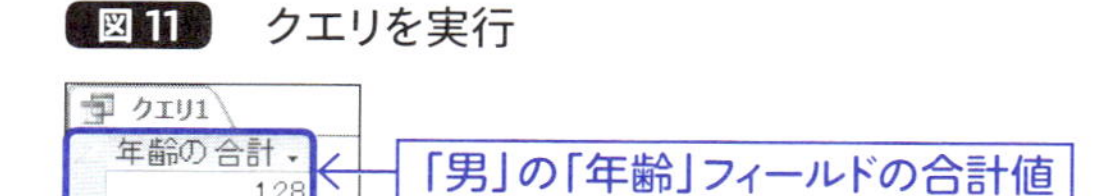

3-1-5 クエリをグループ化

［集計］のクリックで、クエリを集計クエリに変更すると、フィールドの［集計］は「グループ化」に自動調整されました。グループ化に指定されているフィールドの値で、グループに分類され集計処理が行われるようになります。

ちょっと難しいと思いますので、具体例で解説していきます。「顧客」テーブルの「性別」フィールドのみが「グループ化」に指定されているとします。集計処理では、性別が男のグループと女のグループの2つに分けられることになります。分類はレコード単位で行われます（図12）。

図12 男女別の年齢の合計

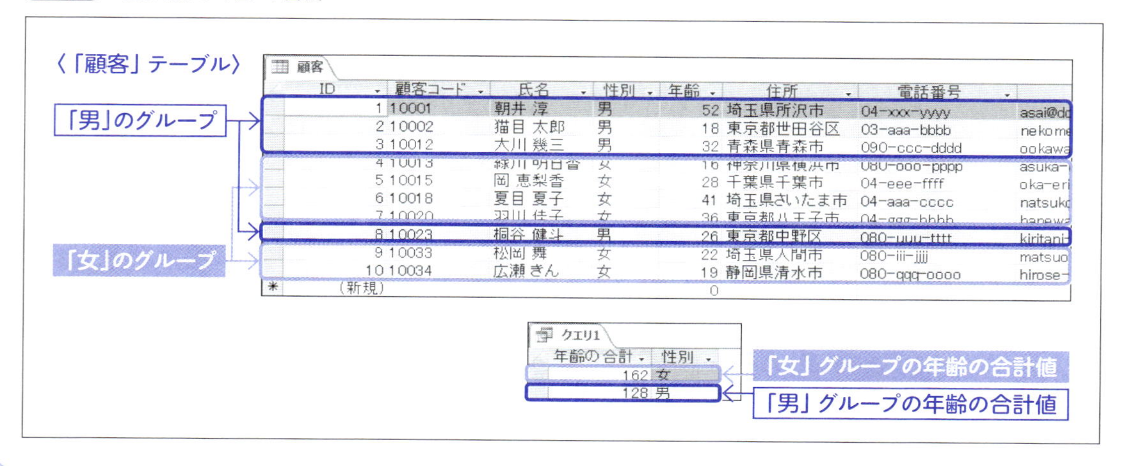

各グループはいくつかの値が存在する集合になります。男のグループには4レコード、女のグループにも4レコードあります。集合の中から単一の値を計算することができるのが**集合関数**です。**Sum(サム)関数**は集合関数のひとつで、集合内の全要素を合算して合計値を計算することができます。

ここでは、より具体的に性別でグループ化して、それぞれのグループの年齢の合計値を計算する方法を解説します。男女別に年齢の合計値を計算する、といったクエリになります(図12)。

クエリを作成して、「顧客」テーブルを追加し、図13のように2つのフィールドを追加します。

図13 フィールドを追加

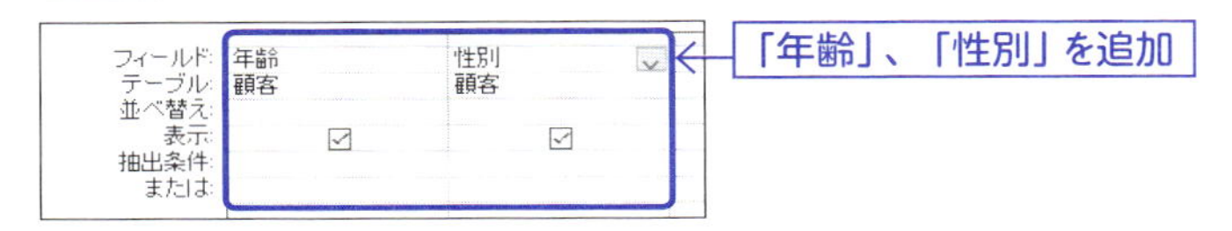

［集計］をクリックして、集計クエリに変更します。年齢の列の［集計］を「合計」に変更します。性別の［集計］は「グループ化」のまま変更しません(図14)。

図14 ［集計］を「合計」に変更

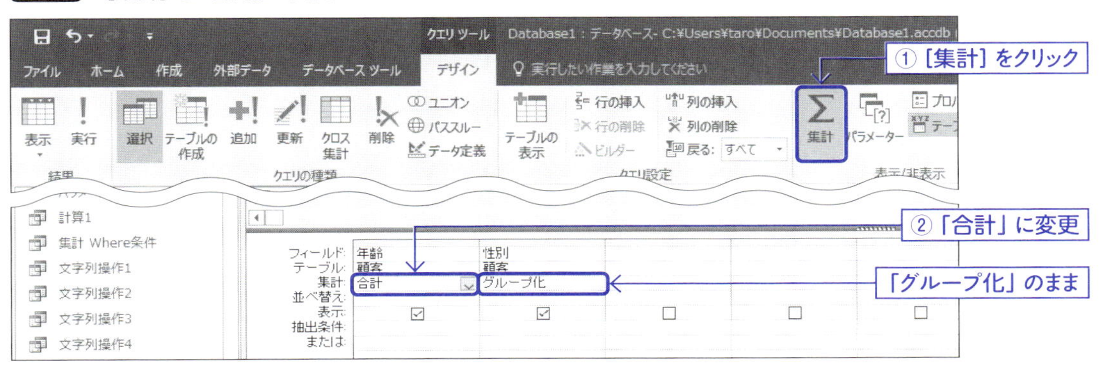

［実行］をクリックします。男女別に年齢の合計が計算されて表示されました(図15)。

図15 クエリを実行

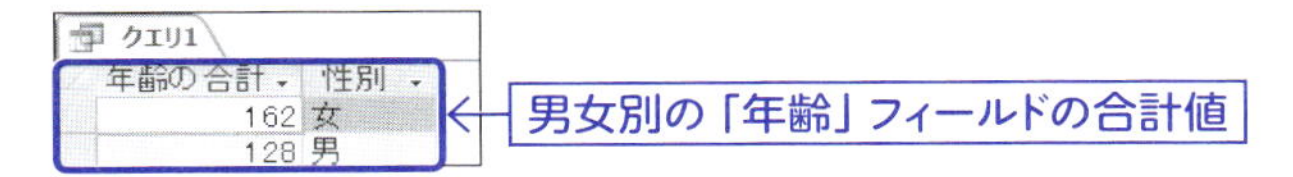

合計以外の集計

集合関数は、Sum関数だけではありません。ここでは、Min(ミン)関数を使って最小値を、Max(マックス)関数を使って最大値を、それぞれ計算します。

3-2-1 最小・最大の集計

最小値と最大値がわかれば、データの範囲が決まるので、さまざまな統計情報の計算に応用することが可能になります。

Min関数、Max関数ともに、引数にはフィールドまたは式を指定します。グループ内の最小値、最大値を計算して返します。ここでは、男女別の年齢フィールドの最小値と最大値を集計してみます(図16)。

図16 男女別の集計

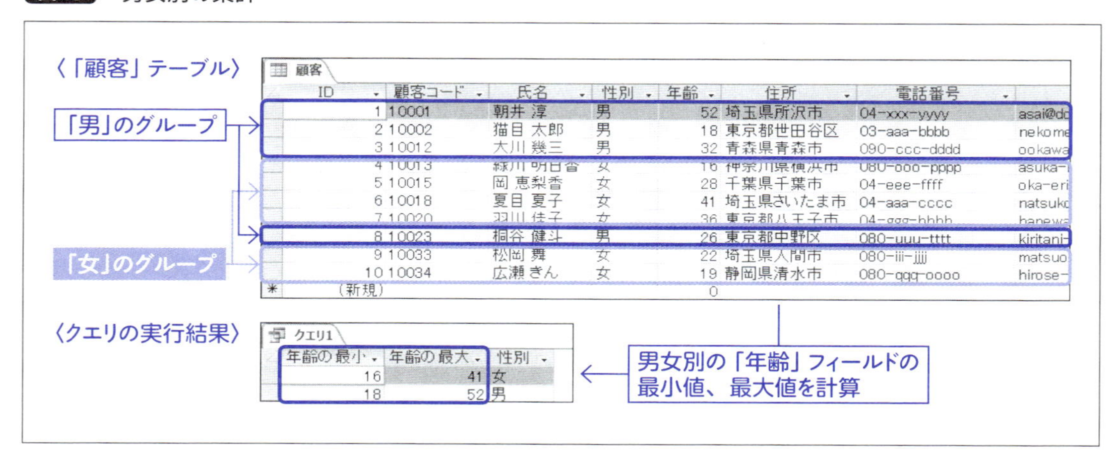

デザインビューでは、「最小」「最大」と表示されますが、SQLビューにすると「Min」「Max」となります。クエリを作成して、「顧客」テーブルを追加し、図17のように3つのフィールドを追加します。年齢が2つになる点に注意してください。

図 17　フィールドの追加

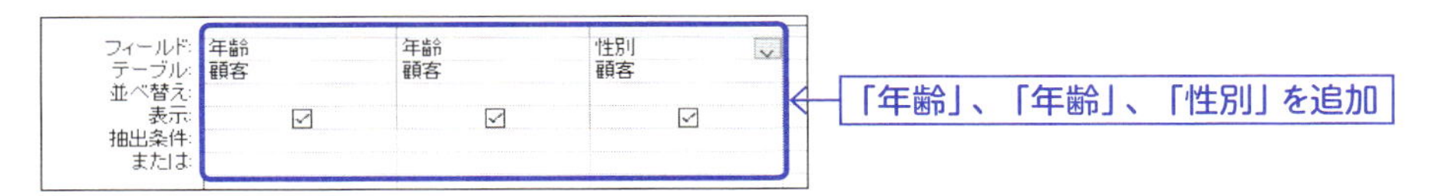

［集計］をクリックして、集計クエリに変更します。1列目の年齢の［集計］を「最小」に変更します。2列目の年齢の［集計］を「最大」に変更します。性別の［集計］は「グループ化」のまま変更しません（図18）。

図 18　［集計］を最小・最大にする

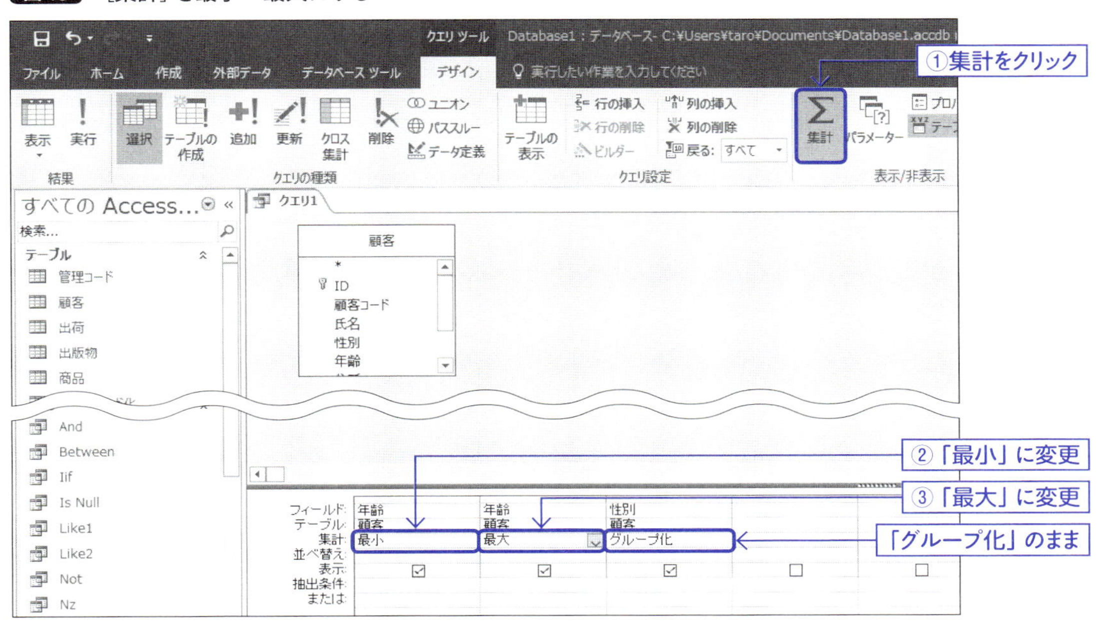

［実行］をクリックします。男女別に年齢の最小値、最大値が計算されて表示されました（図19）。

図 19　クエリを実行

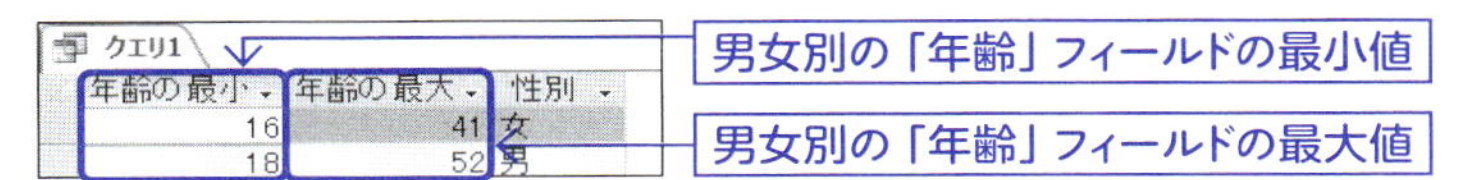

3-2-2 平均・個数の集計

集合関数には、平均を求めるAvg（アベレージ）関数、個数を求めるCount（カウント）関数も存在します。

顧客テーブルの年齢フィールドの平均値と個数を男女別に集計してみることにします（図20）。

図20 男女別平均値、個数を計算

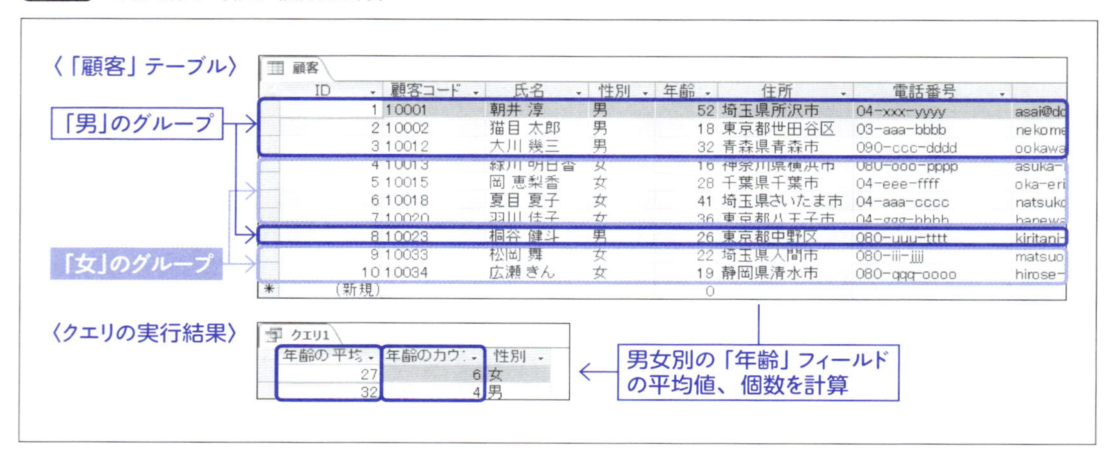

メジャーな集合関数には、これまでに紹介した合計（Sum）、最小（Min）、最大（Max）と、ここで紹介した平均（Avg）と個数（Count）があります。これらを含めて集合関数を表2にまとめます。

表2 集合関数一覧

集合関数	計算される値
合計（Sum）	合計値
最小（Min）	最小値
最大（Max）	最大値
平均（Avg）	平均値
個数（Count）	個数

集合関数	計算される値
標準偏差（StDev）	偏差値
分散（Var）	分散値
先頭（First）	先頭の値
最後（Last）	最後の値

クエリを作成して、「顧客」テーブルを追加し、図21のように3つのフィールドを追加します。年齢が2つになる点に注意してください。

図 21　フィールドを追加

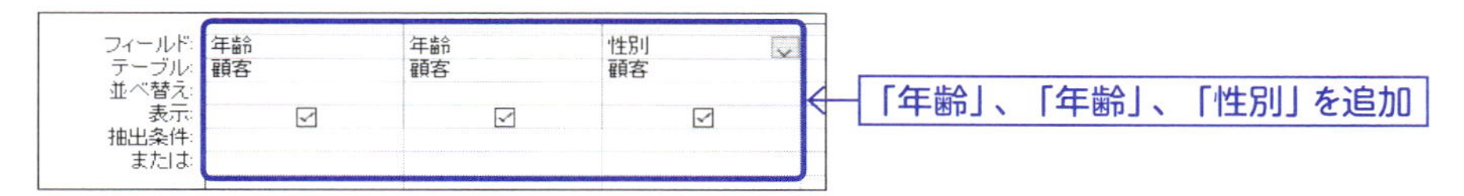

[集計]をクリックして、集計クエリに変更します。1列目の年齢の[集計]を「平均」に変更します。2列目の年齢の[集計]を「個数」に変更します。性別の[集計]は「グループ化」のまま変更しません(図22)。

図 22　[集計]を平均・カウントにする

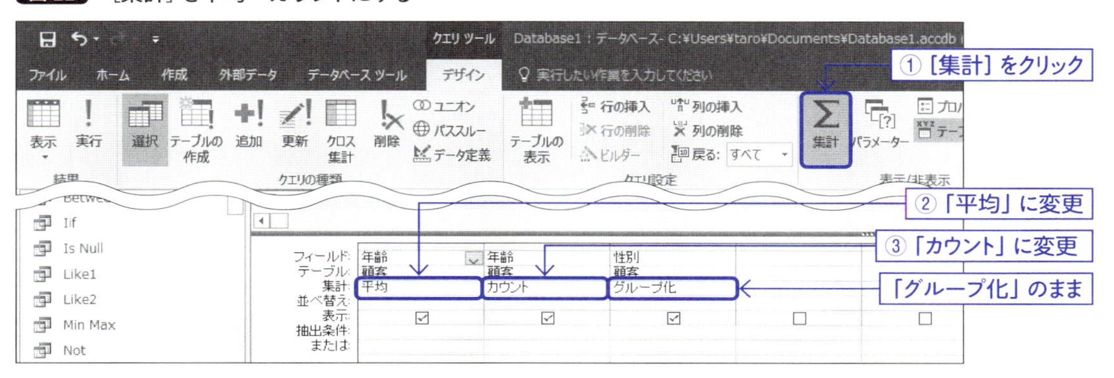

[実行]をクリックします。男女別に年齢の平均値、個数が計算されて表示されました(図23)。

図 23　クエリを実行

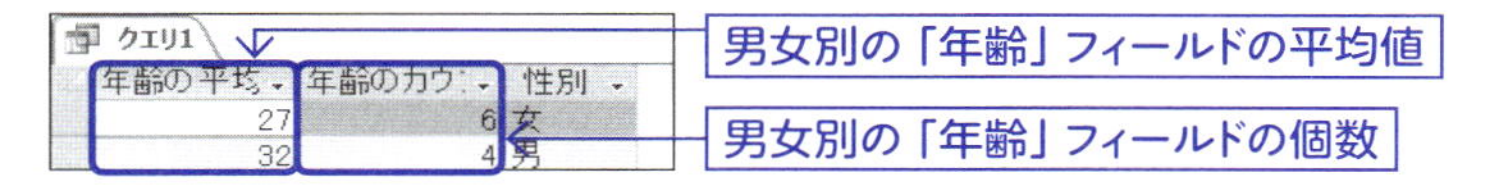

クロス集計

ここではクロス集計表を作成してみましょう。クロス集計はExcelのピボットテーブルに相当する機能です。最初にクロス集計表ウィザードを使って作成します。その次にデザインビューを使って作成します。

3-3-1 クロス集計表

クロス集計は、2つの要素でグループ化し集計を行って、2次元の表で表示するような集計方法です。

たとえば、売上実績を月別、商品別で集計して、縦方向に月を、横方向に商品を並べて表示させるようなクエリになります。クロス集計クエリを作成することでクロス集計を行うことが可能です(図24)。

図24 クロス集計表

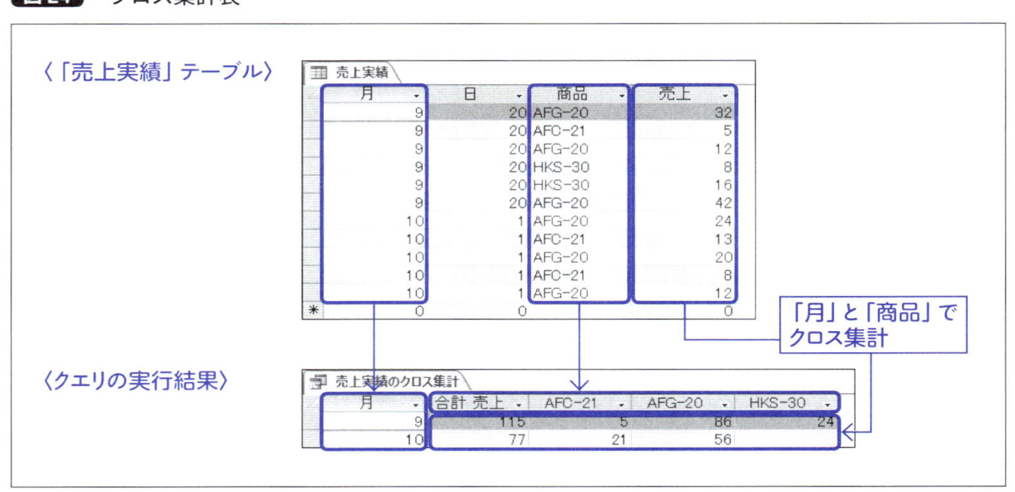

月	日	商品	売上
9	20	AFG-20	32
9	20	AFC-21	5
9	20	AFG-20	12
9	20	HKS-30	8
9	20	HKS-30	16
9	20	AFG-20	42
10	1	AFG-20	24
10	1	AFC-21	13
10	1	AFG-20	20
10	1	AFC-21	8
10	1	AFG-20	12
0	0		0

月	合計 売上	AFC-21	AFG-20	HKS-30
9	115	5	86	24
10	77	21	56	

3-3-2 クロス集計ウィザード

クロス集計表はウィザードで作成することができます。それでは、クロス集計ウィザードを使ってみましょう。

［作成］タブをクリックして、作成のリボンを表示させます（図25）。

図25 ［作成］タブをクリック

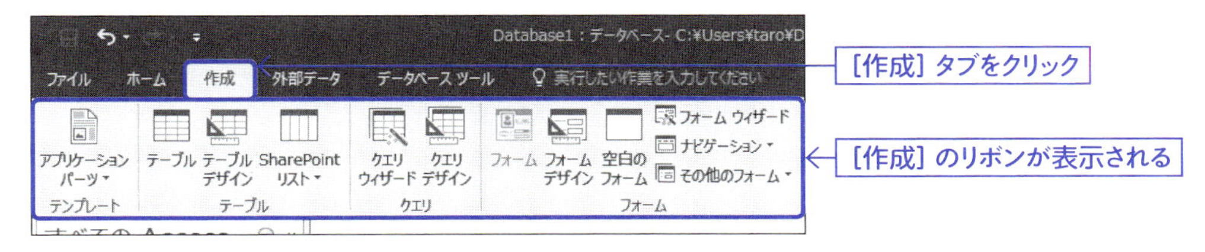

［クエリウィザード］をクリックします（図26）。

図26 ［クエリウィザード］をクリック

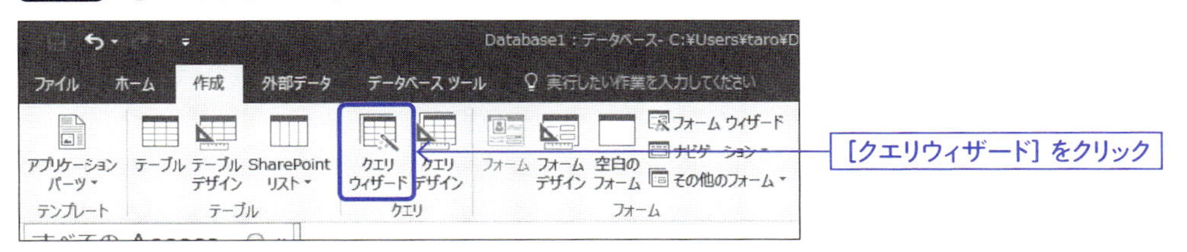

クエリウィザードの最初の画面では、ウィザードの種類をリストから選択します。［クロス集計クエリウィザード］をクリックします。次に、［OK］をクリックします（図27）。

図27 ［クロス集計クエリウィザード］をクリック

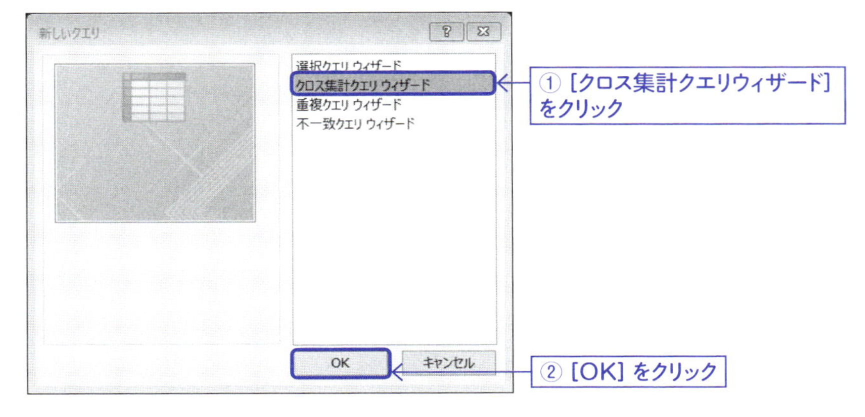

クロス集計クエリウィザードの最初の画面では、クエリの元となるテーブルを選択します。リストから「テーブル:売上実績」をクリックして選択し、[次へ]をクリックします。(図28)。

図28 クエリの元となるテーブルを選択

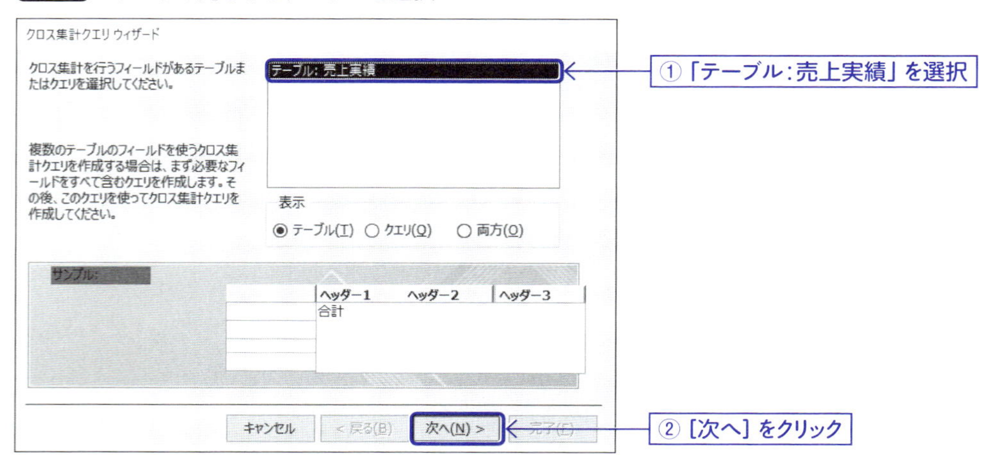

次の画面では、クロス集計の行方向に表示させたいフィールドを選択します。ここでは、「月」を行方向で表示させたいので、[>]をクリックして[選択したフィールド]に移動させます(図29)。

図29 「月」を行見出しに設定する

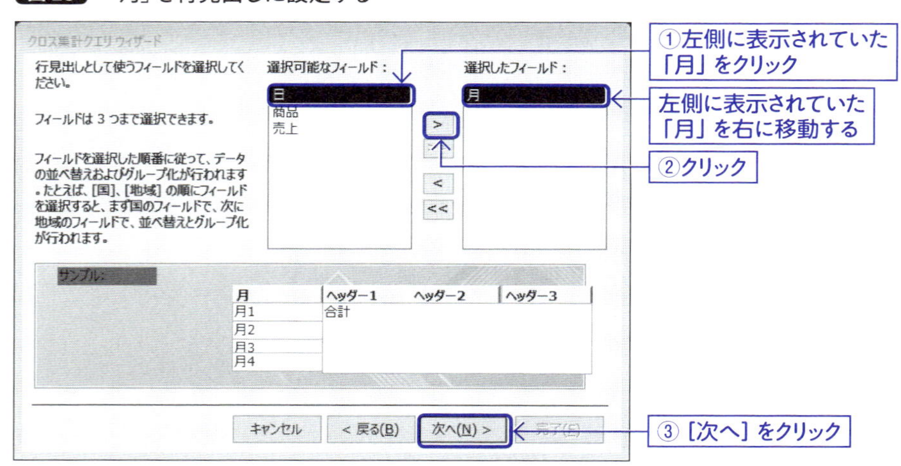

次の画面では、クロス集計の横方向に表示させたいフィールドを選択します。ここでは、商品を列方向で表示させたいので、「商品」をクリックします（図30）。

図30 「商品」を列見出しに設定する

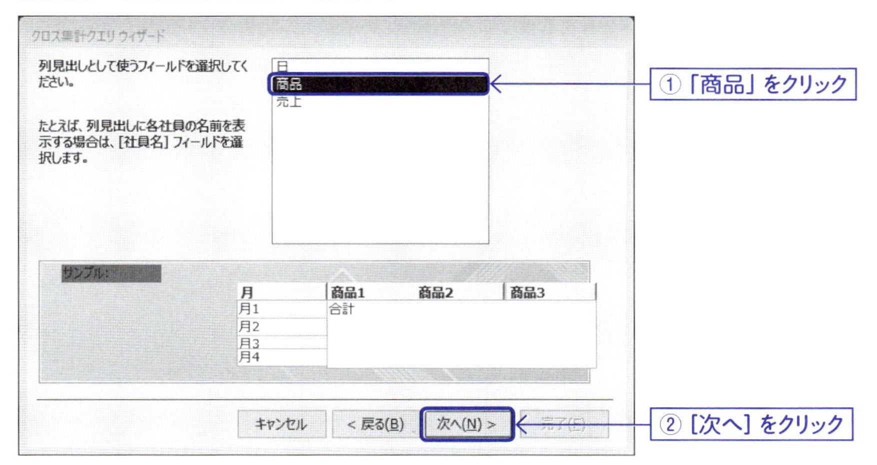

次の画面では、クロス集計で集計したいフィールドと集計方法を選択します。ここでは、売上の合計を集計して表示させたいので、「売上」と［合計］をクリックします（図31）。

図31 「売上」を集計するフィールドに設定する

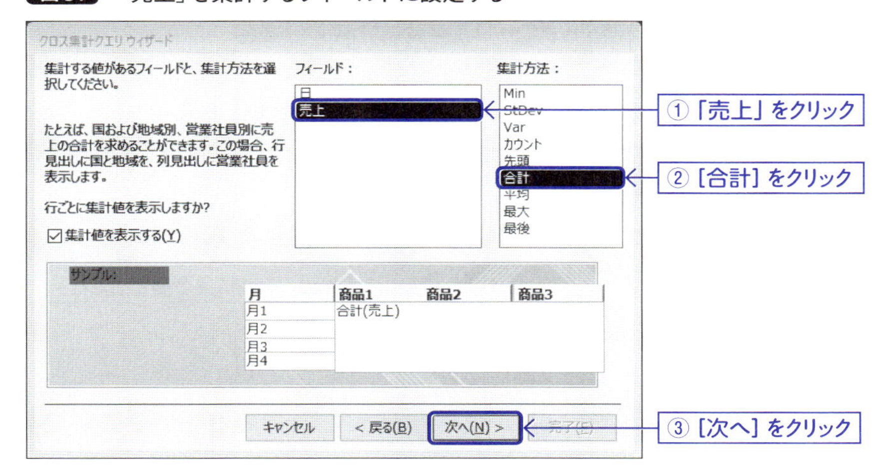

次の画面がウィザードの最後の画面です。クエリの名称を決定する画面ですが、ここでは変更せずに、そのまま[完了]をクリックします(図32)。

図32 クエリに名前を付ける

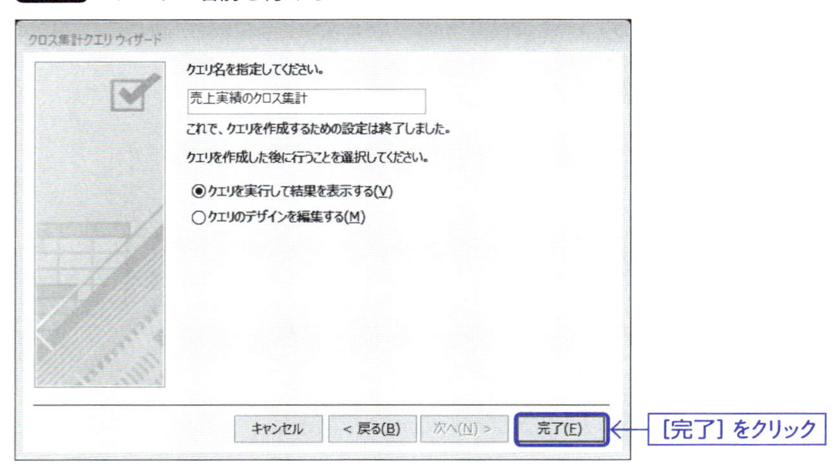

クロス集計クエリウィザードでクエリを作成することができました(図33)。

図33 クエリが実行され、結果が表示される

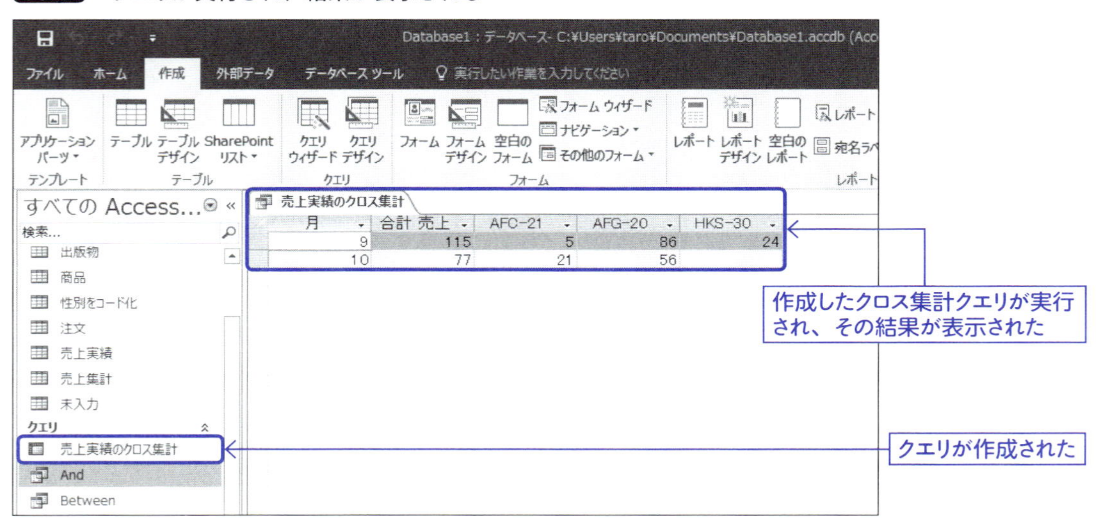

3-3-3 デザインビューで作成

デザインビューの操作だけでもクロス集計クエリを作成することが可能です。ここでは、デザインビューを使用したクロス集計クエリの作成方法を解説します。

クエリを作成して、[売上実績]テーブルを追加し、図34のように3つのフィールドを追加します。

図34 フィールドを追加

[集計]をクリックして、集計クエリに変更します。3列目の売上の[集計]を「合計」に変更します。月と商品の[集計]は「グループ化」のまま変更しません(図35)。

図35 [集計]を「合計」にする

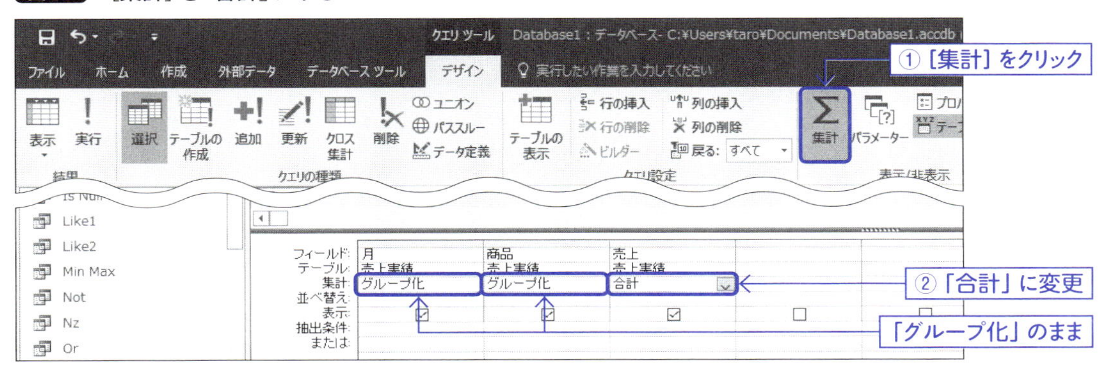

ここまでの状態で一度クエリを実行させてみます。[実行]をクリックします。集計クエリとして実行されていることがわかります。これをクロス集計クエリに変更します(図36)。

図36 クエリを実行

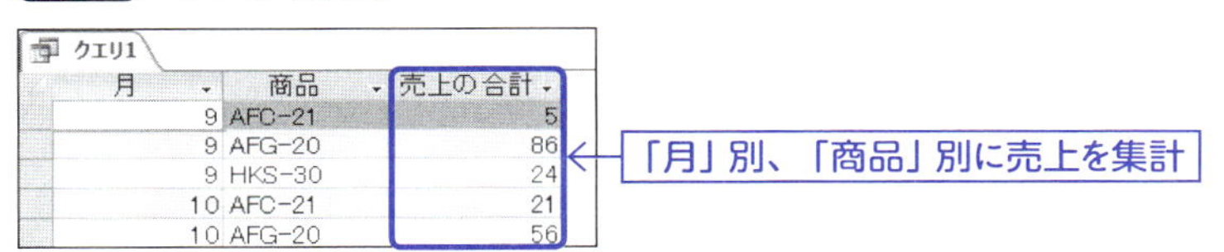

月	商品	売上の合計
9	AFC-21	5
9	AFG-20	86
9	HKS-30	24
10	AFC-21	21
10	AFG-20	56

[表示]をクリックしてデザインビューに戻します(図37)。

図37 デザインビューで表示

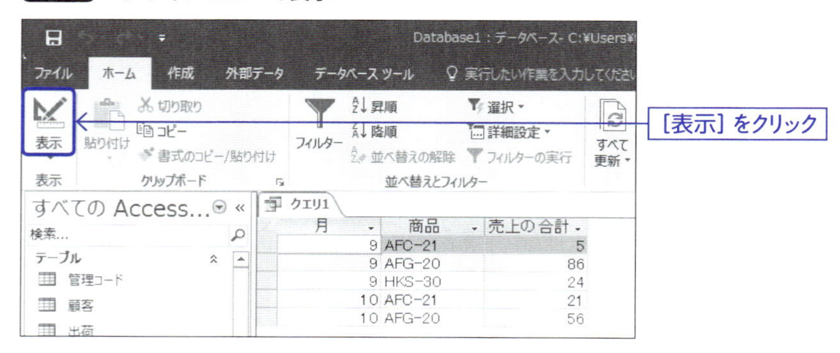

[クロス集計]をクリックします。[行列の入れ替え]が追加表示されます(図38)。

図38 [クロス集計]をクリック

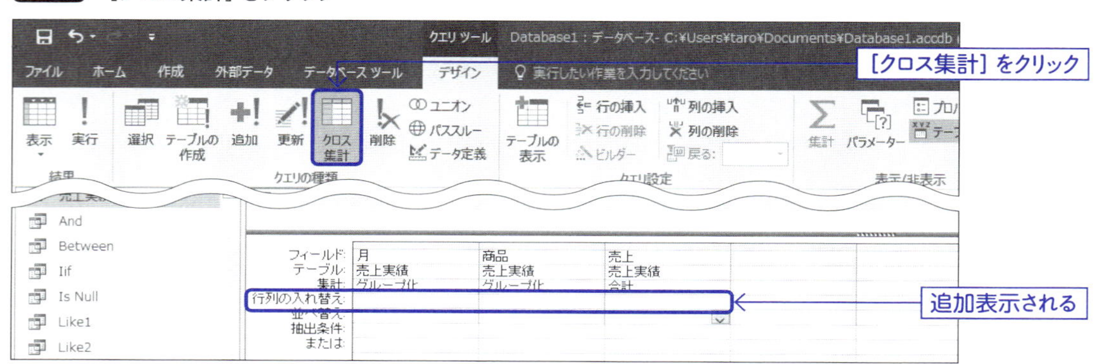

月の[行列の入れ替え]の欄を「行見出し」に変更します(図39)。

図39 「月」の欄を「行見出し」に設定

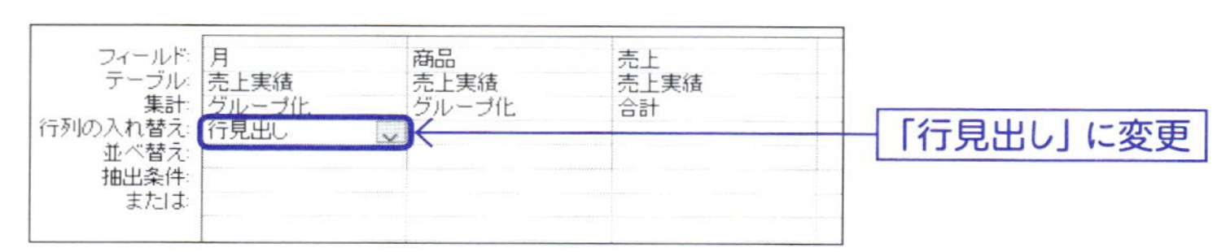

ウィザードでクロス集計クエリを作成した際の行見出し選択に対応する操作になります。

商品の［行列の入れ替え］の欄を「列見出し」に変更します（図40）。

図 40 「商品」の欄を「列見出し」に設定

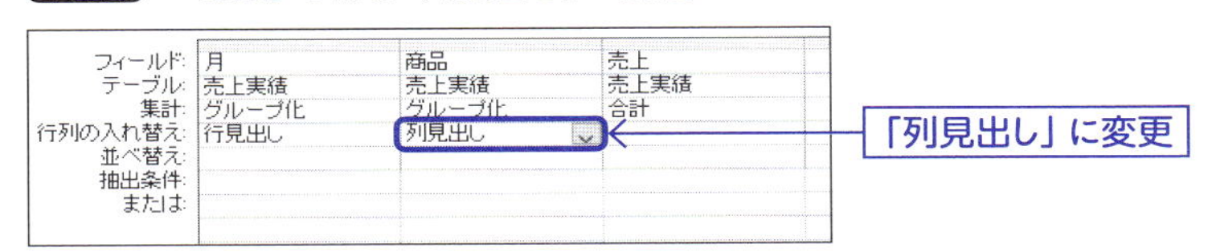

売上の［行列の入れ替え］の欄を「値」に変更します（図41）。

図 41 「売上」の欄を「値」に設定

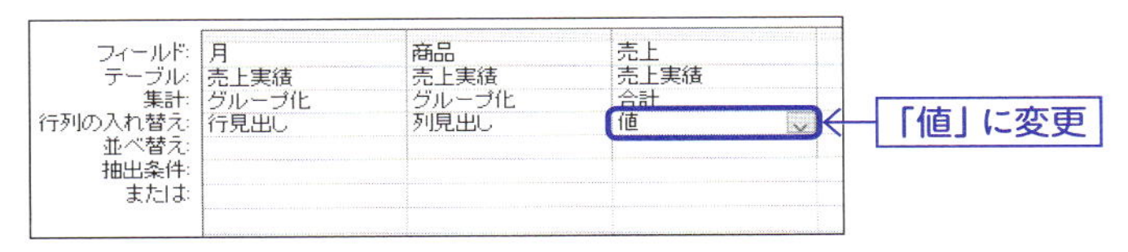

［実行］をクリックします。月が行方向、商品が横方向に並び、売上の合計を集計するクロス集計が行われました（図42）。

図 42 クエリを実行

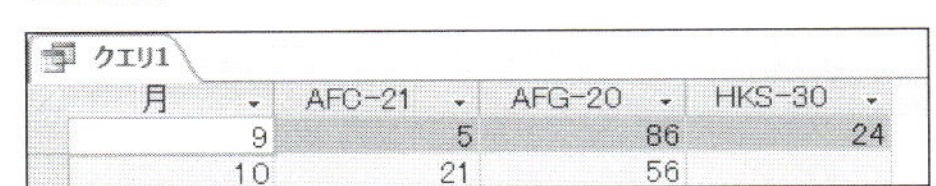
クエリ1

月	AFC-21	AFG-20	HKS-30
9	5	86	24
10	21	56	

CHAPTER 3

数値のグループ化

ここでは数値の範囲でグループ化を行い、集計を行ってみます。次に、数値の範囲でグループ化し集計を行い、その結果の方に抽出条件を付けてみます。最後にNULL値の集計を解説します。

3-4-1 数値の範囲でグループ化

年齢フィールドでグループ化すると、年齢別に人数を集計することが可能です。しかし、18才の人が何人いるかよりも、10代が何人、20代が何人ということがわかった方が、データ分析を行う上では、有用でしょう。

ここでは、Partition（パーティション）関数で数値を区切って集計する方法を解説します。「顧客」テーブルを使用し、「年齢」フィールドをPartition関数で0～9、10～19のように10才ごとに切り分け、グループ化して個数を集計します（図43）。

図43 「数値」の範囲でグループ化

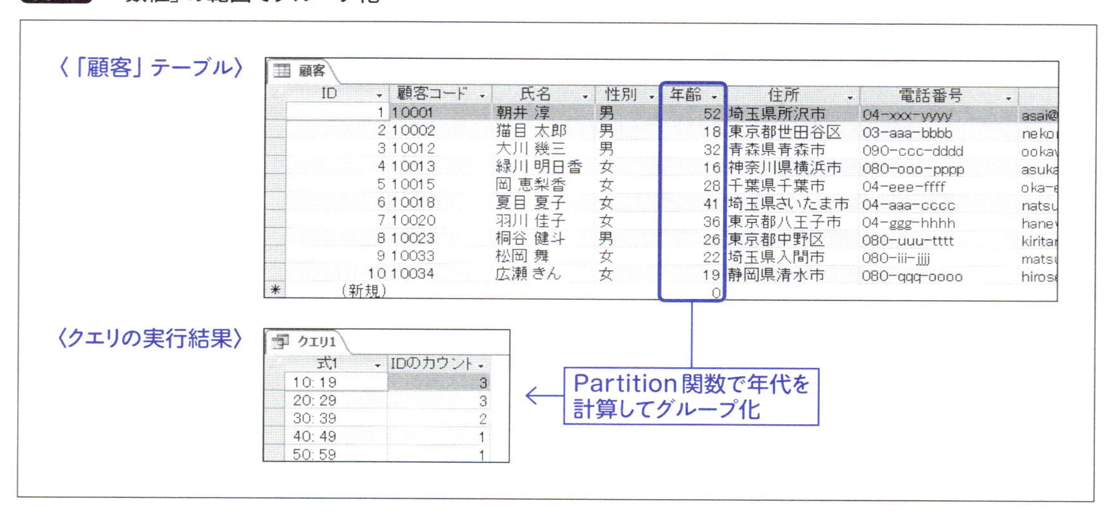

顧客

ID	顧客コード	氏名	性別	年齢	住所	電話番号
1	10001	朝井 淳	男	52	埼玉県所沢市	04-xxx-yyyy
2	10002	猫目 太郎	男	18	東京都世田谷区	03-aaa-bbbb
3	10012	大川 幾三	男	32	青森県青森市	090-ccc-dddd
4	10013	緑川 明日香	女	16	神奈川県横浜市	080-ooo-pppp
5	10015	岡 恵梨香	女	28	千葉県千葉市	04-eee-ffff
6	10018	夏目 夏子	女	41	埼玉県さいたま市	04-aaa-cccc
7	10020	羽川 佳子	女	36	東京都八王子市	04-ggg-hhhh
8	10023	桐谷 健斗	男	26	東京都中野区	080-uuu-tttt
9	10033	松岡 舞	女	22	埼玉県入間市	080-iii-jjjj
10	10034	広瀬 きん	女	19	静岡県清水市	080-qqq-oooo
(新規)				0		

クエリ1

式1	IDのカウント
10: 19	3
20: 29	3
30: 39	2
40: 49	1
50: 59	1

クエリを作成して、「顧客」テーブルを追加し、図44のように2つのフィールドを追加します。

図44　フィールドを追加

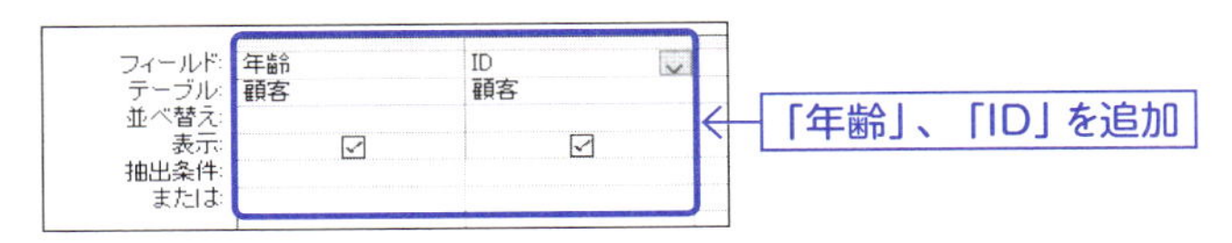

Partition関数は次のように引数を指定して使用します。

Partition (数値, 最小値, 最大値, 間隔)

ここでは、年齢0才から100才までを10才ごとに区切りたいので、「Partition(年齢, 0, 100, 10)」とします。

[集計]をクリックして、集計クエリに変更します。1列目の「年齢」の[フィールド]を「Partition(年齢, 0, 100, 10)」に変更します。入力しやすい大きさまで幅を広げるとよいでしょう。2列目の「ID」の[集計]を「カウント」に変更します（図45）。

図45　「Partition」と「カウント」に設定

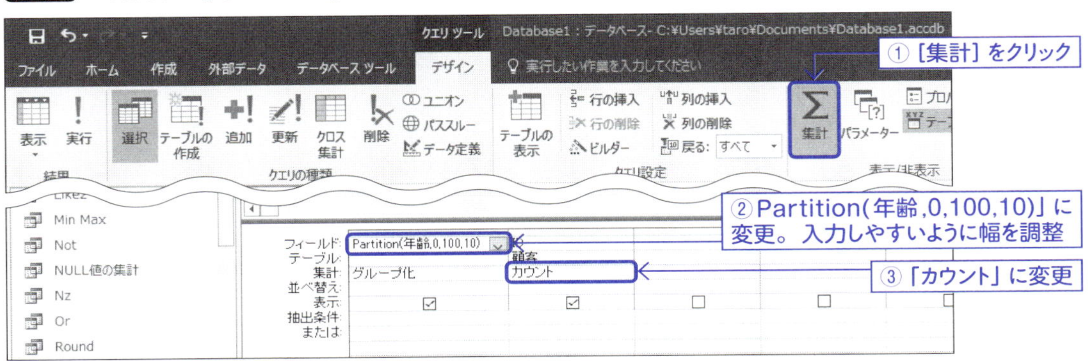

[実行]をクリックします。年代別に個数が計算されて表示されました。0～9の0才代はデータがないので表示されません。「10:19」は10～19、つまり10代を意味します。10代は3人いることがわかります（図46）。

図46　クエリを実行

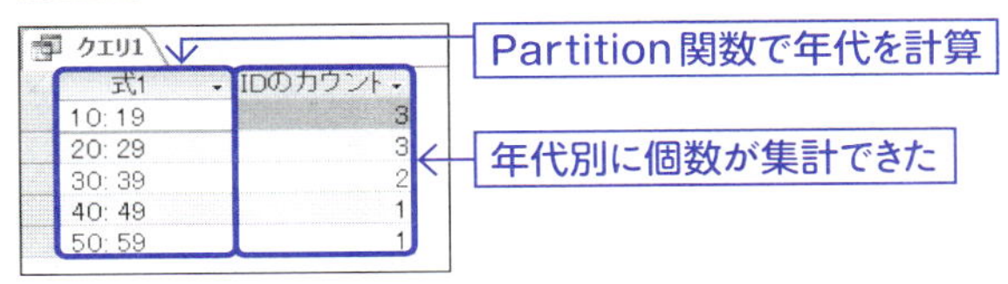

式1	IDのカウント
10: 19	3
20: 29	3
30: 39	2
40: 49	1
50: 59	1

性別と合わせてクロス集計すると、よりデータ分析らしくなります。

3-4-2 集計した結果に抽出条件の付加

「数値の範囲でグループ化する」では年代別に人数を集計しましたが、たとえば人数が1である年代はデータ数が足りないので除外したい、というようなケースでは、集計結果の方に抽出条件を付ける必要があります。

ここでは、例のとおり、顧客テーブルから年代別に人数を集計して、2以上である結果だけを抽出してみます（図47）。

図47 集計結果が2以上のものだけを抽出

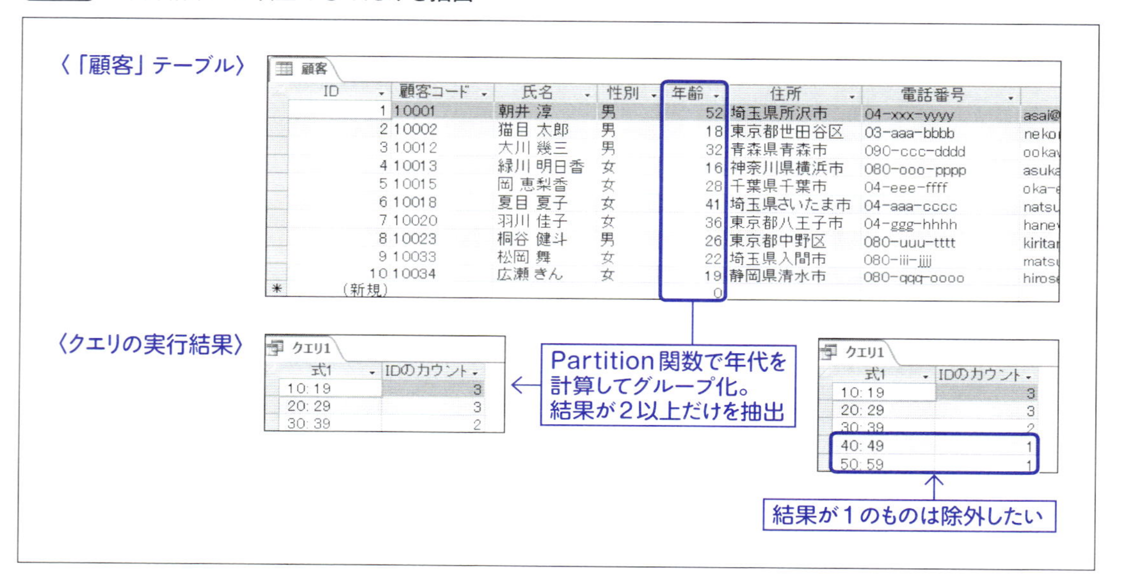

ID	顧客コード	氏名	性別	年齢	住所	電話番号	
1	10001	朝井 淳	男	52	埼玉県所沢市	04-xxx-yyyy	asai@
2	10002	猫目 太郎	男	18	東京都世田谷区	03-aaa-bbbb	neko
3	10012	大川 幾三	男	32	青森県青森市	090-ccc-dddd	ookav
4	10013	緑川 明日香	女	16	神奈川県横浜市	080-ooo-pppp	asuka
5	10015	岡 恵梨香	女	28	千葉県千葉市	04-eee-ffff	oka-e
6	10018	夏目 夏子	女	41	埼玉県さいたま市	04-aaa-cccc	natsu
7	10020	羽川 佳子	女	36	東京都八王子市	04-ggg-hhhh	hane
8	10023	桐谷 健斗	男	26	東京都中野区	080-uuu-tttt	kiritar
9	10033	松岡 舞	女	22	埼玉県入間市	080-iii-jjjj	matsu
10	10034	広瀬 きん	女	19	静岡県清水市	080-qqq-oooo	hirose
(新規)				0			

式1	IDのカウント
10: 19	3
20: 29	3
30: 39	2

式1	IDのカウント
10: 19	3
20: 29	3
30: 39	2
40: 49	1
50: 59	1

図48 フィールドを追加

クエリを作成して、「顧客」テーブルを追加し、図48のように2つのフィールドを追加します。

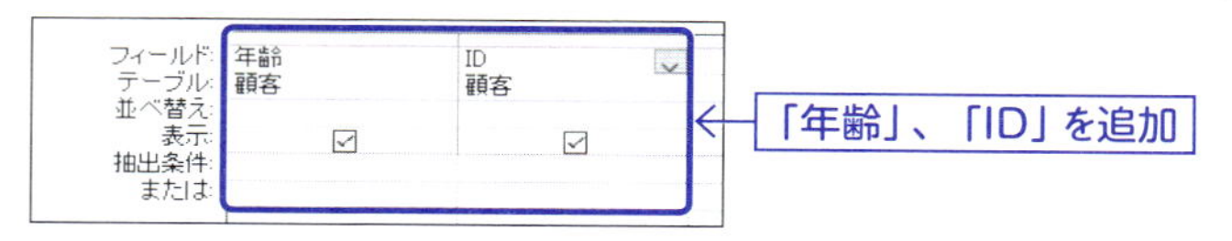

［集計］をクリックして、集計クエリに変更します。1列目の「年齢」の［フィールド］を「Partition(年齢, 0, 100, 10)」に変更します。2列目の「ID」の［集計］を「カウント」に変更します。さらに、［抽出条件］に「>1」を入力します（図49）。

図49 「Partition」と「カウント」に設定

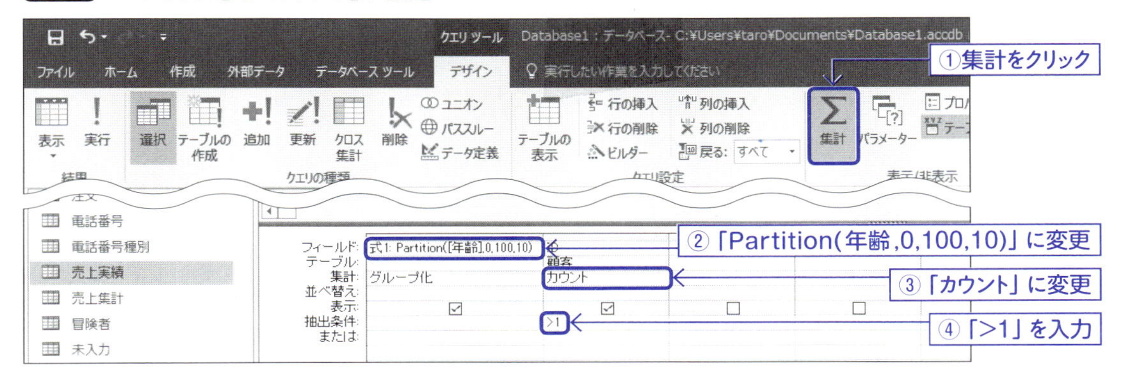

［実行］をクリックします。集計結果が2以上のデータだけが抽出されました（図50）。

図50 クエリを実行

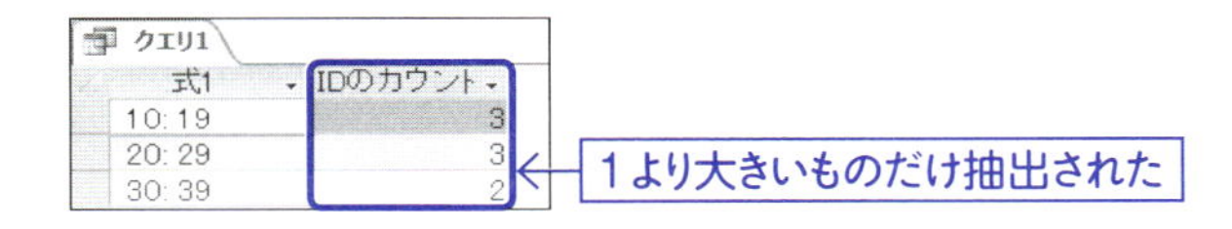

式1	IDのカウント
10: 19	3
20: 29	3
30: 39	2

3-4-3 NULL値の集計

データベースにおいて、NULL値は特殊な値になります。正しく集計処理させるためには、集計時にNULL値のデータがどう扱われるのかを正確に知る必要があるでしょう。

ここでは、NULL値が含まれるフィールドの個数を集計して、どのような値となるのかを確認します。NULL値の説明で使用している、「未入力」テーブルを使用して、解説します（図51）。

図51 NULL値の集計

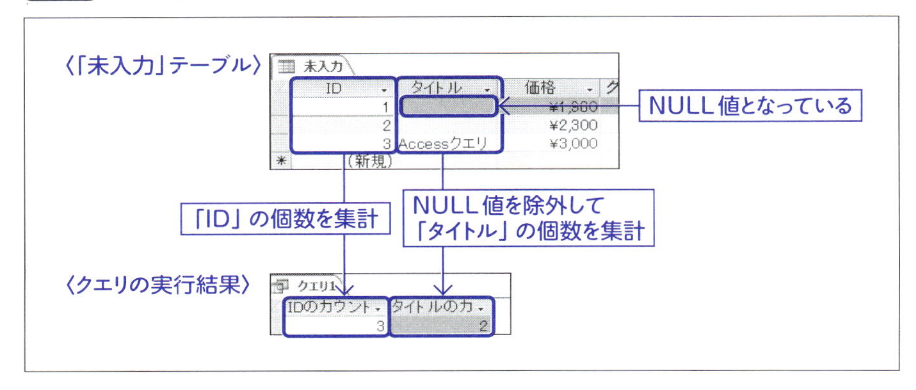

ID	タイトル	価格
1		¥1,900
2		¥2,300
3	Accessクエリ	¥3,000

IDのカウント	タイトルのカ
3	2

クエリを作成して、「未入力」テーブルを追加し、図52のように2つのフィールドを追加します。

図52 フィールドを追加

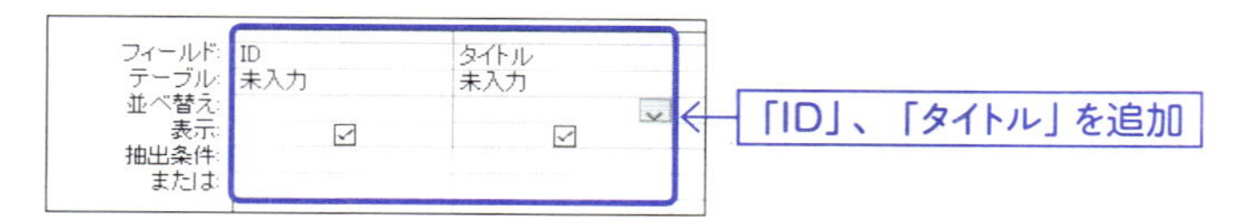

[集計] をクリックして、集計クエリに変更します。[集計] の欄を「カウント」に変更します（図53）。

図53 [集計] をカウントに変更

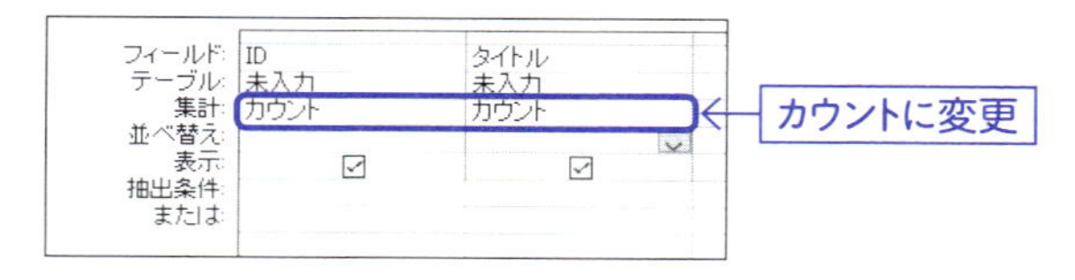

[実行] をクリックします。IDのカウントは3になりました。これは、テーブルに3レコード存在しているため、納得の値と思います。一方、タイトルのカウントは2です（図54）。これは、テーブルのタイトルフィールドにはNULL値が1つ含まれているため、1つ少なくなります。NULL値は除外されて集計処理が行われることになります。

図54 クエリを実行

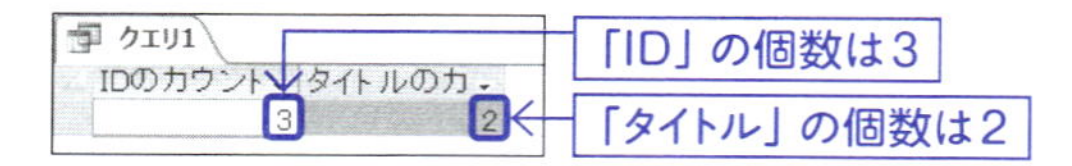

ここでは、カウントを例にしましたが、ほかの集合関数でもNULL値は無視されます。合計や平均でもNULL値を除いて集計処理が行われます。

IDフィールドはAccessが自動的に作成したフィールドで主キーになっています。主キーに設定されているフィールドには、NULL値を記録させることができなくなっています。

主キー以外のフィールドでも、「値要求」のプロパティを「はい」に設定することで、NULL値を記録できないように設定変更することが可能です。

3-5 そのほかの集計

これまで合計を計算する集計クエリ、最大値や平均などの合計以外の集計、クロス集計、数値のグループ化を解説してきました。ここではそれ以外の集計を解説します。

3-5-1 集計クエリで並べ替え

集計クエリは、データ分析の基本となるクエリです。データ分析では、こういった状況では数値はこのように変化する、といった傾向や法則を見つけるのが主な作業であったりします。その際、「並べ替え」がよく行われます。

ここでは、売上実績テーブルを商品でグループ化して、売上の合計を集計します。売上の合計が大きいものから順に表示させる集計クエリを作成します（図55）。

図55 集計結果で降順に表示

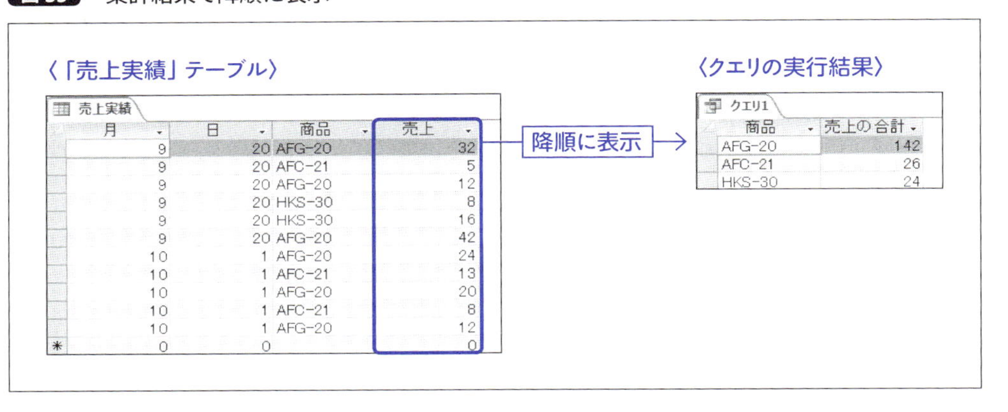

売上実績

月	日	商品	売上
9	20	AFG-20	32
9	20	AFC-21	5
9	20	AFG-20	12
9	20	HKS-30	8
9	20	HKS-30	16
9	20	AFG-20	42
10	1	AFG-20	24
10	1	AFC-21	13
10	1	AFG-20	20
10	1	AFC-21	8
10	1	AFG-20	12
0	0		0

クエリ1

商品	売上の合計
AFG-20	142
AFC-21	26
HKS-30	24

クエリを作成して、「売上実績」テーブルを追加してください。図56のように2つのフィールドを追加します。

図56 フィールドを追加

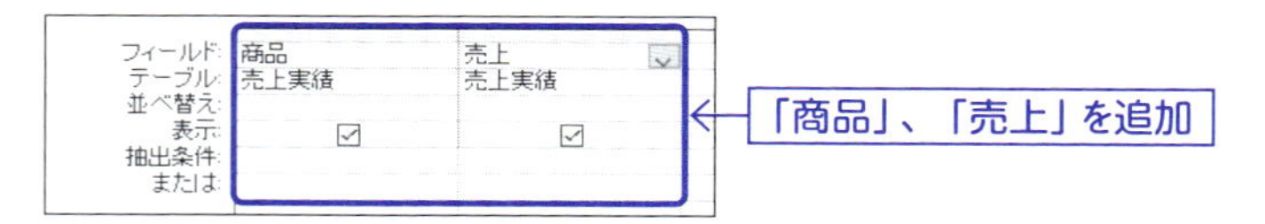

［集計］をクリックして、集計クエリに変更します。2列目の売上の［集計］を「合計」に変更します。さらに、［並べ替え］を「降順」に変更します。商品の［集計］は「グループ化」のまま変更しません（図57）。

図57 ［集計］を合計に設定

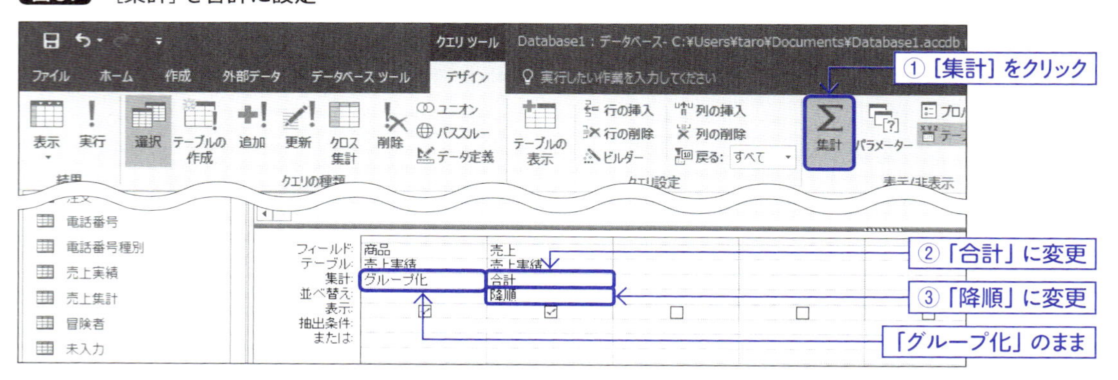

［実行］をクリックします。売上の合計が大きいものから順に表示されました（図58）。

図58 クエリを実行

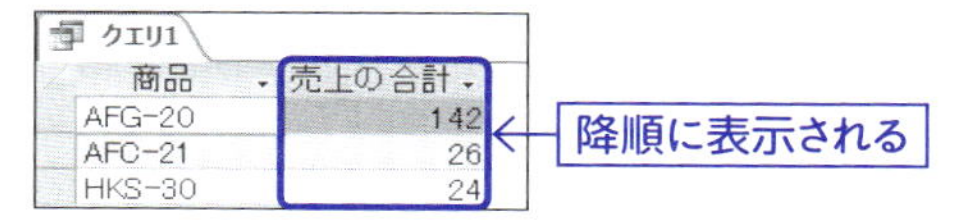

3-5-2 抽出条件に定義域集合関数を使用

試験で平均点に達しなかった生徒を検索したい、など集計結果を元に条件付けを行いたい場合もあります。

集計クエリでは、合計や平均を計算することは可能ですが、抽出条件に条件を記述しても、集計処理後に条件式が評価されるので、平均点未満の生徒を検索するようなクエリにはできません。

一方、通常の選択クエリでは、集合関数を抽出条件で使用することはできません。集合関数は集計クエリでなければ使用できないのです（図59）。

図59　集合関数を条件には使えない

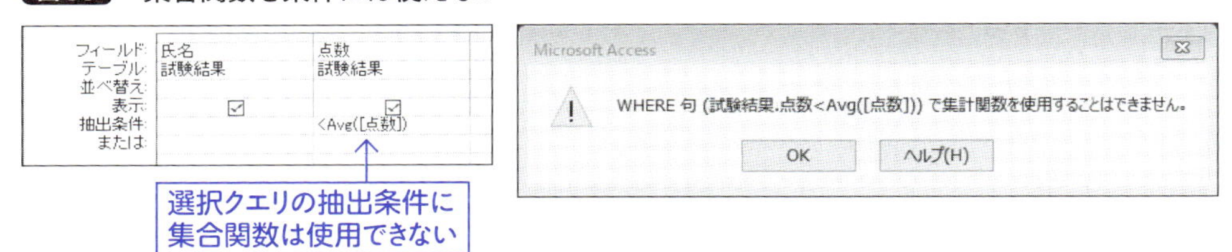

集計結果でWhere条件指定したい場合、定義域集合関数という種類の集合関数を使用するとよいでしょう。定義域集合関数は、関数名がDから始まります。集合関数にはMin、Max、Sum、Avg、Countなどがありましたが、定義域集合関数にもそれらに対して、それぞれDMin、DMax、DSum、DAvg、DCountとなっています。

集合から数値を計算することは集合関数と同じです。しかし、定義域集合関数では、その計算に使用する集合の指定方法が通常の集合関数とは異なります。

ここでは、「試験結果」テーブルから平均点未満となった生徒の「氏名」と「点数」を抽出するようなクエリをDAvgによって実現します（図60）。

図60　平均点未満の生徒を抽出

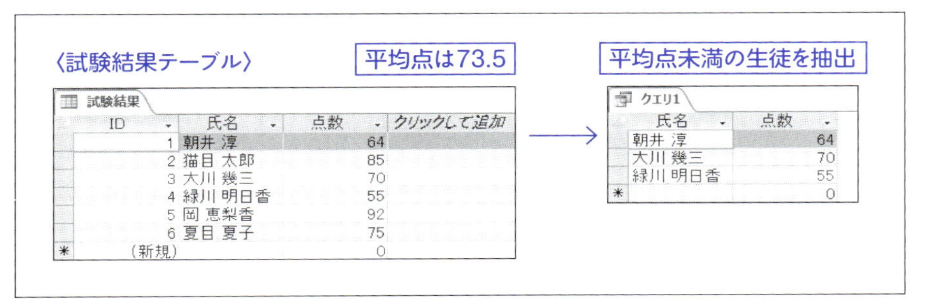

ID	氏名	点数	クリックして追加
1	朝井 淳	64	
2	猫目 太郎	85	
3	大川 幾三	70	
4	緑川 明日香	55	
5	岡 恵梨香	92	
6	夏目 夏子	75	
(新規)		0	

氏名	点数
朝井 淳	64
大川 幾三	70
緑川 明日香	55
	0

クエリを作成し「試験結果」テーブルを追加して、図61のように2つのフィールドを追加します。

図61　フィールドを追加

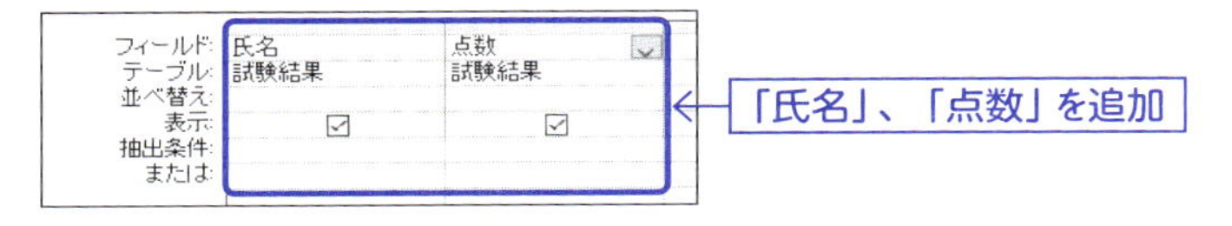

2列目、点数の入力欄の抽出条件をクリックして入力可能な状態にします。「<DAvg("点数","試験結果")」と入力します（図62）。

図62 ［抽出条件］にDAvgを使用した式を入力

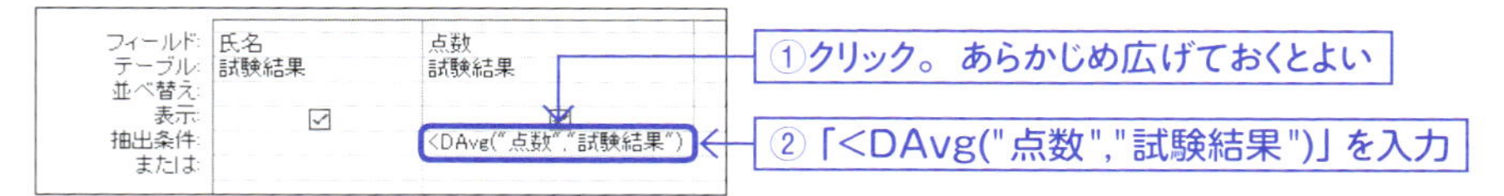

DAvgの引数は、"点数"と"試験結果"になります。「"」で囲んで文字列形式で指定することに注意してください。DAvgの最初の引数は、平均を計算するフィールド名の指定です。2番目の引数はテーブル名の指定になります。「DAvg("点数","試験結果")」で、「試験結果」テーブルの「点数」フィールドの平均値を計算して返してきます。先頭に「<」を付けているので「点数が平均未満である」という抽出条件になります。

［実行］をクリックします。平均点未満の生徒が抽出できました（図63）。DMaxで最高得点、DMinで最低得点を検索することも可能です。

図63 クエリを実行

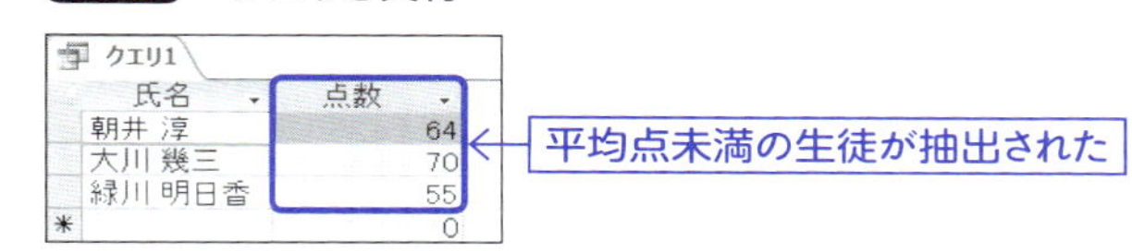

3-5-3 定義域集合関数で条件式を使用

定義域集合関数のDAvgを使って、試験結果から点数の平均値を計算しました。定義域集合関数には、2つの引数を文字列形式で与えることが特徴になります。定義域集合関数の内部でクエリの命令が組み立てられ、実行されていると考えると理解しやすいと思います。

試験結果から平均点を計算する場合、試験結果テーブルの全レコードを対象にして平均を計算すればよいので特に指定していませんが、定義域集合関数には3つ目の引数を与えることもできます。3つ目の引数には、集計処理の対象となるレコードの抽出条件を指定することができます。

ここでは、試験結果テーブルから点数の高い順に順位を計算するようなクエリをDCount関数によって実現します。DCountは個数を計算する定義域集合関数ですが、自レコードよりも点数が大きいレコードだけを対象にするといった条件を付けることで、順位を計算することにします（図64）。

図64 DCount関数で順位を計算する

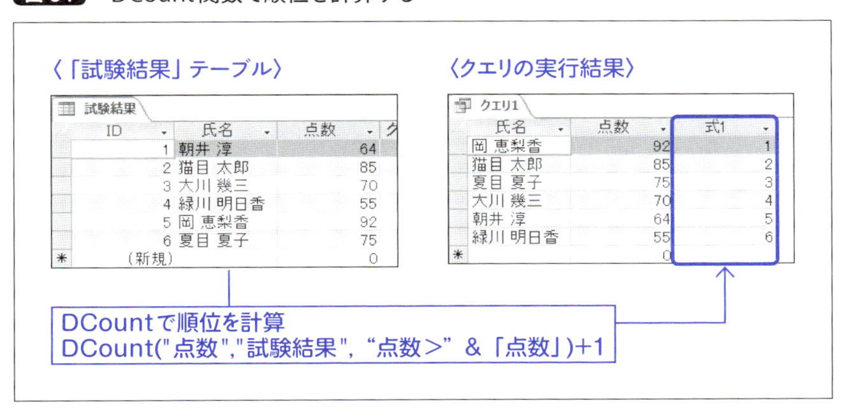

ここでは、DCountで順位計算を行っていますが、DSumとオートナンバー型のフィールドを組み合わせることで、累計を計算させることも可能です。

クエリを作成して、「試験結果」テーブルを追加し、図65のように2つのフィールドを追加します。点数の［並べ替え］を「降順」に変更します。

図65 フィールドを追加

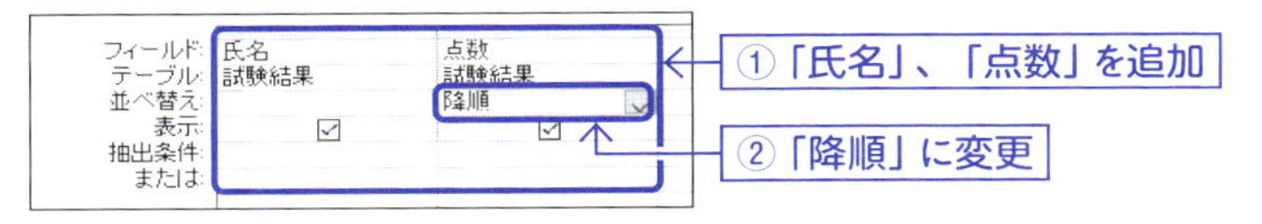

3列目、空の入力欄の［フィールド］をクリックして入力可能な状態にします。式ビルダーを立ち上げ「DCount("点数","試験結果", "点数>" & [点数])+1」と入力します（図66）。

図66 DCountを使用した式を3列目に追加

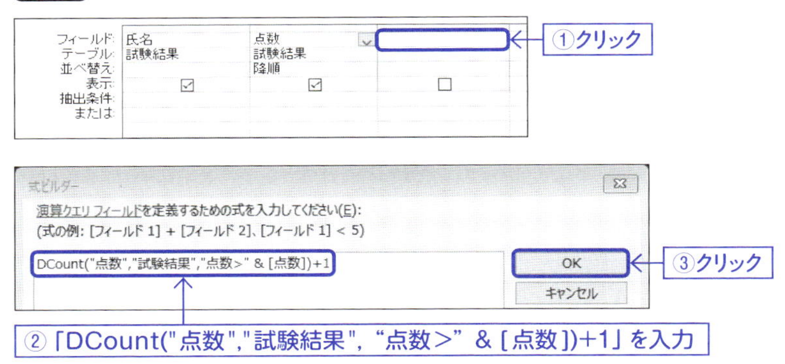

条件式の3つ目の引数は、「"点数>" & [点数]」です。最初の点数は文字列です。後半の「点数」はフィールドの指定になるため、自レコードの点数の値に置換され&で文字列結合されます。

［実行］をクリックします。点数により順位を計算することができました。自分より点数が大きい生徒の個数をカウントしているので、同点があると順位は1つ飛ばされます（図67）。

図 67 クエリを実行

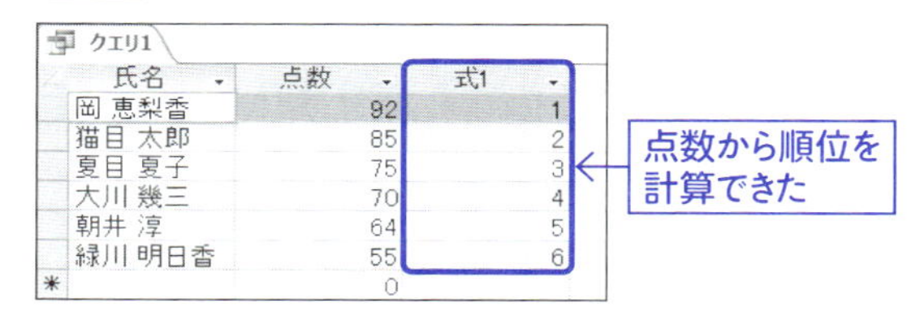

3-5-4 サブクエリ

3-5-2では、DCountやDAvgといった定義域集合関数を解説しました。これらの定義域集合関数はAccessでは使用可能ですが、SQL ServerやOracleなどのリレーショナルデータベースでは使用できません。

定義域集合関数に替わるものとして、サブクエリがあります。サブクエリは、クエリ内にクエリを記述してしまうような、入れ子になったクエリです。

CHAPTER 5で詳しく説明しますが、選択クエリは、SELECT命令で記述することができます。
選択クエリ=SELECT命令になります。SELECT命令はSQL命令の基本命令になるのですが、SELECT命令の中にSELECT命令を、入れ子にして記述することができるのです。

ここでは、DAvg関数で行った抽出条件の指定をSELECT命令で書き換える方法を解説します（図68）。

図 68 DAvg関数をサブクエリで書き換える

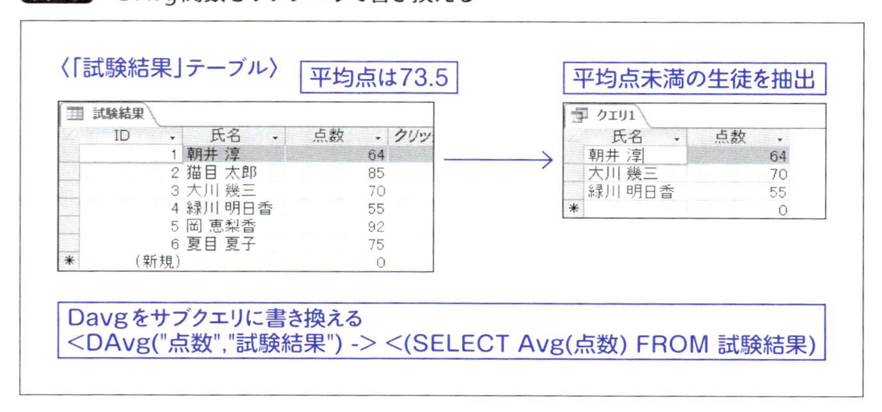

クエリを作成し「試験結果」テーブルを追加して、図69のように2つのフィールドを追加します。

図69 フィールドを追加

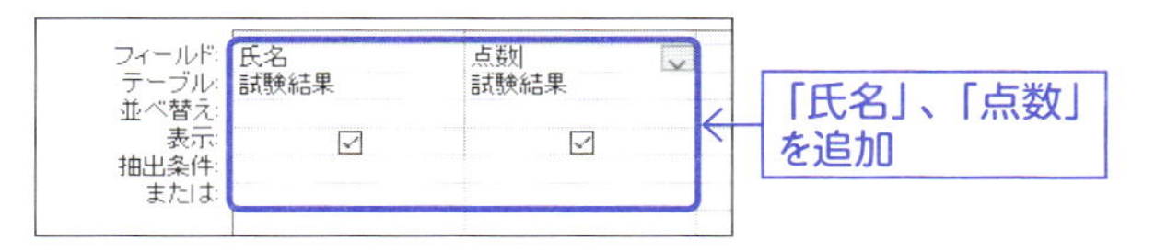

2列目、「点数」の[抽出条件]の入力欄をクリックして入力可能な状態にします。「<(SELECT Avg(点数) FROM 試験結果)」と入力します(図70)。SELECTやAvg、FROMは半角文字で入力します。記号についても半角です。空白も重要ですので、間違えないように入力してください。

図70 [抽出条件]にサブクエリを使用した式を入力

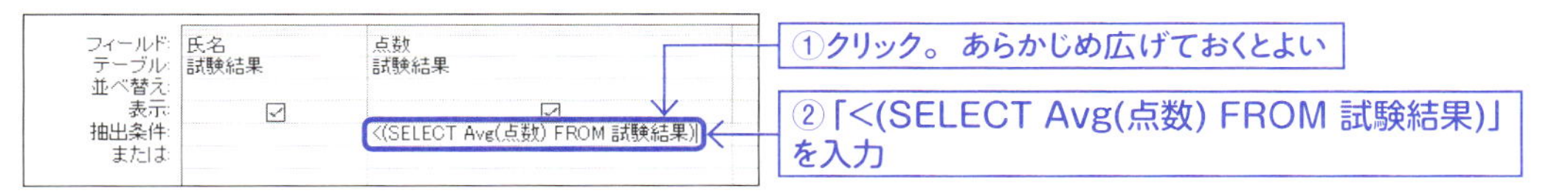

[実行]をクリックします。DAvg関数を使用した場合と同じように、平均点未満の生徒が抽出できました(図71)。

図71 クエリを実行

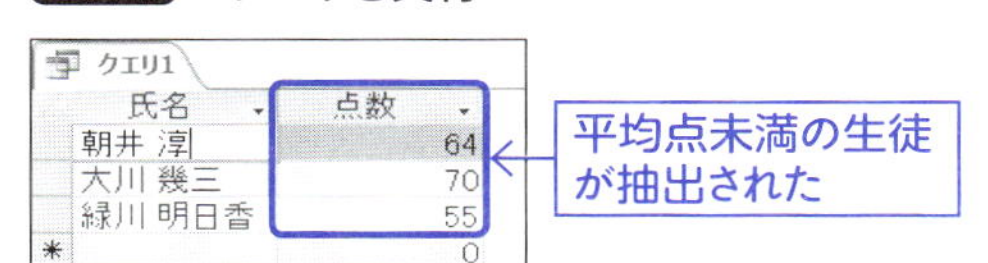

このように、集合関数を条件式内で使用したい場合は、定義域集合関数かサブクエリを使うことで実現できます。

3-5-5 サブクエリの構文

DAvg関数は、指定されたフィールドの平均値を計算するものでした。これをSELECT命令で書くと次のようになります。

構文 SELECT命令による平均値の計算

```
SELECT Avg(点数) FROM 試験結果;
```

点数フィールドを集合関数のAVGにかけて、平均値を計算しています。

この段階では単なるクエリです。サブクエリとする場合は、全体を括弧で囲まなければなりません。

構文 入れ子になったサブクエリで平均値の計算

```
SELECT 氏名, 点数, (SELECT Avg(点数) FROM 試験結果) FROM 試験結果;
```

括弧で囲まれた部分がサブクエリ

括弧で囲まれている入れ子になった部分がサブクエリです。

「定義域集合関数は集合関数とサブクエリで置き換えることが可能」と解説しました。平均点未満の生徒を抽出するクエリは、サブクエリを使って次のようにすることもできるのです。

構文 平均点未満の生徒を抽出するクエリ

```
SELECT 氏名, 点数 FROM 試験結果 WHERE 点数 < (SELECT Avg(点数) FROM 試験結果);
```

SELECT命令の詳細については、**CHAPTER 5**(162ページ)で詳しく説明します。

サブクエリを使用する場合、サブクエリが結果として戻すレコード件数とフィールド数に注意しなければなりません。レコード件数、フィールド数ともに1となるクエリをサブクエリにしないと、多くの場合実行時にエラーになります。

アクションクエリ

データシートビューとの比較

クエリを使ってデータの追加や削除、更新を行うことができます。もちろん、データシートビューからでもレコードの数値を変更したり、レコードを削除したりすることが可能です。まずはこの違いについて解説します。

4-1-1 アクションクエリとは

ここまでに解説した選択クエリは、テーブルからデータを選択して抽出する機能を持つクエリです。データの追加や削除、更新といったデータベース操作もクエリで行うことができますが、選択クエリと区別するために、アクションクエリと呼ばれます。

選択クエリを実行しただけなら、データベースに格納されているデータが変更されることはありません。アクションクエリを実行させると、データベース内のデータが変化します。この点が選択クエリとの大きな違いになります。

ここでは、アクションクエリでどういったことができるのか、アクションクエリをどうやって作成していくのか、といった事柄を解説します。

4-1-2 アクションクエリの利点

データシートビューでの値の変更やレコードの削除は、件数が少ない場合には非常に便利な機能ですが、変更をかけたいレコード数が膨大な場合には適しません。一括してデータの変更を行ったり、レコードを削除したりする目的には、アクションクエリが向いています(図1，図2，図3，図4)。

追加クエリを使用すれば、別テーブルのレコードを一括でレコード追加する、といったことも可能になります。一時テーブルに外部データをインポートして、追加クエリで正規のテーブルにレコード追加する、といったケースでよく使用されます。

外部とのデータのやりとりが頻繁に発生するような現場では、アクションクエリを使用する場面が多くあるでしょう。

図 1 データシートビューでの編集

クエリ1

	ID	顧客コード	氏名	性別	年齢	住所	電話番号	メールアドレス
✎	1	10001	朝井 淳	男	53	埼玉県所沢市	04-xxx-yyyy	asai@dokoka.kasou.com
	2	10002	猫目 太郎	男	18	東京都世田谷区	03-aaa-bbbb	nekome-taro@dokoka.kasou.com
	3	10012	大川 幾三	男	32	青森県青森市	090-ccc-dddd	ookawa-ikuzo@dokoka.kasou.com
	4	10013	緑川 明日香	女	16	神奈川県横浜市	080-ooo-pppp	asuka-midorikawa@dokoka.kasou.cc
	5	10015	岡 恵梨香	女	28	千葉県千葉市	04-eee-ffff	oka-eri@dokoka.kasou.com
	6	10018	夏目 夏子	女	41	埼玉県さいたま市	04-aaa-cccc	natsuko-natsume@dokoka.kasou.cc
	7	10020	羽川 佳子	女	36	東京都八王子市	04-ggg-hhhh	hanewaka@kasou.dokoka.com
	8	10023	桐谷 健斗	男	26	東京都中野区	080-uuu-tttt	kiritani-kento@kasou.dokoka.com
	9	10033	松岡 舞	女	22	埼玉県入間市	080-iii-jjjj	matsuoka-mai@kasou.dokoka.com
	10	10034	広瀬 きん	女	19	静岡県清水市	080-q	
*	(新規)				0			

レコードのデータを1件ごとに修正できる。
1行目のレコードの「年齢」フィールドを変更

図 2 アクションクエリなら一括で修正

クエリ2 / 顧客

	ID	顧客コード	氏名	性別	年齢	住所	電話番号	メールアドレス
	1	10001	朝井 淳	男	53	埼玉県所沢市	04-xxx-yyyy	asai@dokoka.kasou.com
	2	10002	猫目 太郎	男	19	東京都世田谷区	03-aaa-bbbb	nekome-taro@dokoka.kasou.com
	3	10012	大川 幾三	男	33	青森県青森市	090-ccc-dddd	ookawa-ikuzo@dokoka.kasou.com
	4	10013	緑川 明日香	女	17	神奈川県横浜市	080-ooo-pppp	asuka-midorikawa@dokoka.kasou.cc
	5	10015	岡 恵梨香	女	29	千葉県千葉市	04-eee-ffff	oka-eri@dokoka.kasou.com
	6	10018	夏目 夏子	女	42	埼玉県さいたま市	04-aaa-cccc	natsuko-natsume@dokoka.kasou.cc
	7	10020	羽川 佳子	女	37	東京都八王子市	04-ggg-hhhh	hanewaka@kasou.dokoka.com
	8	10023	桐谷 健斗	男	27	東京都中野区	080-uuu-tttt	kiritani-kento@kasou.dokoka.com
	9	10033	松岡 舞	女	23	埼玉県入間市	080-iii-jjjj	matsuoka-mai@kasou.dokoka.com
	10	10034	広瀬 きん	女	20	静岡県清水市	080-qqq-oooo	hirose-kin@kasou.dokoka.com
*	(新規)				0			

全レコードのデータを一括で修正できる

図 3 データシートビューでの削除

顧客

ID	顧客コード	氏名	性別	年齢	住所	電話番号	メールアドレス
1	10001	朝井 淳	男	53	埼玉県所沢市	04-xxx-yyyy	asai@dokoka.kasou.com
2	10002	猫目 太郎	男	19	東京都世田谷区	03-aaa-bbbb	nekome-taro@dokoka.kasou.com
3	10012	大川 幾三	男	33	青森県青森市	090-ccc-dddd	ookawa-ikuzo@dokoka.kasou.com
4	10013	緑川 明日香	女	17	神奈川県横浜市	080-ooo-pppp	asuka-midorikawa@dokoka.kasou.cc
5	10015	岡 恵梨香	女	29	千葉県千葉市	04-eee-ffff	oka-eri@dokoka.kasou.com
6	10018	夏目 夏子	女	42	埼玉県さいたま市	04-aaa-cccc	natsuko-natsume@dokoka.kasou.cc
		羽川 佳子	女	37	東京都八王子市	04-ggg-hhhh	hanewaka@kasou.dokoka.com
		桐谷 健斗	男	27	東京都中野区	080-uuu-tttt	kiritani-kento@kasou.dokoka.com
		松岡 舞	女	23	埼玉県入間市	080-iii-jjjj	matsuoka-mai@kasou.dokoka.com
		広瀬 きん	女	20	静岡県清水市	080-qqq-oooo	hirose-kin@kasou.dokoka.com
				0			

新しいレコード(W)
レコードの削除(R)
切り取り(T)

レコードを選択して削除。削除するレコードが多いと膨大な作業量

図 4 アクションクエリなら一括で削除

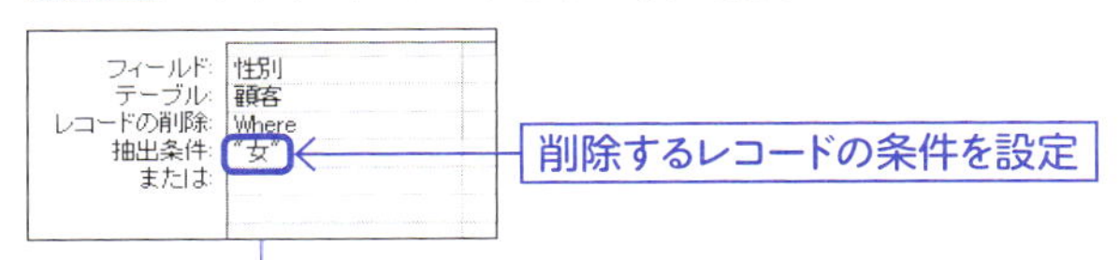

削除するレコードの条件を設定

アクションクエリの実行で一括削除することが可能

顧客 / クエリ3

	ID	顧客コード	氏名	性別	年齢	住所	電話番号	メールアドレス
	1	10001	朝井 淳	男	53	埼玉県所沢市	04-xxx-yyyy	asai@dokoka.kasou.com
	2	10002	猫目 太郎	男	19	東京都世田谷区	03-aaa-bbbb	nekome-taro@dokoka.kasou.com
	3	10012	大川 幾三	男	33	青森県青森市	090-ccc-dddd	ookawa-ikuzo@dokoka.kasou.com
	8	10023	桐谷 健斗	男	27	東京都中野区	080-uuu-tttt	kiritani-kento@kasou.dokoka.com
*	(新規)				0			

CHAPTER 4

テーブル作成クエリ

ここでは、クエリの実行結果をテーブルとして残しておける「テーブル作成クエリ」の作成方法について解説します。

4-2-1 クエリの結果でテーブルを作成

クエリを保存しても、保存されているのは定義に過ぎません。クエリを実行すると、その結果がデータシートビューで表示されますが、そのデータがデータベースファイルに記録されているわけではありません。

そのため、複雑な検索処理や集計処理を行うクエリは、実行結果を表示するために多くの処理時間が必要となるケースもあります。表示までに時間がかかるクエリは**重たいクエリ**と呼ばれることがあります。

一方、テーブルですが、格納されているデータは、すべてデータベースファイルに記録されます。そのため、テーブルを表示するのに時間がかかることはありません。

重たいクエリの実行結果をクエリではなくテーブルとして保存しておくと、パフォーマンスの向上が見込まれます。この場合、**テーブル作成クエリ**が利用されます。

例として、「顧客」テーブルから「氏名」と「住所」だけを抜き出して、「新顧客」テーブルを作成してみましょう（図5）。

図5 テーブル作成クエリ

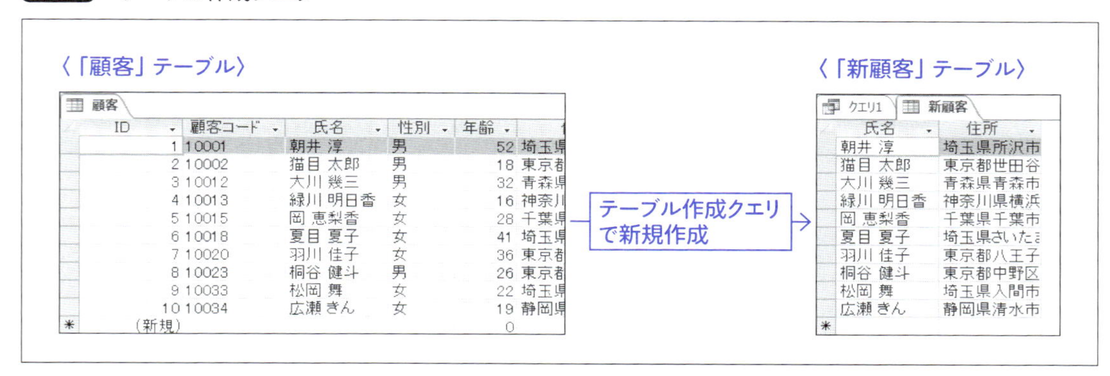

クエリを作成して、「顧客」テーブルを追加してください。図6のように2つのフィールドを追加します。

図6 フィールドを追加

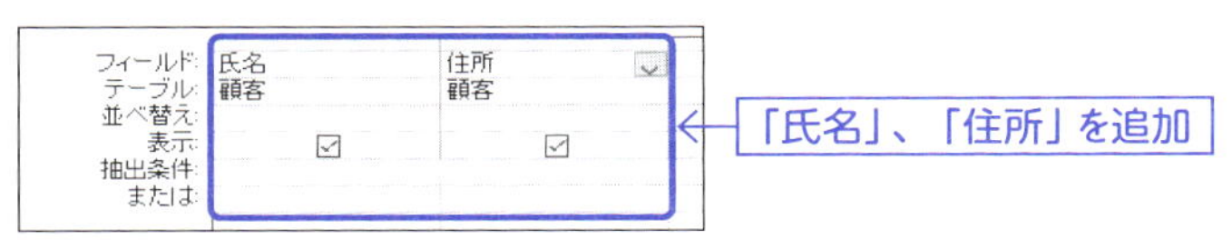

ここでは、指定しませんが、抽出条件を付ければ、条件を満たすレコードのみを抽出してテーブルを作成することも可能です。

［テーブルの作成］をクリックして、テーブル作成クエリに変更します（図7）。

図7 ［テーブルの作成］をクリック

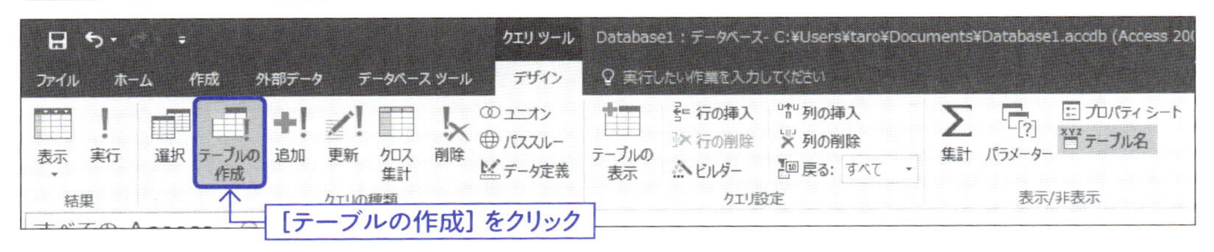

テーブル名の入力ウィンドウが表示されます。「新顧客」と入力します。［OK］をクリックします（図8）。

図8 作成後のテーブル名を入力

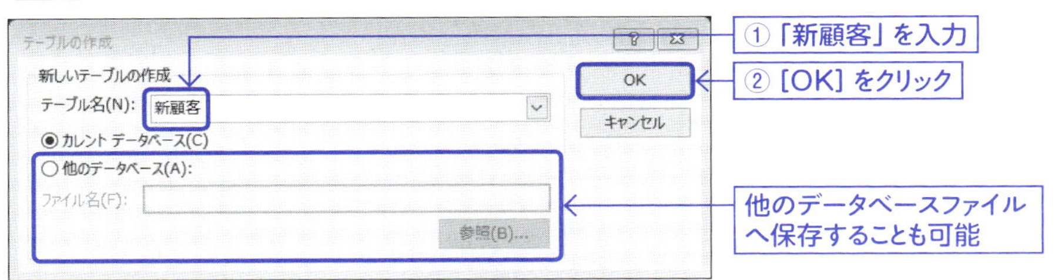

［実行］をクリックします。新規テーブルを作成するメッセージが表示されるので、［はい］をクリックします（図9）。

図9 クエリを実行

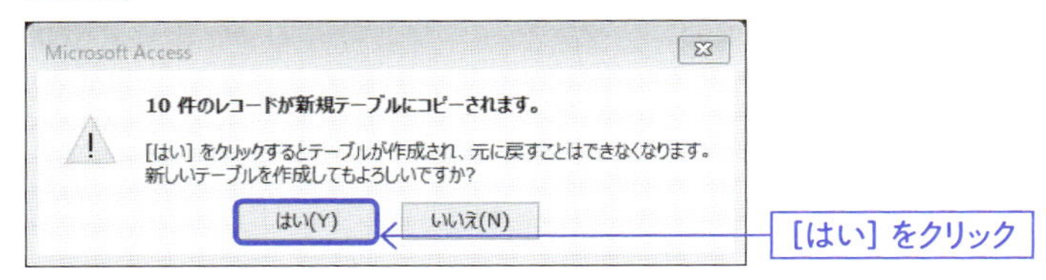

既存のテーブルが存在している場合、その内容はすべて削除されることになります。次のメッセージが表示されるので、削除してもよい場合は［はい］をクリックします（図10）。

図10　既存のテーブルが存在している場合

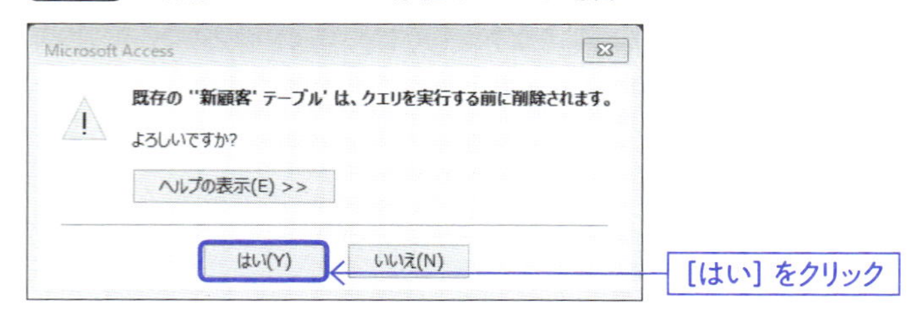

図9にてウィンドウで［はい］をクリックすると、テーブル作成クエリが実行され、「新顧客」テーブルが作成されます。「新顧客」をダブルクリックして表示します（図11）。

図11　作成された「新顧客」テーブルを確認

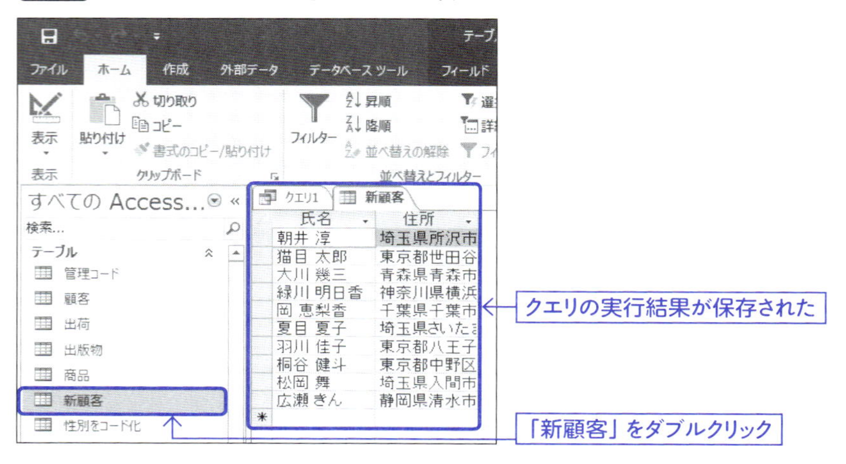

4-2-2 テーブル作成クエリでの注意点

テーブル作成クエリにおいて、次の2点に注意ください。

既存のレコードは削除される
インデックスはコピーされない

既存のテーブルが存在している場合、そのテーブルのレコードは一度削除されます。削除したくない場合は、テーブル作成クエリで別のテーブル名に変更するか、既存のテーブルの名前を変更してから、テーブル作成クエリを実行します。

また、テーブル作成クエリでは、主キーやインデックスは作成されません。主キー、インデックスが必要な場合は、新規に作成したテーブルに別途作成する必要があります。

4-2-3 確認のメッセージを非表示に

マクロなどで自動化したい場合、クエリを実行した際の確認メッセージは表示させたくないと思います。オプション設定で確認メッセージを表示しないように設定変更が可能です。

[ファイル]メニュー、続いて[オプション]をクリックして、[Accessのオプション]を表示します。[クライアントの設定]をクリックし、「確認」にある「アクション クエリ」のチェックを外した状態にします。変更したら、[OK]をクリックします(図12)。

これで確認メッセージは表示されません。

図12 [アクション クエリ]のチェックを外す

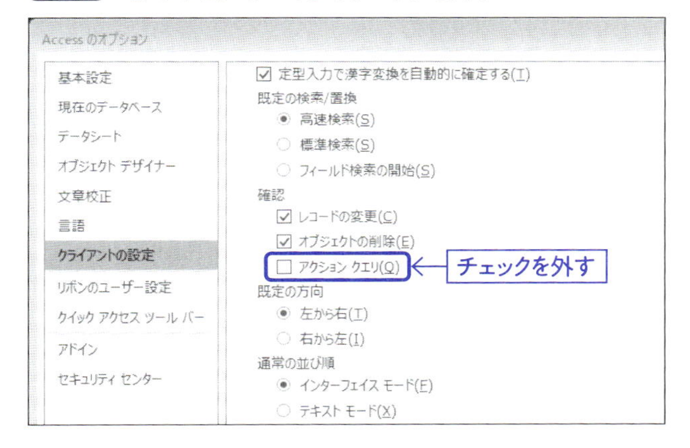

4-3 更新クエリ

データシートビューでデータ更新することも可能ですが、更新クエリを使うと、条件に一致するレコードを一括で更新できるので、変更対象のレコード件数が多い場合、大変便利です。

4-3-1 更新クエリで一括更新

システムの運用状態が長く継続すると、データの内容を変更する必要が生じることがあります。その場合、データを更新するためのクエリ、更新クエリを利用します。

ここでは、商品の価格が一斉に変更された場合に、更新クエリを利用してみます。商品のうちカテゴリーが「剣」であるものについて、一律に10%の値引きを行う価格改定に対する更新クエリを作成してみます(図13)。

図13 「10%」の一律値引き

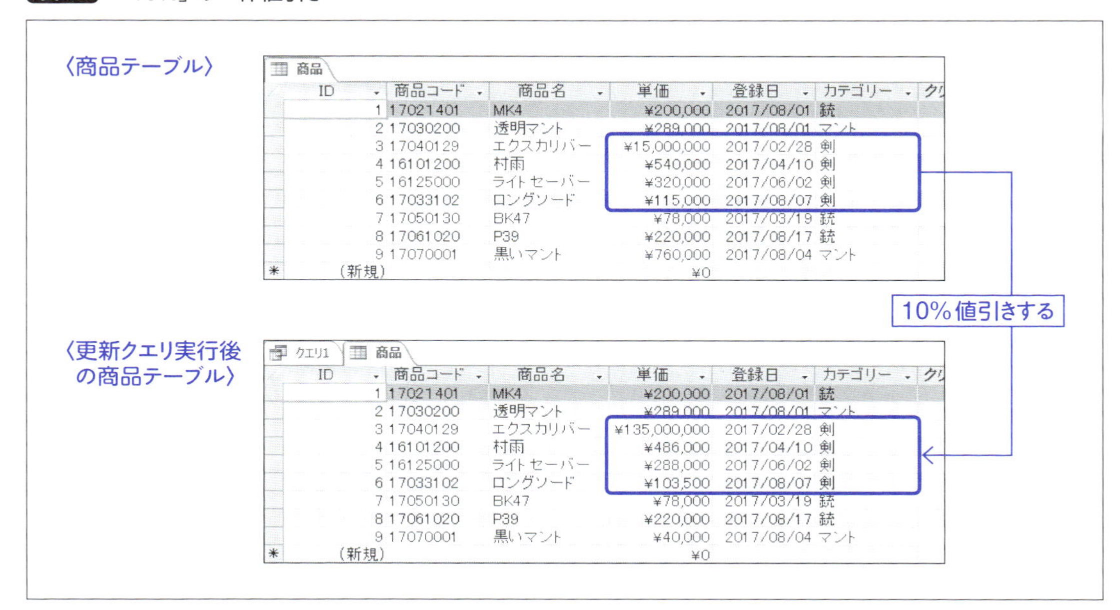

〈商品テーブル〉

商品

ID	商品コード	商品名	単価	登録日	カテゴリー	ク
1	17021401	MK4	¥200,000	2017/08/01	銃	
2	17030200	透明マント	¥289,000	2017/08/01	マント	
3	17040129	エクスカリバー	¥15,000,000	2017/02/28	剣	
4	16101200	村雨	¥540,000	2017/04/10	剣	
5	16125000	ライトセーバー	¥320,000	2017/06/02	剣	
6	17033102	ロングソード	¥115,000	2017/08/07	剣	
7	17050130	BK47	¥78,000	2017/03/19	銃	
8	17061020	P39	¥220,000	2017/08/17	銃	
9	17070001	黒いマント	¥760,000	2017/08/04	マント	
(新規)			¥0			

〈更新クエリ実行後の商品テーブル〉

クエリ1 商品

ID	商品コード	商品名	単価	登録日	カテゴリー	ク
1	17021401	MK4	¥200,000	2017/08/01	銃	
2	17030200	透明マント	¥289,000	2017/08/01	マント	
3	17040129	エクスカリバー	¥135,000,000	2017/02/28	剣	
4	16101200	村雨	¥486,000	2017/04/10	剣	
5	16125000	ライトセーバー	¥288,000	2017/06/02	剣	
6	17033102	ロングソード	¥103,500	2017/08/07	剣	
7	17050130	BK47	¥78,000	2017/03/19	銃	
8	17061020	P39	¥220,000	2017/08/17	銃	
9	17070001	黒いマント	¥40,000	2017/08/04	マント	
(新規)			¥0			

クエリを作成して、「商品」テーブルを追加し、図14のように3つのフィールドを追加します。

図14　フィールドを追加

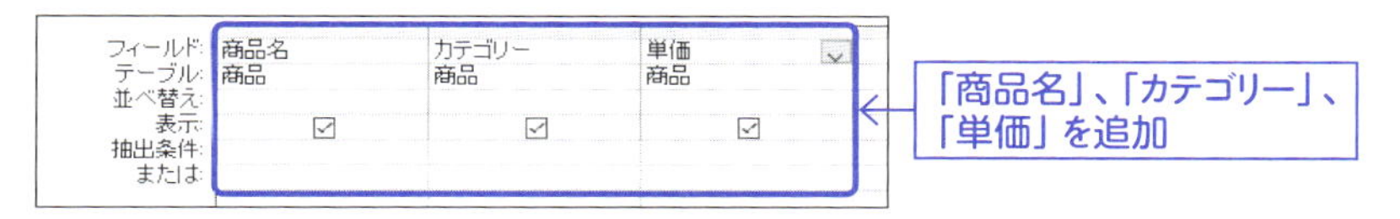

カテゴリーの抽出条件に「剣」と入力します（図15）。これは、剣の価格のみを改定したいためです。

図15　抽出条件を設定

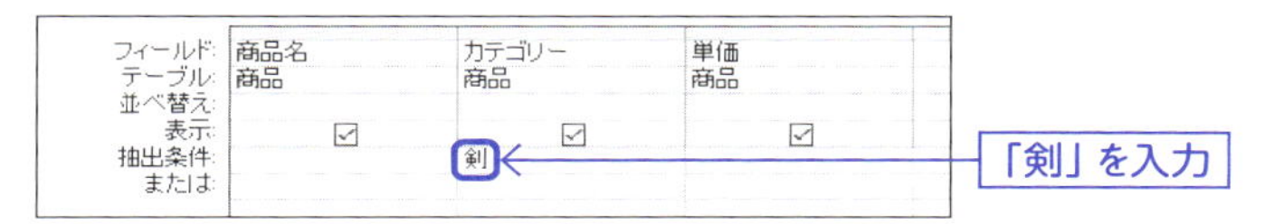

この状態で一度クエリを実行させてみます。まだ選択クエリの状態なので、更新は行われません。［実行］をクリックします（図16）。

図16　選択クエリを実行

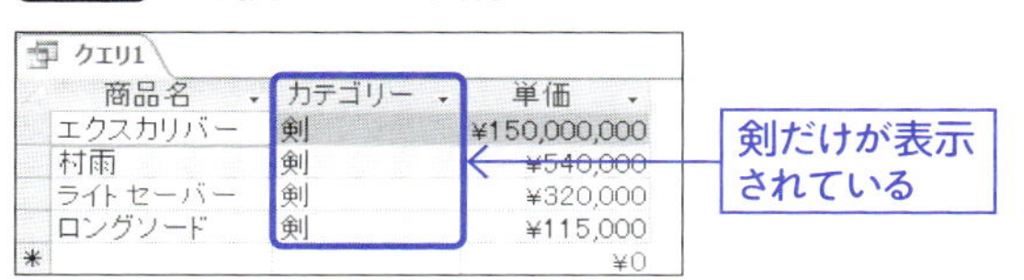

更新クエリを実行すると当然ですが、レコードのデータが更新されます。目的のデータが更新されるかどうかを選択クエリの状態で一度実行して結果を確認した上で更新クエリを実行した方が安心です。ここで表示されたレコードが更新の対象になります。

［表示］をクリックしてデザインビューに戻します（図17）。

図17　デザインビューに戻す

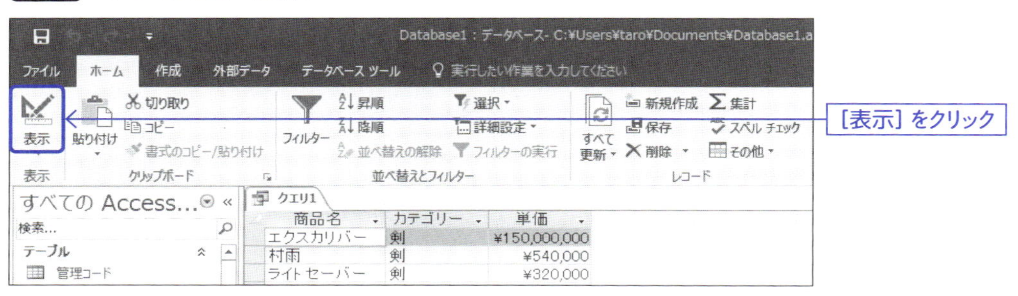

［更新］をクリックして、選択クエリを更新クエリに変更します（図18）。

図18 ［更新］をクリックする

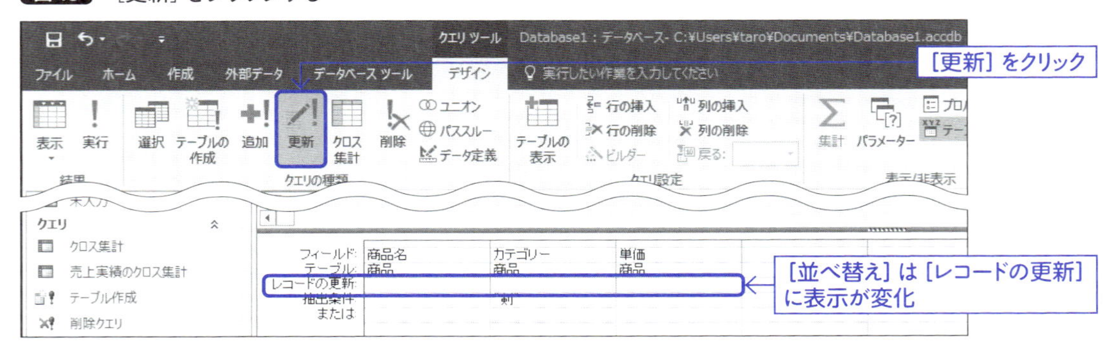

選択クエリでは、［並べ替え］であったものが［レコードの更新］に表示が変わります。［レコードの更新］の入力欄に、「[単価]*0.9」と入力します（図19）。

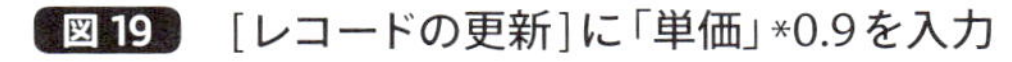
図19 ［レコードの更新］に「単価」*0.9を入力

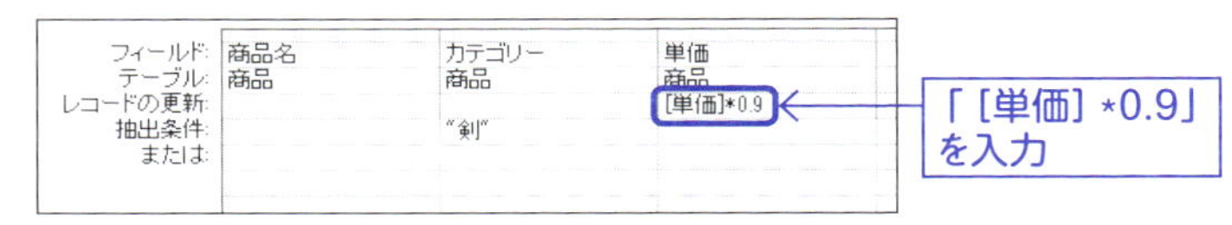

単価を[単価]のように角括弧で囲む必要があります。0.9を掛け算することで10%の値引きを計算しています。

［実行］をクリックします。レコードが更新されるとメッセージが表示されるので、［はい］をクリックします（図20）。

図20 更新クエリを実行

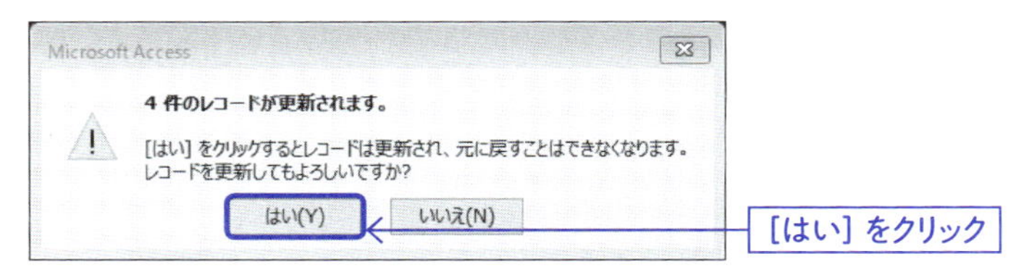

「商品」テーブルをダブルクリックして表示させます（図21）。

図21 更新されたかどうかを確認

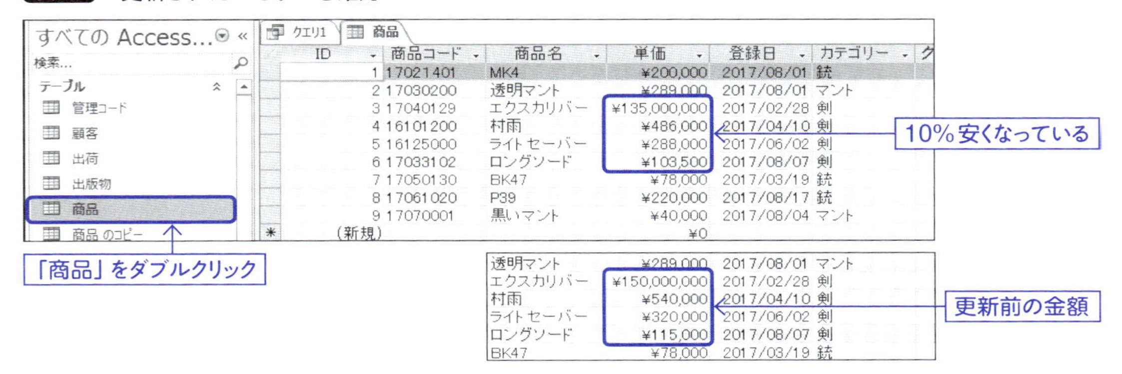

カテゴリーが剣である4つのレコードの単価が10%値引きされて、安くなっていることがわかります。更新クエリで一括更新することができました。

ここでは、抽出条件に「剣」を指定しているため、商品のうち剣だけが値引きされました。抽出条件を付けなければ、全商品を値引きの対象にすることができます。

4-3-2 ほかのテーブルの値で一括更新

一括更新できると、全レコードを対象にして一括で値の変更ができるので、運用面では便利なクエリであることがわかります。

ここでは、商品のカテゴリー別に値引き率を変更できるようにして、一括で商品の単価フィールドを更新する方法を解説します。カテゴリー別に値引き率を変更するために、図22のような値引き率テーブルを用意します。

図22 カテゴリー別に値引き率を変更して一括更新

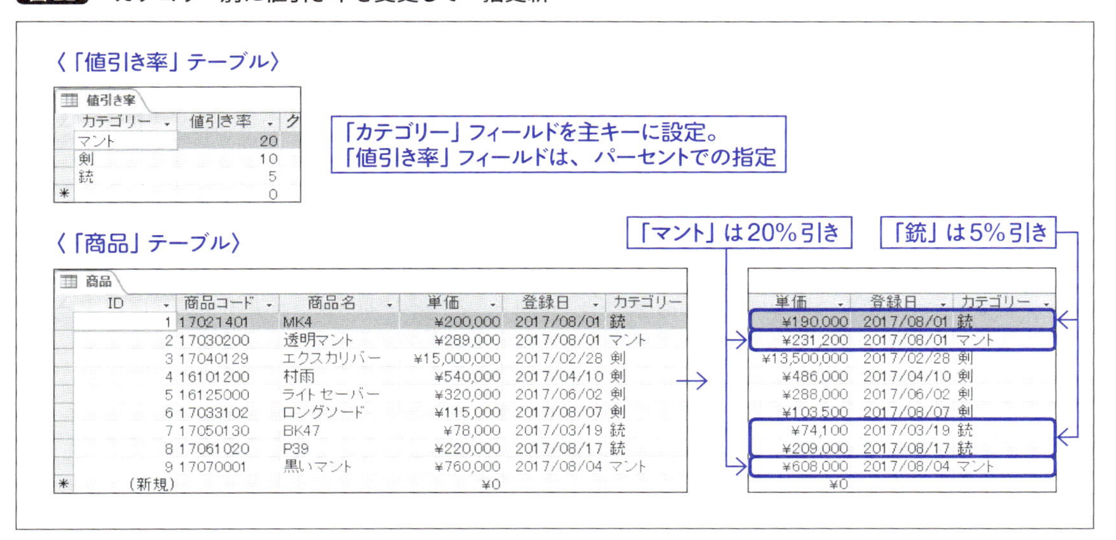

カテゴリー	値引き率
マント	20
剣	10
銃	5
*	0

ID	商品コード	商品名	単価	登録日	カテゴリー
1	17021401	MK4	¥200,000	2017/08/01	銃
2	17030200	透明マント	¥289,000	2017/08/01	マント
3	17040129	エクスカリバー	¥15,000,000	2017/02/28	剣
4	16101200	村雨	¥540,000	2017/04/10	剣
5	16125000	ライトセーバー	¥320,000	2017/06/02	剣
6	17033102	ロングソード	¥115,000	2017/08/07	剣
7	17050130	BK47	¥78,000	2017/03/19	銃
8	17061020	P39	¥220,000	2017/08/17	銃
9	17070001	黒いマント	¥760,000	2017/08/04	マント
*	(新規)		¥0		

単価	登録日	カテゴリー
¥190,000	2017/08/01	銃
¥231,200	2017/08/01	マント
¥13,500,000	2017/02/28	剣
¥486,000	2017/04/10	剣
¥288,000	2017/06/02	剣
¥103,500	2017/08/07	剣
¥74,100	2017/03/19	銃
¥209,000	2017/08/17	銃
¥608,000	2017/08/04	マント
¥0		

「商品」テーブルは、4-3-1の更新クエリで10%の値引きを行う前の状態に戻してあります。「商品」テーブルと「値引き率」テーブルを結合した選択クエリを作成し、更新クエリに変更して値引き処理できるクエリを作成します。

［作成］タブの［クエリデザイン］をクリックします（図23）。

図23 ［クエリデザイン］をクリック

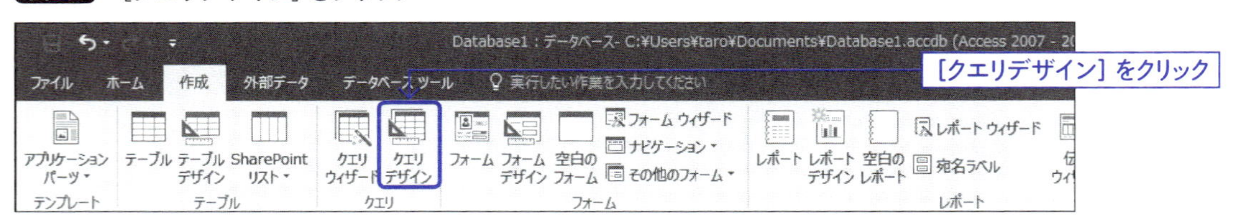

テーブルの表示から、商品を選択します。［追加］をクリックします（図24）。「商品」テーブルがクエリに追加されます。

図24 「商品」テーブルを追加

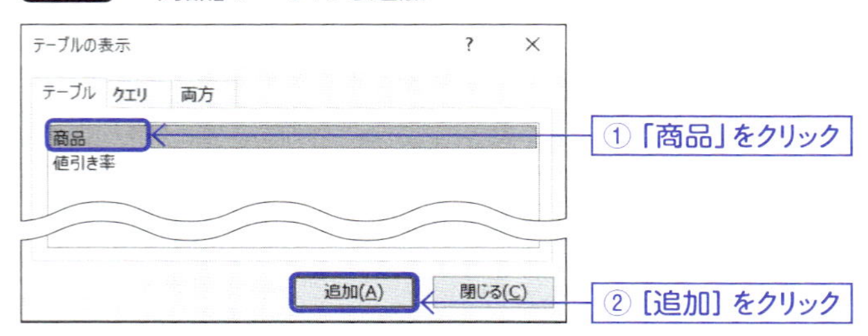

続けて、テーブルの表示から、「値引き率」を選択します。［追加］をクリックします。「値引き率」テーブルがクエリに追加されます。2つのテーブルを追加したら、［閉じる］をクリックします（図25）。

図25 「値引き率」テーブルを追加

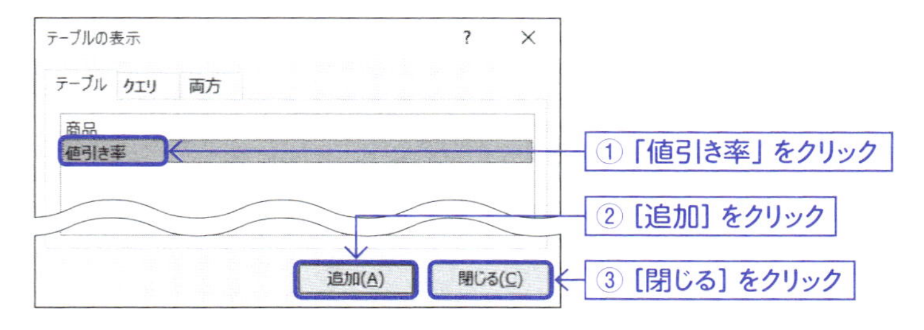

「商品」テーブルの「商品名」、「単価」、「カテゴリー」をそれぞれダブルクリックして、クエリに追加します（図26）。

図26 「商品名」、「単価」、「カテゴリー」フィールドをクエリに追加

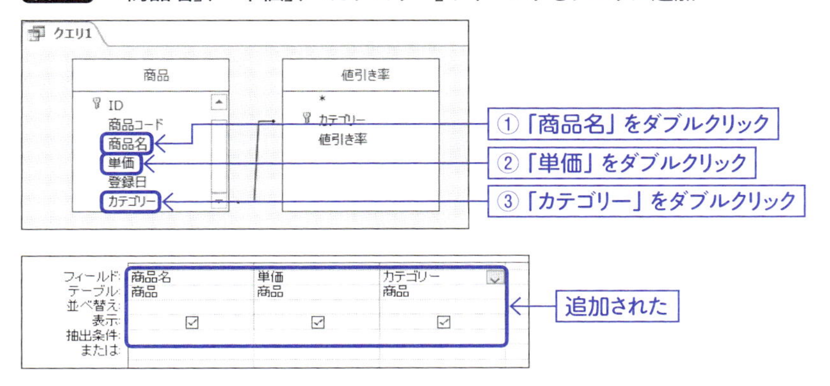

ここで、「商品」テーブルと「値引き率」テーブルの間に、結合の線が表示されていることに着目してください。これは、Accessが自動的に追加したものです。線が表示されていない場合、正しく更新クエリで値引き処理ができません。**2-10-1**（94ページ）を参照して、「カテゴリー」の間に結合の線を作成してください。

「値引き率」テーブルの「値引き率」をダブルクリックして、クエリに追加します（図27）。

図27 「値引き率」テーブルの「値引き率」フィールドをクエリに追加

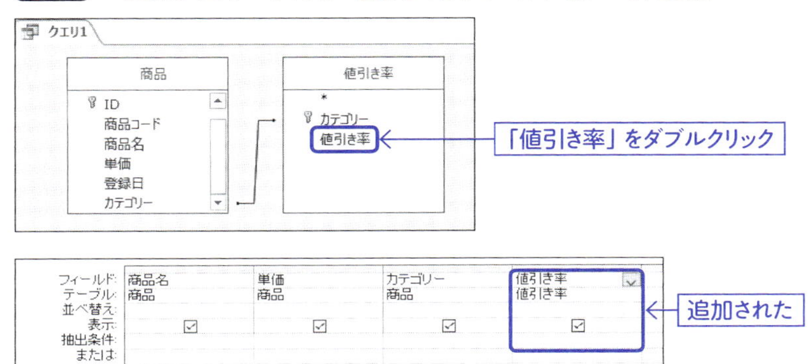

この状態で一度実行してみます。［実行］をクリックします。「カテゴリー」ごとに、「値引き率」が設定されていればOKです（図28）。

図28 クエリを実行

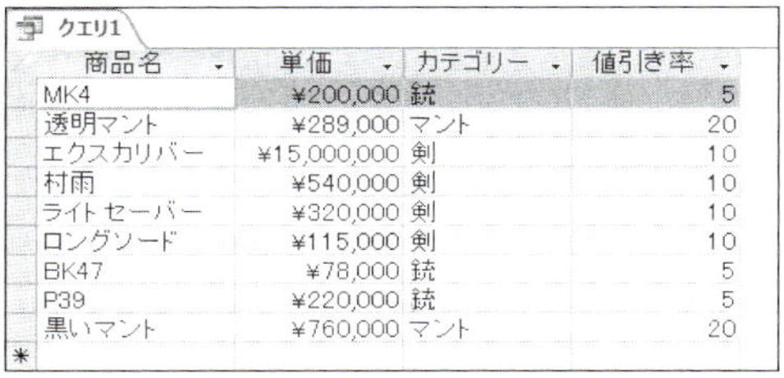

クエリ1

商品名	単価	カテゴリー	値引き率
MK4	¥200,000	銃	5
透明マント	¥289,000	マント	20
エクスカリバー	¥15,000,000	剣	10
村雨	¥540,000	剣	10
ライトセーバー	¥320,000	剣	10
ロングソード	¥115,000	剣	10
BK47	¥78,000	銃	5
P39	¥220,000	銃	5
黒いマント	¥760,000	マント	20
*			

［表示］をクリックして、デザインビューに戻します（図29）。

図29 デザインビューに戻る

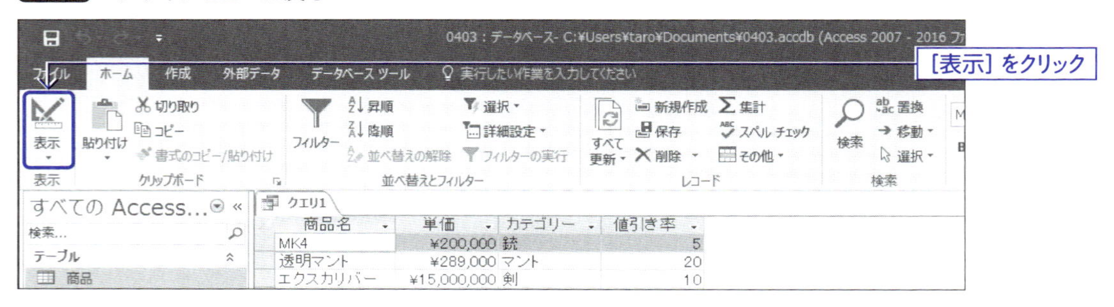

デザインビューに戻したら、［更新］をクリックします（図30）。

図30 ［更新］をクリック

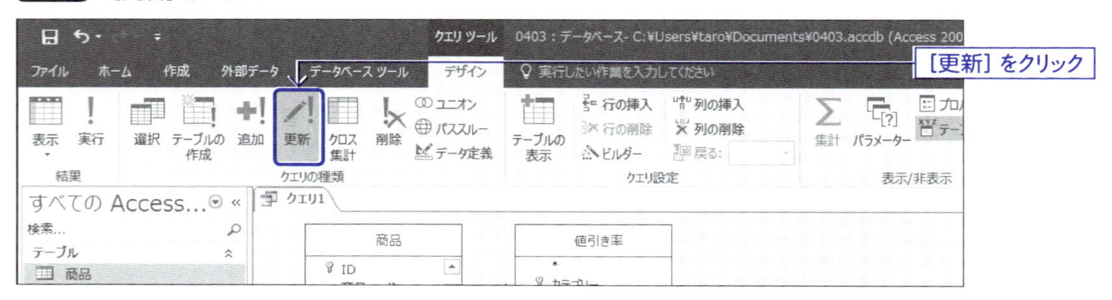

選択クエリが更新クエリに変更されます。

「単価」の［レコードの更新］の欄に、更新する値の式を入力します。式が長いのでビルダーを使用します。「単価」の［レコードの更新］の欄をクリックして、［ビルダー］をクリックします（図31）。

図31 ビルダーを起動

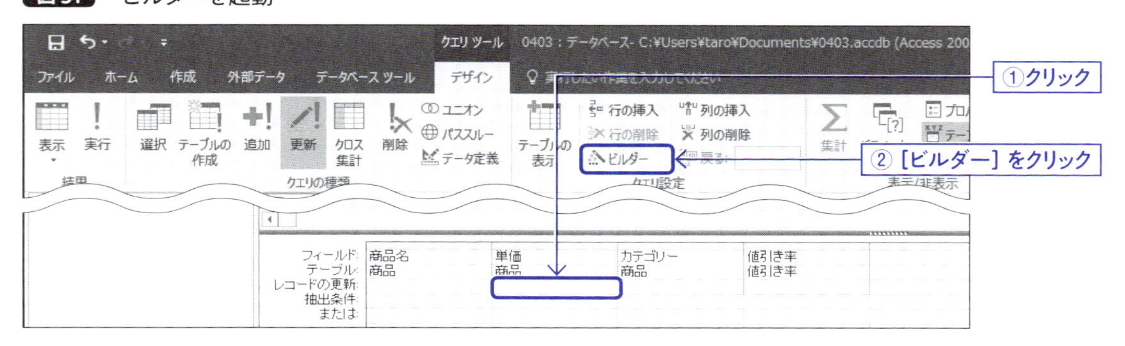

式ビルダーに次のように式を入力します。

[商品]![単価]-[商品]![単価]*([値引き率]![値引き率]/100)

入力できたら、[OK]をクリックします(図32)。

図32 式ビルダーに式を入力

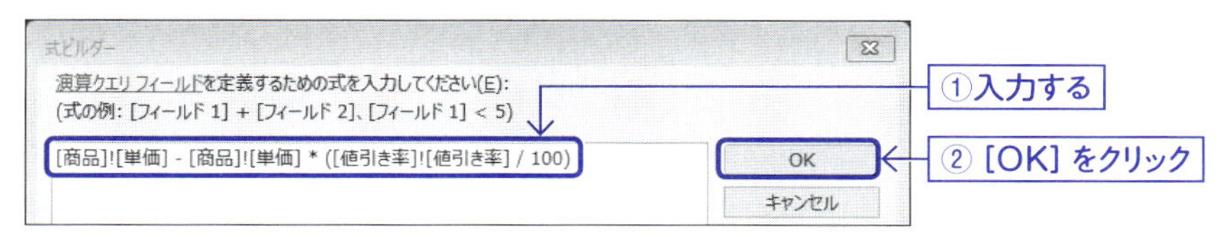

値引き率は、パーセントの数値であるため、「/100」しています。「[商品]![単価]*([値引き率]![値引き率]/100)」で値引きすべき値が計算できます。「[商品]![単価]」から値引き額を差し引いた値で一括更新します。

[実行]をクリックして、更新クエリを実行します。

更新レコード数の確認メッセージが表示されますので、[はい]をクリックします(図33)。

図33 更新クエリを実行

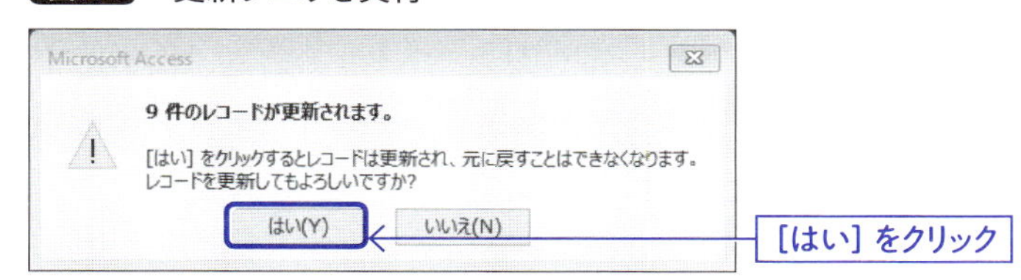

「商品」テーブルをデータシートビューで開いて、「値引き」がうまくいったかを確認します(図34, 図35)。最初の行は、「銃」なので、「200,000」から「190,000」と5%値引きされています。次の行は、「マント」なので、「289,000」から「231,200」と20%の値引きになりました。

図34 更新クエリ実行前

商品

ID	商品コード	商品名	単価	登録日	カテゴリー	ク
1	17021401	MK4	¥200,000	2017/08/01	銃	
2	17030200	透明マント	¥289,000	2017/08/01	マント	
3	17040129	エクスカリバー	¥15,000,000	2017/02/28	剣	
4	16101200	村雨	¥540,000	2017/04/10	剣	
5	16125000	ライトセーバー	¥320,000	2017/06/02	剣	
6	17033102	ロングソード	¥115,000	2017/08/07	剣	
7	17050130	BK47	¥78,000	2017/03/19	銃	
8	17061020	P39	¥220,000	2017/08/17	銃	
9	17070001	黒いマント	¥760,000	2017/08/04	マント	
(新規)			¥0			

図35 実行後

商品

ID	商品コード	商品名	単価	登録日	カテゴリー	ク
1	17021401	MK4	¥190,000	2017/08/01	銃	
2	17030200	透明マント	¥231,200	2017/08/01	マント	
3	17040129	エクスカリバー	¥13,500,000	2017/02/28	剣	
4	16101200	村雨	¥486,000	2017/04/10	剣	
5	16125000	ライトセーバー	¥288,000	2017/06/02	剣	
6	17033102	ロングソード	¥103,500	2017/08/07	剣	
7	17050130	BK47	¥74,100	2017/03/19	銃	
8	17061020	P39	¥209,000	2017/08/17	銃	
9	17070001	黒いマント	¥608,000	2017/08/04	マント	
(新規)			¥0			

削除クエリ

ログデータの中で古いデータを削除したり、商品が廃版となった場合にその商品に関するデータをすべて削除したり、という操作が行われることもあります。このようなケースでは、削除クエリを利用します。

4-4-1 削除クエリで一括削除

ここでは、商品テーブルのコピーを作成し、そのテーブルから登録日が2017/07/01以前であるレコードを一括で削除する削除クエリを作成します（図36）。

図36 削除クエリの例

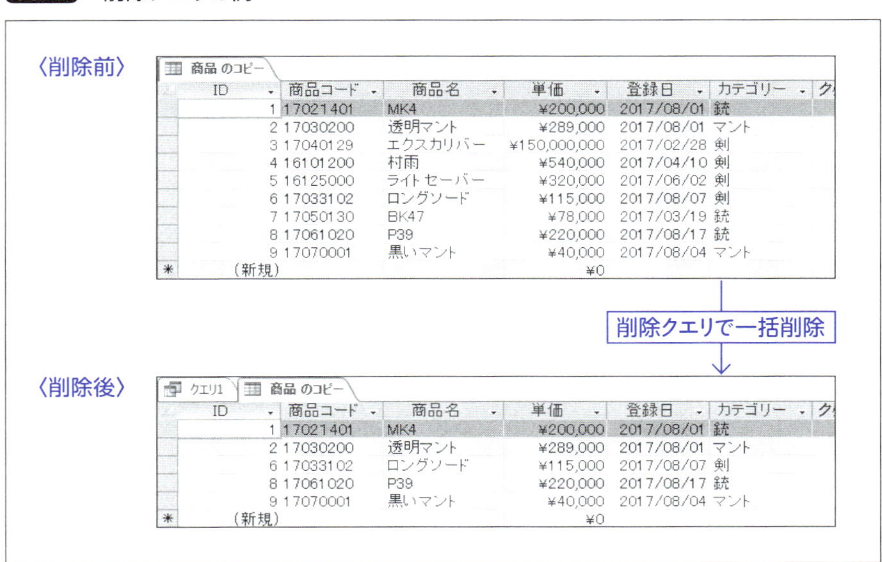

ID	商品コード	商品名	単価	登録日	カテゴリー
1	17021401	MK4	¥200,000	2017/08/01	銃
2	17030200	透明マント	¥289,000	2017/08/01	マント
3	17040129	エクスカリバー	¥150,000,000	2017/02/28	剣
4	16101200	村雨	¥540,000	2017/04/10	剣
5	16125000	ライトセーバー	¥320,000	2017/06/02	剣
6	17033102	ロングソード	¥115,000	2017/08/07	剣
7	17050130	BK47	¥78,000	2017/03/19	銃
8	17061020	P39	¥220,000	2017/08/17	銃
9	17070001	黒いマント	¥40,000	2017/08/04	マント
（新規）			¥0		

ID	商品コード	商品名	単価	登録日	カテゴリー
1	17021401	MK4	¥200,000	2017/08/01	銃
2	17030200	透明マント	¥289,000	2017/08/01	マント
6	17033102	ロングソード	¥115,000	2017/08/07	剣
8	17061020	P39	¥220,000	2017/08/17	銃
9	17070001	黒いマント	¥40,000	2017/08/04	マント
（新規）			¥0		

ナビゲーションウィンドウのテーブル以下にある「商品」をクリックして選択します。［ホーム］タブの［コピー］をクリックします。その横の［貼り付け］をクリックします（図37）。

図37 「商品」テーブルのコピーを作成

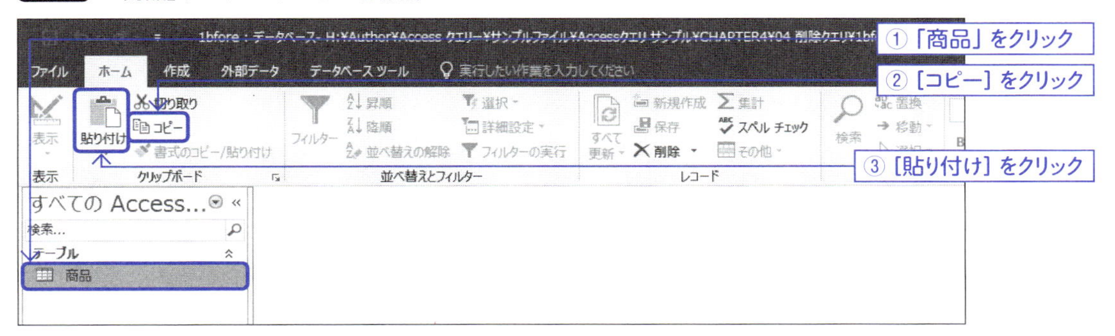

テーブル名を求めるウィンドウが表示されるので、そのまま［OK］をクリックします(図38)。この操作で、［商品 のコピー］テーブルが作成されます。

図38 商品 のコピーを作成

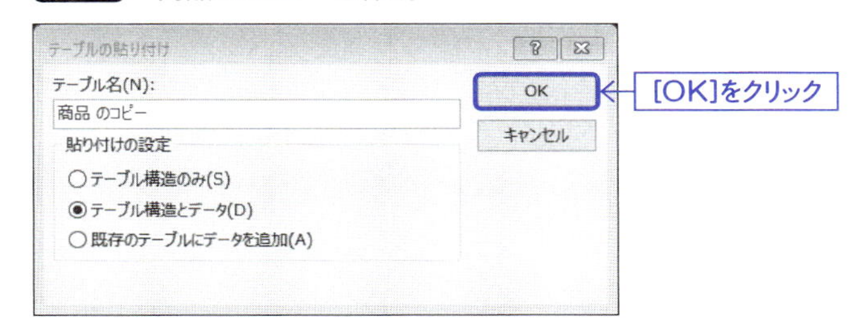

クエリを作成して、［商品 のコピー］テーブルを追加し、図39のように2つのフィールドを追加します。

図39 フィールドを追加

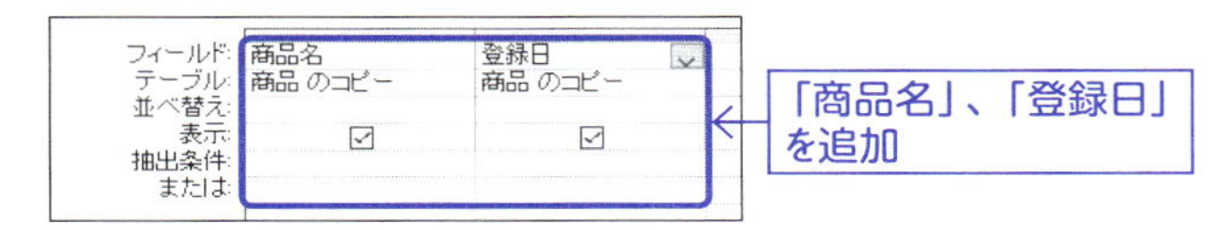

「登録日」の［抽出条件］に「<#2017/07/01#」と入力します(図40)。これは、登録日フィールドの値が2017/07/01より前の日付であるレコードのみを抽出する条件になります。

図40 抽出条件

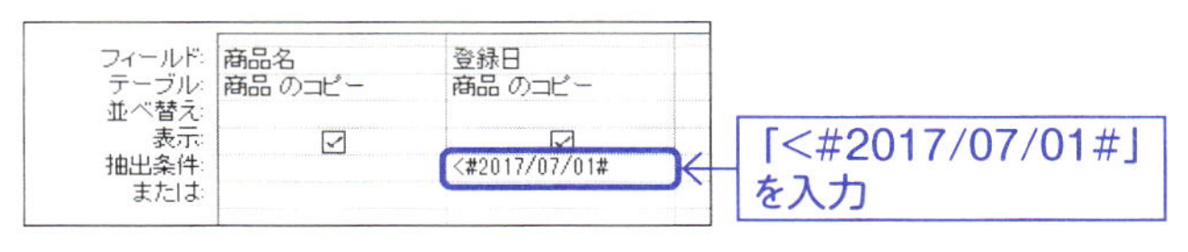

ここまでの状態で一度クエリを実行させてみます。まだ選択クエリの状態なので、削除は行われません。［実行］をクリックします(図41)。

図41 選択クエリを実行

削除クエリを実行すると当然ですが、レコードが削除されます。目的のデータが削除されるかどうかを選択クエリの状態で一度実行して結果を確認した上で削除を実行した方が安心です。

ここで表示されたレコードが削除の対象になります。

［表示］をクリックしてデザインビューに戻します（図42）。

図42 デザインビューに戻す

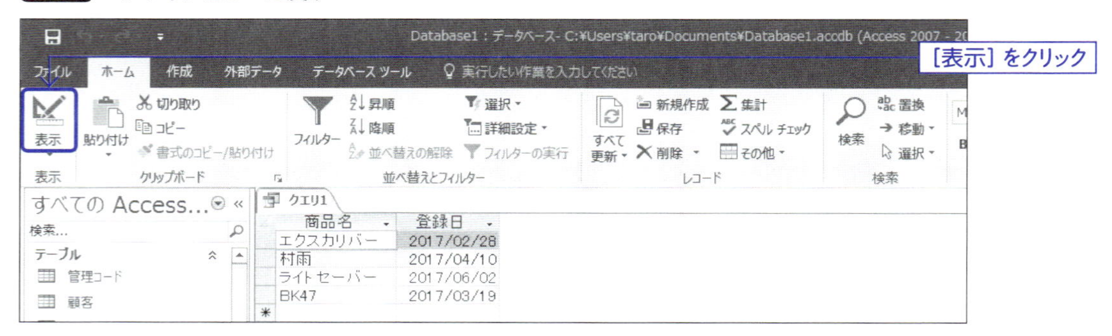

［削除］をクリックして、選択クエリを削除クエリに変更します（図43）。

図43 ［削除］をクリック

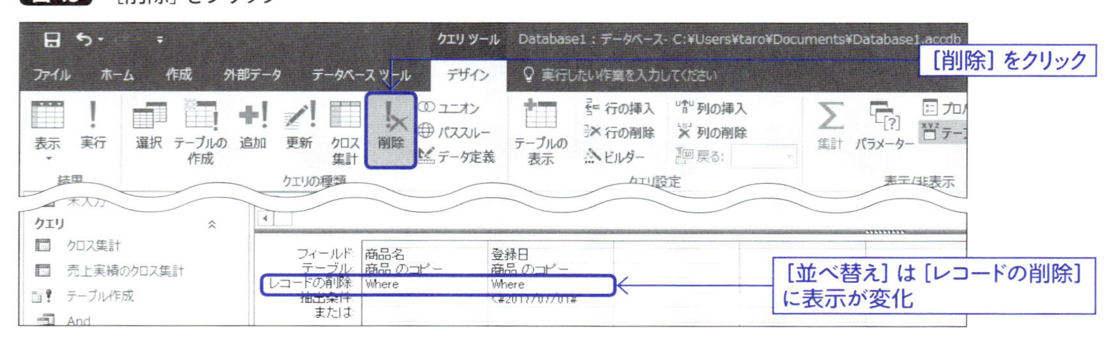

選択クエリでは、［並べ替え］であったものが［レコードの削除］に表示が変わります。これは、削除時にレコード削除を行う順番を指定できないからです。

［レコードの削除］では、選択肢が「Where」と「From」の2つが存在します。ここでは、「Where」のままにしておきます（「From」に切り替えても自動的に「Where」に戻ってしまいます）。

[実行]をクリックします。レコードが削除されるとメッセージが表示されるので、[はい]をクリックします(図44)。

図44 削除クエリを実行

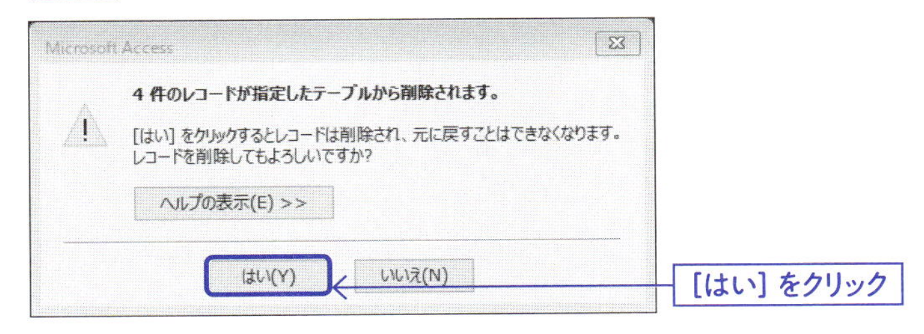

[商品 のコピー]テーブルをダブルクリックして表示させます。登録日が「2017/07/01」より前の4レコードが削除されました(図45)。

図45 削除されたかどうかを確認

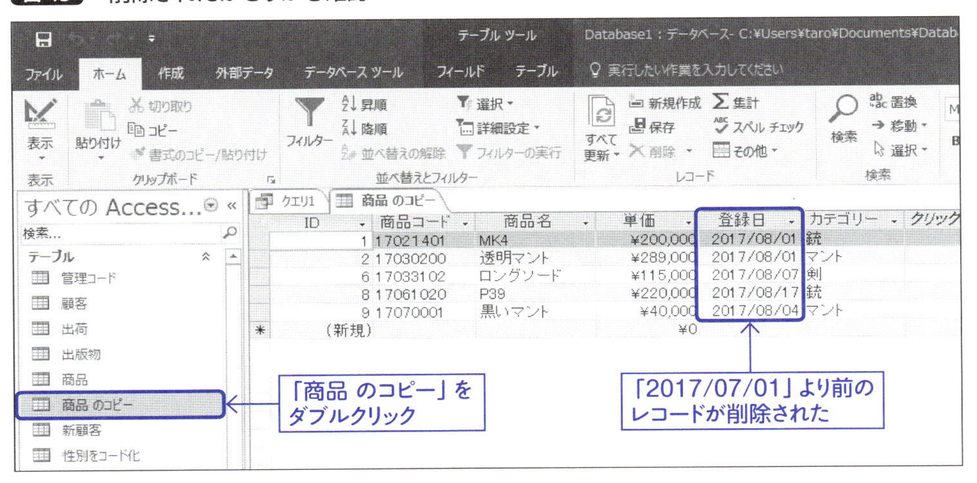

作成した削除クエリは、保存しておくことにより、繰り返し実行させることが可能です。繰り返し実行するような場合は保存しておくと便利でしょう。

4-4-2 削除クエリの注意点

削除クエリを行う上で注意すべき点を列挙します。

削除クエリを実行したあとは元に戻せない
削除できない場合がある
参照整合性により削除できない場合がある
レコードの削除のFrom

確認メッセージで[はい]をクリックして、削除クエリを実行したあとは、レコードを元に戻すことはできません。ExcelやWordのように、元に戻すことはできないので注意しましょう。

削除対象のテーブルをデザインビューで開いていたり、データシートビューを開いて編集作業中であったりすると、図46のメッセージが表示され削除できない場合があります。
この場合、デザインビュー、データシートビューでの編集作業を終了させてから、削除クエリを実行します。

図46 削除できない場合

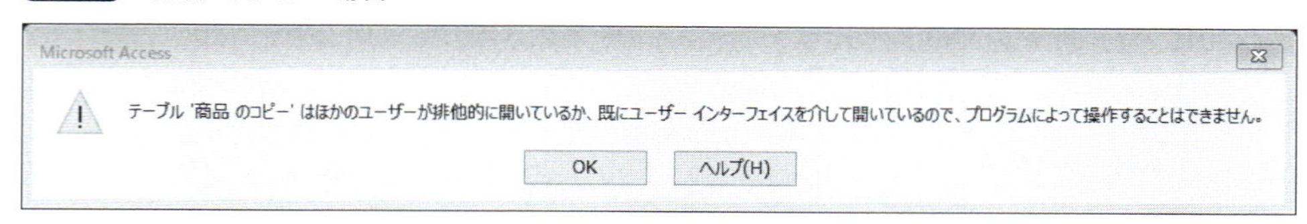

また、リレーションシップが設定されており、参照整合性に違反するようなレコード削除が含まれる場合、エラーとなり削除できない場合があります。
リレーションシップと参照整合性制約については、6-5(191ページ)で詳しく解説します。

なお、削除クエリに変更すると、[レコードの削除]の入力欄が表示されます。
選択肢が「Where」と「From」の2つが存在します。「From」は「商品のコピー.*」といったテーブルの全フィールドを指定した場合にのみ、選択可能であり、Accessが自動的に変更します。「From」となった入力欄には抽出条件を設定できません。

4-5 追加クエリ

既存テーブルのデータを残して、クエリの実行結果をレコード追加したい場合は、追加クエリを使用するとよいでしょう。

4-5-1 追加クエリでレコードのコピー

追加クエリでは、別々に入力されたデータを１つのテーブルのレコードとしてまとめるようなデータ操作が可能です。

ここでは、商品テーブルのレコードデータを除く定義だけをコピーして、複製を作成します。作成したテーブルに追加クエリで全レコードをコピーする方法を解説します（図47）。

図47 「空の商品」に全レコードをコピー

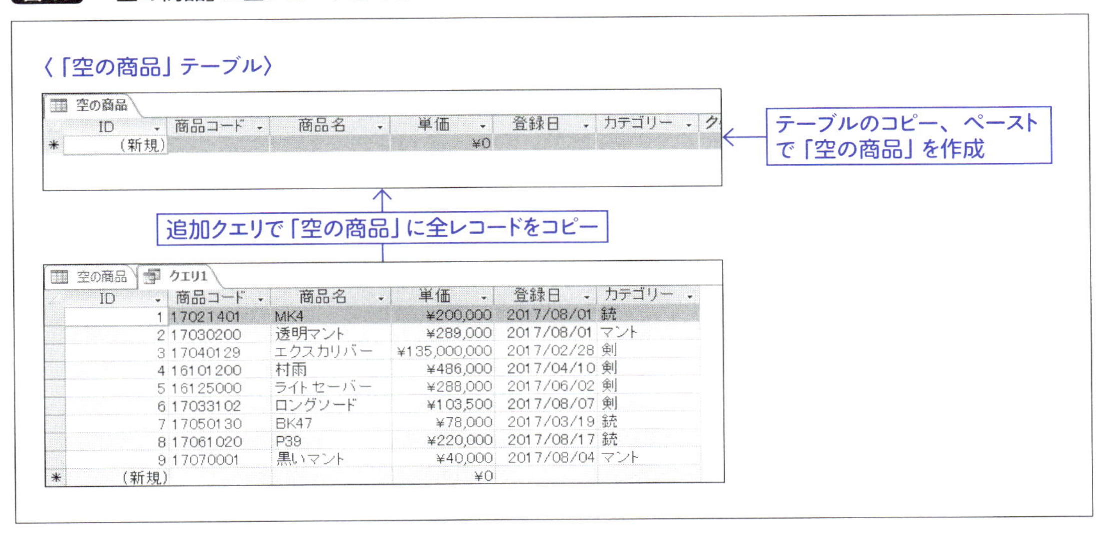

ID	商品コード	商品名	単価	登録日	カテゴリー
1	17021401	MK4	¥200,000	2017/08/01	銃
2	17030200	透明マント	¥289,000	2017/08/01	マント
3	17040129	エクスカリバー	¥135,000,000	2017/02/28	剣
4	16101200	村雨	¥486,000	2017/04/10	剣
5	16125000	ライトセーバー	¥288,000	2017/06/02	剣
6	17033102	ロングソード	¥103,500	2017/08/07	剣
7	17050130	BK47	¥78,000	2017/03/19	銃
8	17061020	P39	¥220,000	2017/08/17	銃
9	17070001	黒いマント	¥40,000	2017/08/04	マント
（新規）			¥0		

ナビゲーションウィンドウのテーブル以下にある「商品」をクリックして選択します。［ホーム］タブの［コピー］をクリックします。その横の［貼り付け］をクリックします（図48）。

図48 「商品」テーブルのコピーを作成

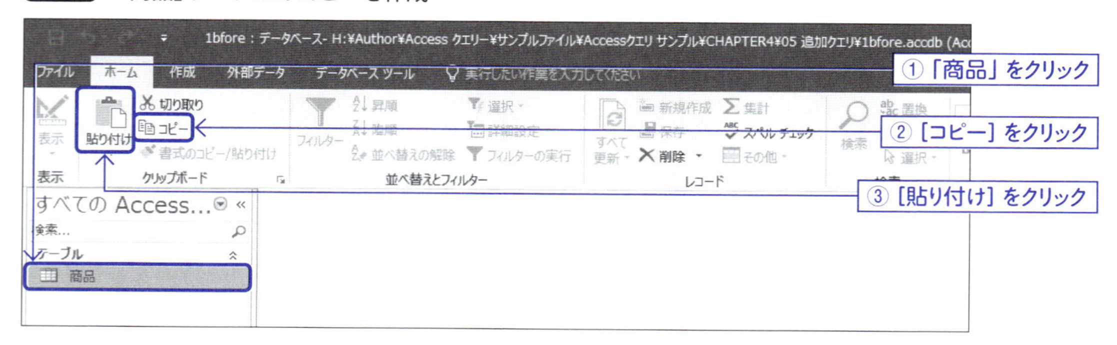

テーブル名を求めるウィンドウが表示されるので、「空の商品」にテーブル名を変更します。貼り付けの設定から「テーブル構造のみ」を選択します。［OK］をクリックします(図49)。この操作で、「空の商品」テーブルが作成されます。

図49 「空の商品」を作成

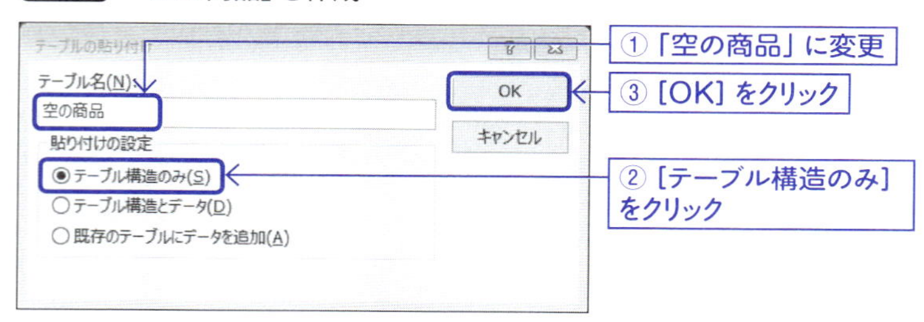

「空の商品」テーブルをダブルクリックして表示させます(図50)。

図50 作成できたかどうかを確認

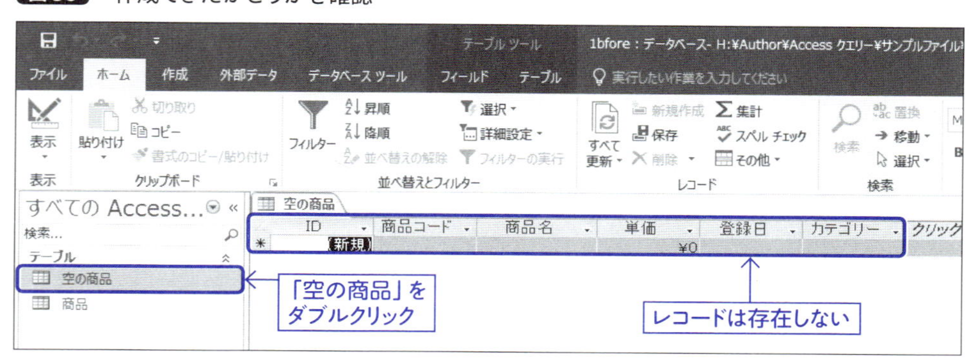

追加先のテーブルができたので、追加クエリを作成していきます。

クエリを作成して、「商品」テーブルを追加してください。**図51**のように「商品」テーブルの[*]をダブルクリックして「商品.*」のフィールドを追加します。

図 51　フィールドを追加

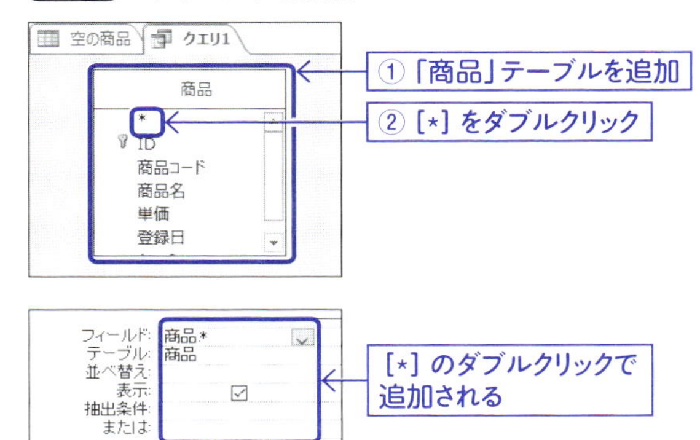

「*」は、商品テーブル内のすべてのフィールドを意味します。これで、商品テーブルのすべてのフィールドを抽出する選択クエリになります。

ここまでの状態で一度クエリを実行させてみます。まだ選択クエリの状態なので、追加は行われません。[実行]をクリックします(**図52**)。

図 52　選択クエリを実行

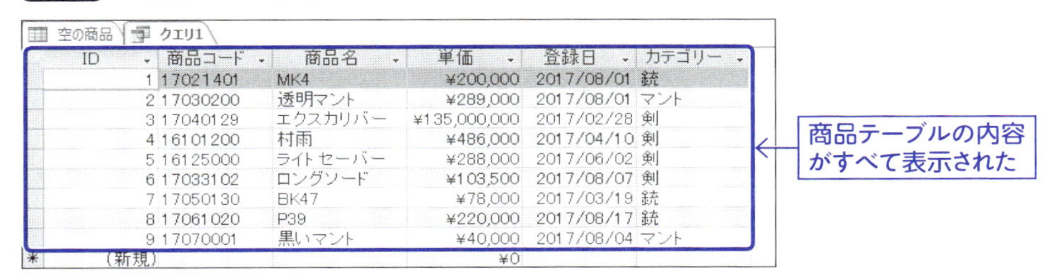

ID	商品コード	商品名	単価	登録日	カテゴリー
1	17021401	MK4	¥200,000	2017/08/01	銃
2	17030200	透明マント	¥289,000	2017/08/01	マント
3	17040129	エクスカリバー	¥135,000,000	2017/02/28	剣
4	16101200	村雨	¥486,000	2017/04/10	剣
5	16125000	ライトセーバー	¥288,000	2017/06/02	剣
6	17033102	ロングソード	¥103,500	2017/08/07	剣
7	17050130	BK47	¥78,000	2017/03/19	銃
8	17061020	P39	¥220,000	2017/08/17	銃
9	17070001	黒いマント	¥40,000	2017/08/04	マント
(新規)			¥0		

[表示]をクリックしてデザインビューに戻します(**図53**)。

図 53　デザインビューに戻す

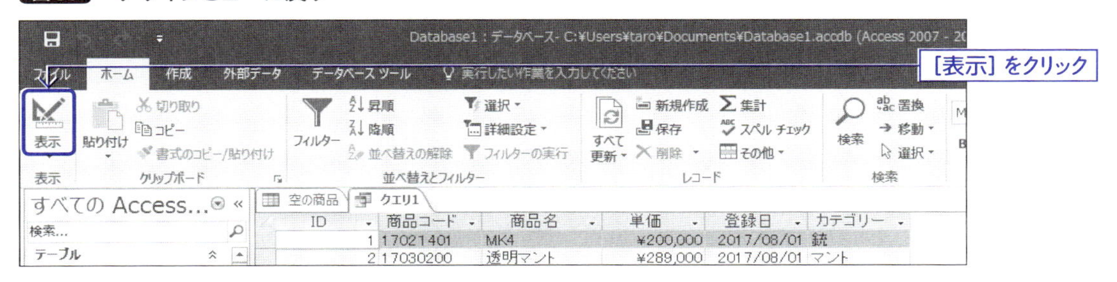

［追加］をクリックして、選択クエリを追加クエリに変更します（図54）。

図54 ［追加］をクリック

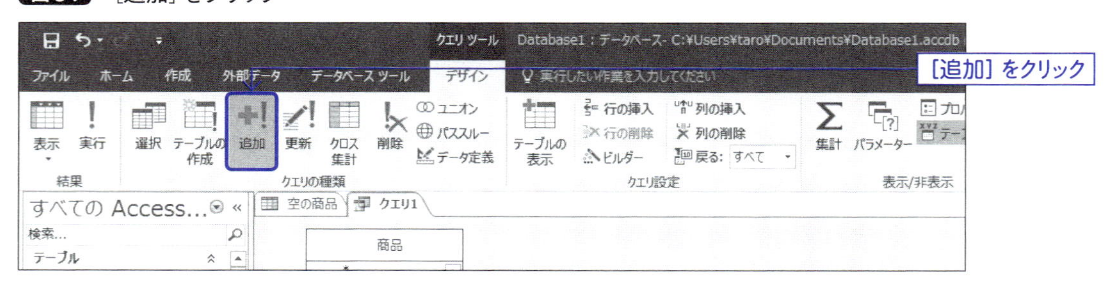

追加先となるテーブルを指定するウィンドウが表示されます。「空の商品」を選択し、［OK］をクリックします（図55）。

図55 レコードを追加する先のテーブル名を入力

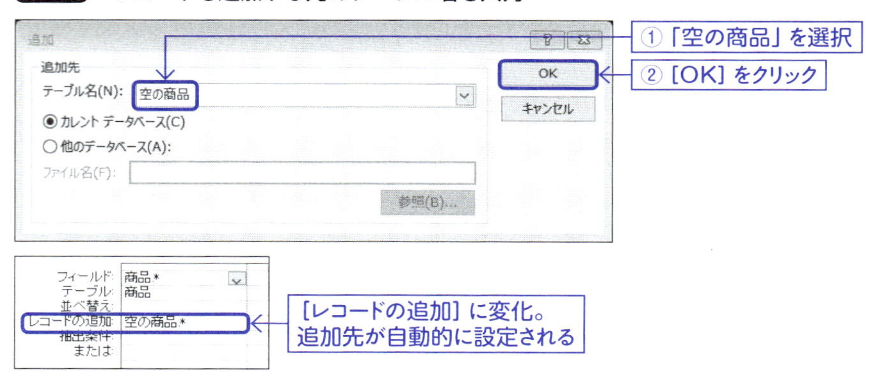

［実行］をクリックします。レコードが追加されるとメッセージが表示されますので、［はい］をクリックします（図56）。

図56 クエリを実行

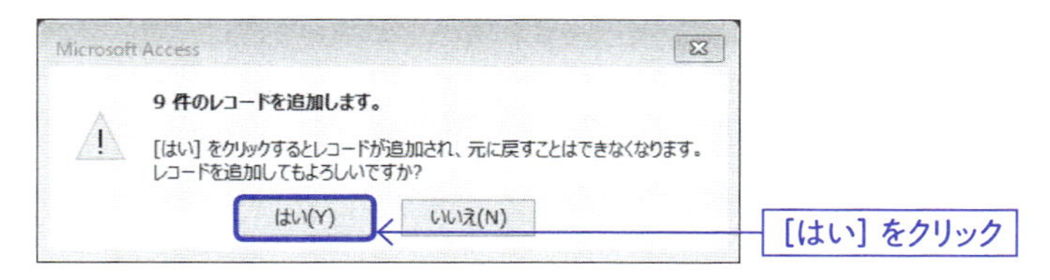

選択クエリでは、実行後デザインビューで表示されますが、アクションクエリはデザインビューのままとなります。

確認メッセージが表示されるので[はい]をクリックすると、追加クエリが実行され、「空の商品」テーブルにレコードが追加されます。

図50の手順で開いているはずなので、「空の商品」タブをクリックして表示させます。切り替え直後はレコードが入っていないように見えますが、これは表示上です。[すべて更新]をクリックして表示を更新します(図57)。

図57 追加先の「空の商品」テーブルを確認

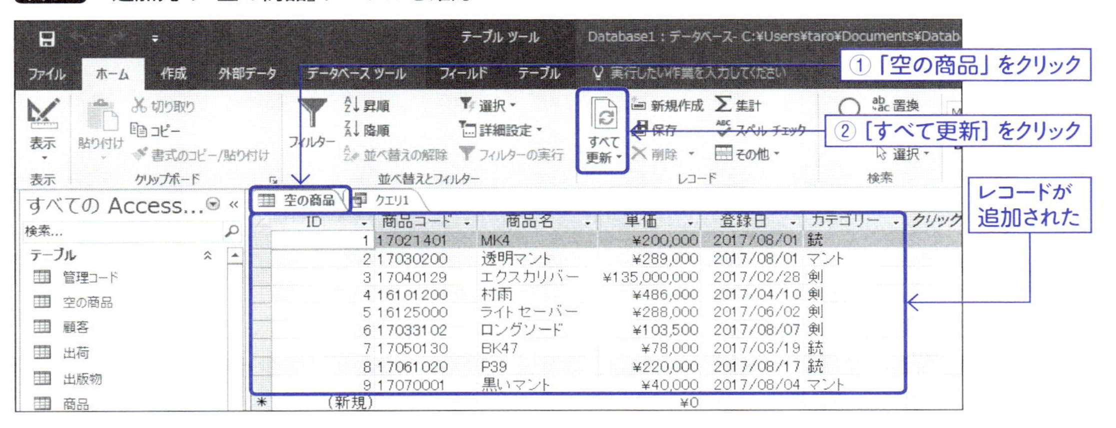

4-5-2 追加クエリの抽出条件

ここでは、商品テーブルの全レコードを「空の商品」テーブルにコピーしました。追加クエリに抽出条件を付ければ、テーブルの一部のレコードだけをコピーすることも可能です。

追加クエリでは、追加先のテーブルと抽出するフィールドが一致している必要があります。*に対して抽出条件を付けることはできませんので、抽出条件を付ける場合、図58のようにすべてのフィールドを列挙するようにします。

図58 全フィールドを挙げる

フィールド:	ID	商品コード	商品名	単価	登録日	カテゴリー
テーブル:	商品	商品	商品	商品	商品	商品
並べ替え:						
レコードの追加:	ID	商品コード	商品名	単価	登録日	カテゴリー
抽出条件:						"剣"
または:						

全フィールドを列挙する

[抽出条件:]の「カテゴリー」が「剣」

4-5-3 オートナンバー型は自動採番

「商品」テーブルの「ID」フィールドは、オートナンバー型であり主キーに設定されています。従って、重複値が許可されません。

ここで作成した追加クエリを連続して複数回実行することはできません。2回目に実行するとキーの重複エラーが発生するからです。

追加クエリから「ID」フィールドを取り除くと、「ID」フィールドが自動採番されるようになるので、複数回の実行が可能になります(図59)。

図59 「ID」フィールドを削除

フィールド:	商品コード	商品名	単価	登録日	カテゴリー
テーブル:	商品	商品	商品	商品	商品
並べ替え:					
レコードの追加:	商品コード	商品名	単価	登録日	カテゴリー
抽出条件:					"剣"
または:					

「ID」フィールドを削除する

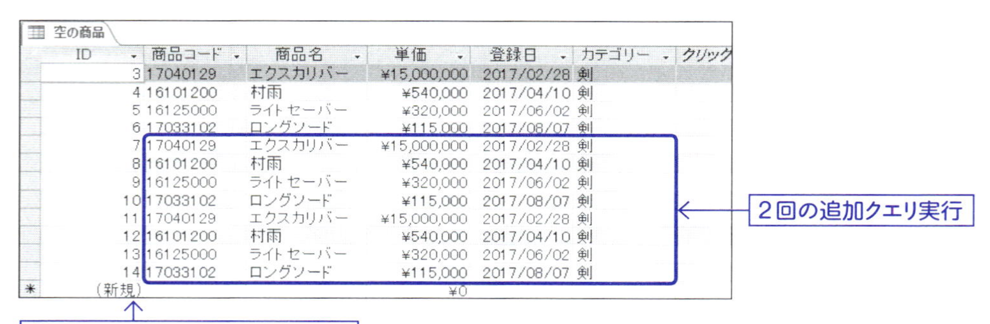
空の商品

ID	商品コード	商品名	単価	登録日	カテゴリー	クリック
3	17040129	エクスカリバー	¥15,000,000	2017/02/28	剣	
4	16101200	村雨	¥540,000	2017/04/10	剣	
5	16125000	ライトセーバー	¥320,000	2017/06/02	剣	
6	17033102	ロングソード	¥115,000	2017/08/07	剣	
7	17040129	エクスカリバー	¥15,000,000	2017/02/28	剣	
8	16101200	村雨	¥540,000	2017/04/10	剣	
9	16125000	ライトセーバー	¥320,000	2017/06/02	剣	
10	17033102	ロングソード	¥115,000	2017/08/07	剣	
11	17040129	エクスカリバー	¥15,000,000	2017/02/28	剣	
12	16101200	村雨	¥540,000	2017/04/10	剣	
13	16125000	ライトセーバー	¥320,000	2017/06/02	剣	
14	17033102	ロングソード	¥115,000	2017/08/07	剣	
(新規)			¥0			

「ID」フィールドは自動採番される

SQLビュー

SQLビュー

リレーショナルデータベースは、SQLというデータベース操作用言語でデータの追加、削除、更新を行うことが可能です。 AccessもSQLを使ってデータの操作を行うことが可能です。

5-1-1 SQLビューへの切り替え

SQL(エスキューエル)は、データベースを操作するための、命令です。データベースにもいくつかの種類がありますが、SQLはその中でリレーショナルデータベースを操作する命令になります。Accessはリレーショナルデータベースのひとつなので、SQLを利用することが可能です。

SQLはISO(国際標準化機構)が標準を定めています。Accessで利用できるSQLもこの標準に準拠しています。SQL ServerやOracleといった本格的なデータベースサーバと呼ばれるリレーショナルデータベースでもSQLを使ってデータベースを操作することが可能です。つまり、AccessでSQLを習得すれば、本格的なデータベースサーバの操作にも応用ができる、ということになります。

SQL命令は、一種のプログラミング言語であるため、すべて半角英数字で命令を記述します。Accessでは、デザインビューやクエリウィザードにより、SQLを知らなくてもGUIで命令を組み立てられるようになっています。しかしデザインビューで作成したクエリは、実際にはSQL命令になってデータベースエンジン部分に送り込まれます。

SQL命令を入力するには、クエリのビューをSQLビューに切り替えます(図1)。

最初にデザインビューからSQLビューに切り替えて表示する方法について解説します。

図1 ビューの切り替え

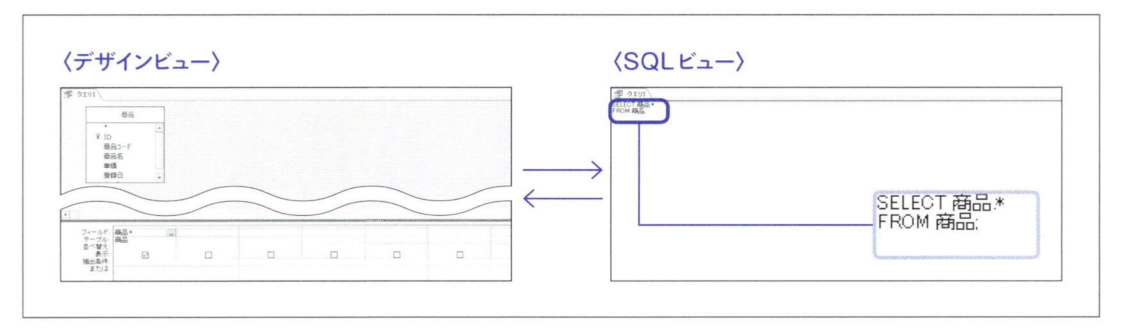

デザインビューを使用してクエリを作成し、それからSQLビューで表示してみましょう。

クエリを作成し、「商品」テーブルを追加し、図2のように「商品.*」のフィールドを追加します。

図2 フィールドを追加

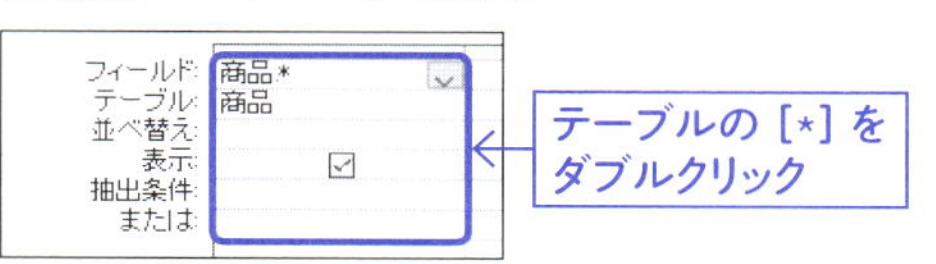

［表示］の下部分をクリックして、メニューを表示させます。メニューの中から「SQLビュー」をクリックします（図3）。

図3 ［表示］の［SQLビュー］をクリック

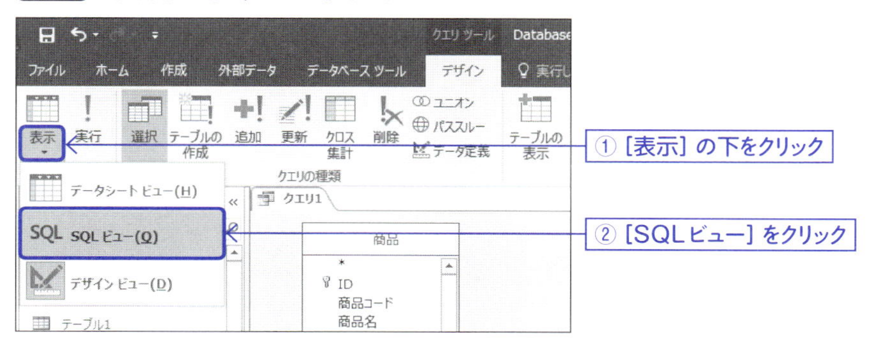

クエリがSQLビューに切り替わって表示されます（図4）。

図4 SQLビューに切り替わる

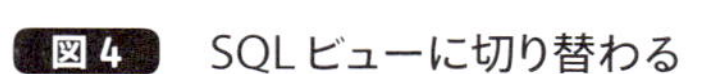

「SELECT 商品.* FROM 商品;」がSQL命令です。SQLビューでは、クエリの内容がSQL命令で表示されます。

SQLビューはテキストエディタのようになっているので、SQL命令を自由に編集することが可能です。しかし、文法違反となるような修正を加えてしまうと、ビューの切り替えができなくなってしまいます。

ここでは、何も変更しないで、データシートビューに切り替えます。データシートビューに切り替えるには、デザインビューと同様に［実行］をクリックします（図5）。

図5　実行

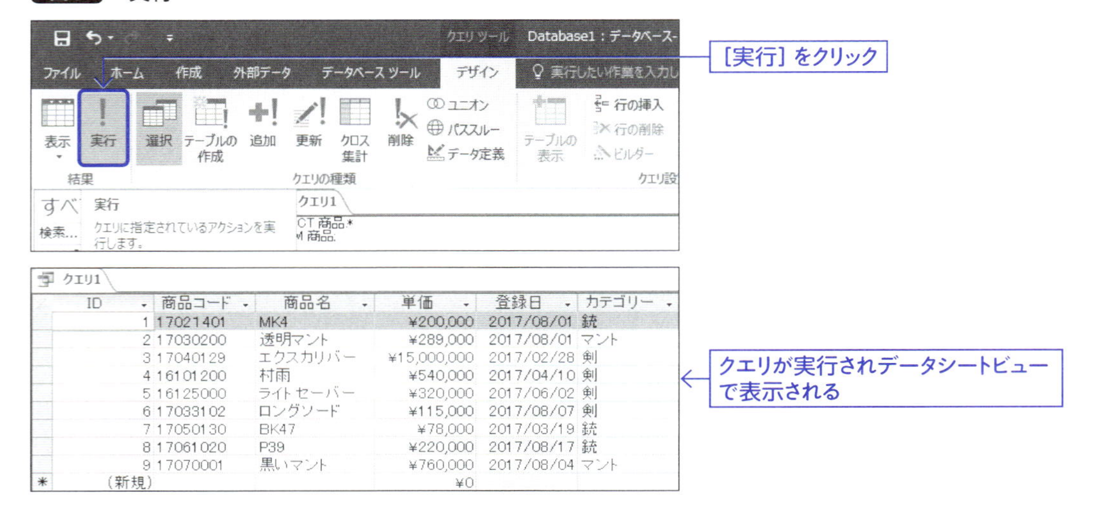

[表示]をクリックしてデザインビューに戻します(図6)。

図6　デザインビューに戻す

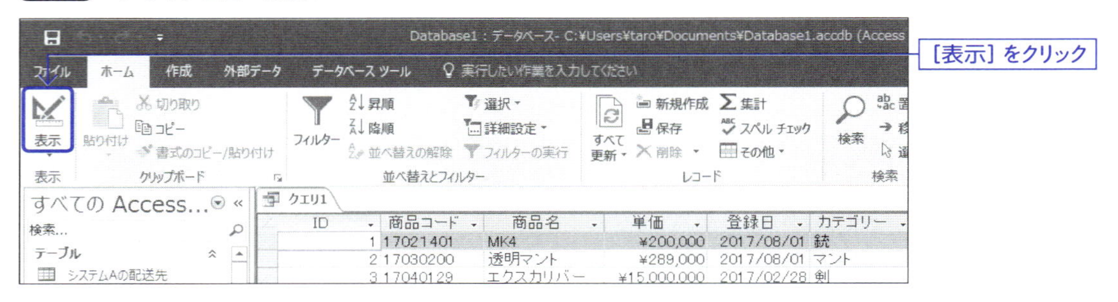

[表示]をクリックすることでデザインビューに戻ります。[表示]のメニューから「SQLビュー」をクリックすれば、SQLビューになります。

5-1-2 ビューの切り替え

ここで解説したように、クエリをどう見るかの指定が「ビューの切り替え」になります。デザインビューでは、クエリの定義をGUIで表示します。SQLビューではSQL命令で表示します。どちらのビューで見てもクエリの内容は変化しません。

一方のビューでクエリを変更したら、その変更はもう一方のビューにも反映されます。常に同じ定義のクエリの見方が変わって表示されます。

クエリを実行すると、データベースへの問い合わせが行われ、データシートビューで表示されます。

デザインビューとSQLビューは同じクエリを見ているに過ぎないので、どちらのビューからクエリを実行しても同じ結果となります（図7）。

図7 各ビューの関係

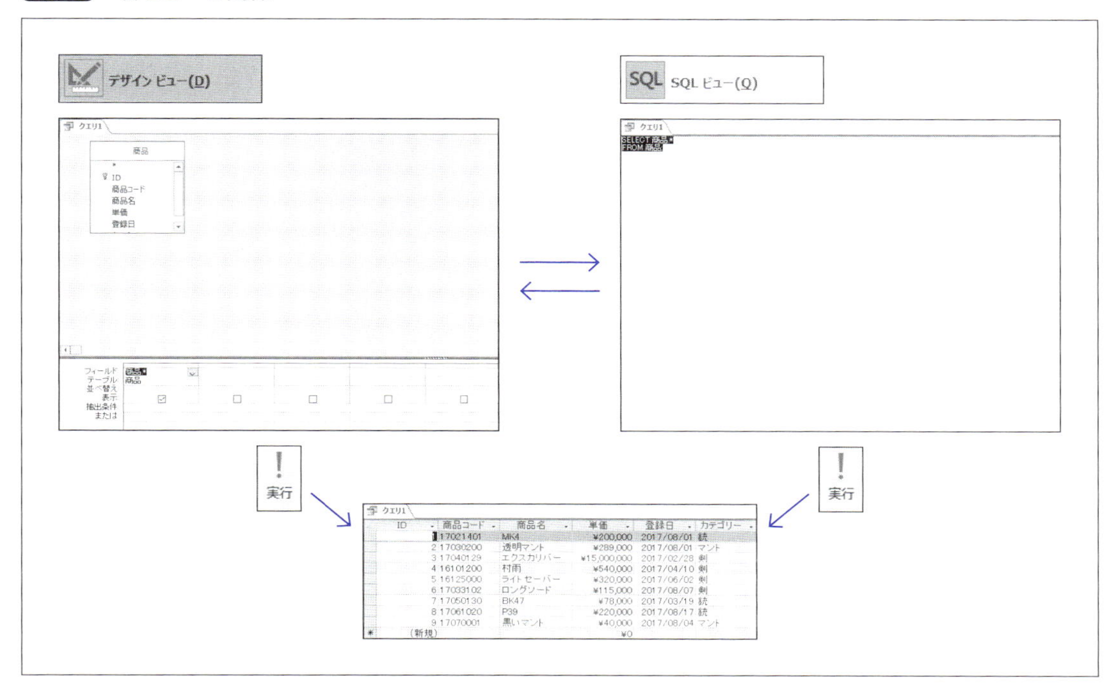

SQLビューでSQL命令を入力して、デザインビューに切り替えると、SQL命令が自動的に変換され整形されることがあります。整形は次のように行われます。

フィールド名が、角括弧で囲まれる
条件式が、括弧で囲まれる
改行が挿入される

このような、自動整形機能があるため、SQLビューで入力したとおりに戻らない場合がありますが、異常ではありません。

SELECT命令

選択クエリをSQLビューで表示すると、先頭にSELECTと表示されます。選択クエリは、SQLでいうと、「SELECT命令」になります。

5-2-1 SELECT命令の構文

SQLでは、選択クエリをSELECT命令を使って記述します。

選択クエリでは、抽出元となるテーブルと抽出するフィールドの指定が必要でした。

フィールドの指定は、SELECTの後ろに続けて指定されます。テーブルの指定は、FROMに続けて指定されています。SQLではひとつの命令を句と呼ばれる単位に分割しています。フィールドの指定は、SELECT句、テーブルの指定はFROM句で行われます。

また、SQL命令は、;(セミコロン)で1つの命令になります。AccessのSQLビューでは1つのSQL命令しか記述できませんので、命令の最後は必ず、セミコロンになります。

デザインビューでは、[抽出条件]に式を記述することで、実行結果に含めたいレコードの条件を指定することが可能でした。

SQLビューでは、WHERE句をSELECT命令に追加することで、条件付けをすることが可能です。

構文 SELECT命令

```
SELECT フィールド名 FROM テーブル名 WHERE 条件 ;
```

5-2-2 SELECT命令を作成

ここでは、SQLビューでSELECT命令による選択クエリを作成する方法について解説します。

直接SQLビューからクエリを作成する方法がないので、[作成]の[クエリデザイン]をクリックしてクエリを作成します。テーブルを追加せず、テーブルの表示を終了させます(**図8**)。

図8 クエリを作成

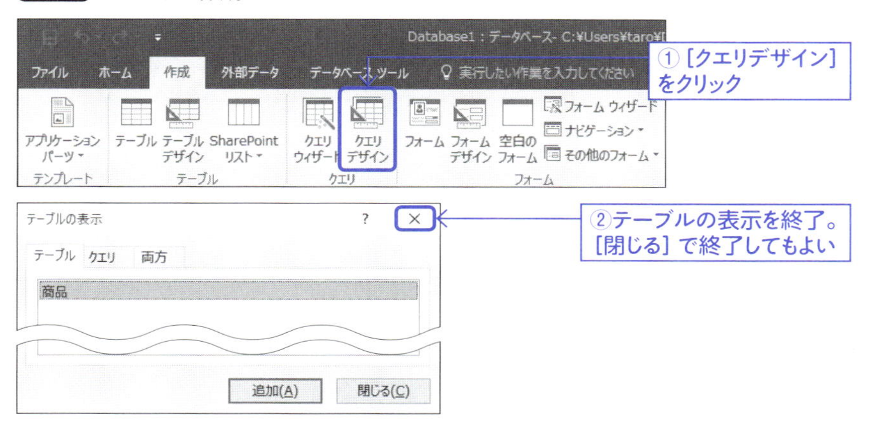

［表示］をクリックしてSQLビューに切り替えます（図9）。

図9 ［表示］をクリックしてSQLビューに切り替え

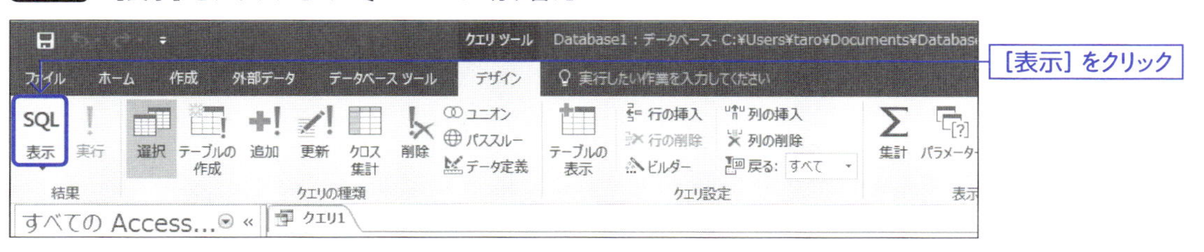

テーブルが追加されていない状態の場合、［表示］のデフォルトが「SQLビュー」になります。

クエリがSQLビューに切り替わって表示されます。「SELECT;」とだけ書かれたSQLビューが表示されています。反転しているので選択状態になっています。

SELECTの行の下部分をクリックして入力可能状態にします（図10）。

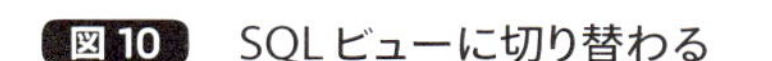
図10 SQLビューに切り替わる

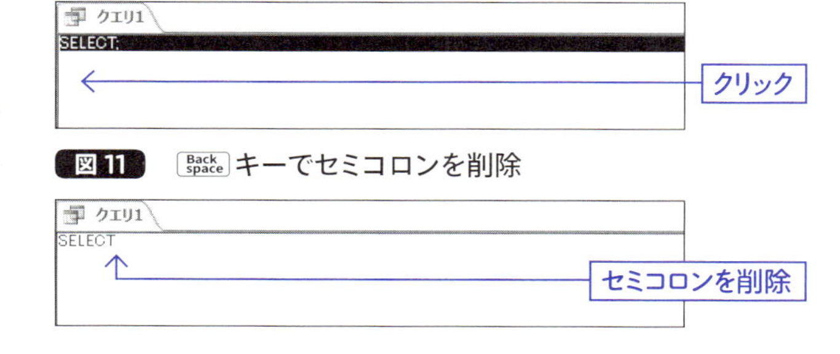

図11 Back space キーでセミコロンを削除

SQL命令は、最後がセミコロンで終わっています。セミコロンが命令の終わりであることを意味します。Back space キーを2回押して、改行と;を削除します（図11）。

SQL命令をキーボード入力して作成していきます。SELECTの後ろに半角スペースを1つ入力して、図12のように入力します。

図12 SQL命令を入力

「SELECT * FROM 商品 WHERE カテゴリー='剣';」と入力します。FROMやWHEREのキーワードは予約語なので半角英字で入力します。各記号「*=';」も半角文字で入力します（図12）。

［実行］をクリックします。実行結果がデータシートビューで表示されます（図13）。

図13 クエリを実行

ID	商品コード	商品名	単価	登録日	カテゴリー
3	17040129	エクスカリバー	¥15,000,000	2017/02/28	剣
4	16101200	村雨	¥540,000	2017/04/10	剣
5	16125000	ライトセーバー	¥320,000	2017/06/02	剣
6	17033102	ロングソード	¥115,000	2017/08/07	剣
(新規)			¥0		

SQLビューで入力したクエリに間違いがなければ、実行結果が表示されます。

図14のようなエラーが表示された場合は、データシートビューで結果が表示されることはありません。SQLビューに戻ってきますので、入力した内容が正しいかどうかを確認します。

図14 エラーが発生

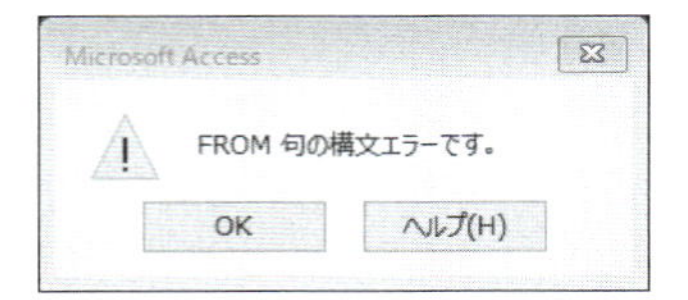

デザインビューに切り替えて確認することも可能です。デザインビューに切り替えて見ることでSQL命令の句がどういった役割であるのかを確認することができます（図15）。

図15 デザインビューに切り替える

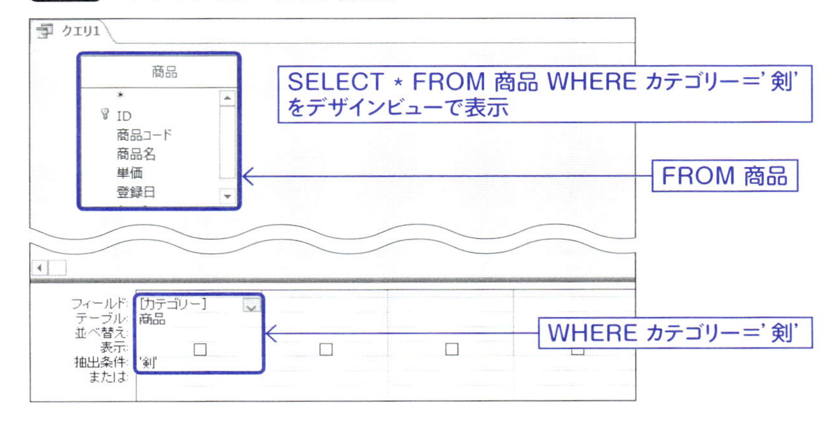

ORDER BY句

SQLビューでも並べ替えを指定することが可能です。並べ替えの順番指定は、「ORDER BY（オーダーバイ）句」で行います。

5-3-1 ORDER BY句の構文

SQLビューでの並べ替えの順番指定は、ORDER BY（オーダーバイ）句で行います。

ORDER BY句には、並べ替えを行いたいフィールド名を列挙します。フィールド名の次に、昇順で並べ替えるのか、降順で並べ替えるのかを指定できます。昇順の場合、ASC、降順の場合、DESCを指定します。省略した場合は、昇順になります。

構文 ORDER BY句

```
ORDER BY 並べ替えを行うフィールド DESC （もしくはACS）
```

ORDER BY句は、SELECT命令の最後に付ける必要があります。

次のSELECT命令は、「商品」テーブルから「カテゴリー」が「剣」であるレコードを、「単価」の大きい順に並べ替えてレコード抽出するクエリになります。

SELECT * FROM 商品 WHERE カテゴリー='剣' ORDER BY 単価 DESC;

5-3-2 ORDER BY句を作成

ここでは、実際に上記のSELECT命令をSQLビューで作成する方法を解説します。

167ページと同様の方法で、クエリを作成して、SQLビューで表示させます（図16）。

図16 クエリをSQLビューで表示

クエリ1

SELECT;

SQL命令をキーボード入力して作成していきます。「SELECT * FROM 商品 WHERE カテゴリー='剣' ORDER BY 単価 DESC;」と入力します（図17）。

図17 SQL命令を入力する

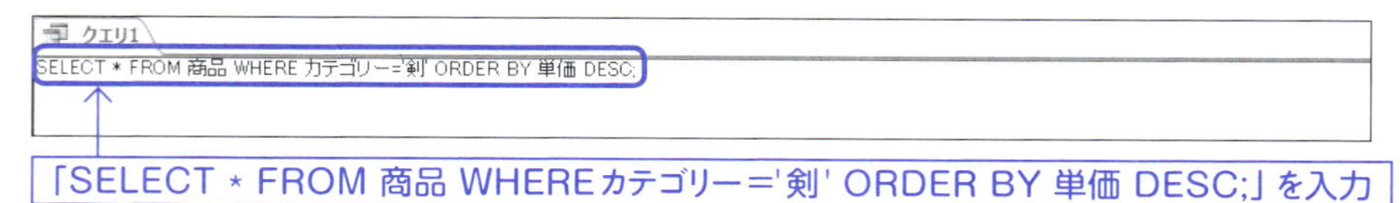

［実行］をクリックします。実行結果がデータシートビューで表示されます（図18）。

図18 クエリを実行

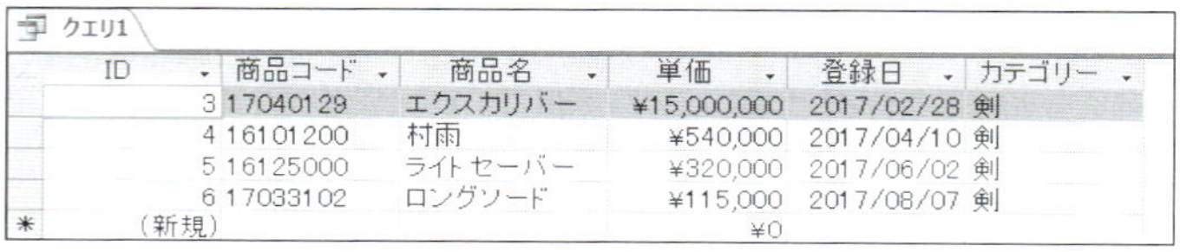

クエリ1

ID	商品コード	商品名	単価	登録日	カテゴリー
3	17040129	エクスカリバー	¥15,000,000	2017/02/28	剣
4	16101200	村雨	¥540,000	2017/04/10	剣
5	16125000	ライトセーバー	¥320,000	2017/06/02	剣
6	17033102	ロングソード	¥115,000	2017/08/07	剣
(新規)			¥0		

単価の大きいものから順に表示されました。デザインビューで表示すると図19のようになります。

図19 デザインビューで表示

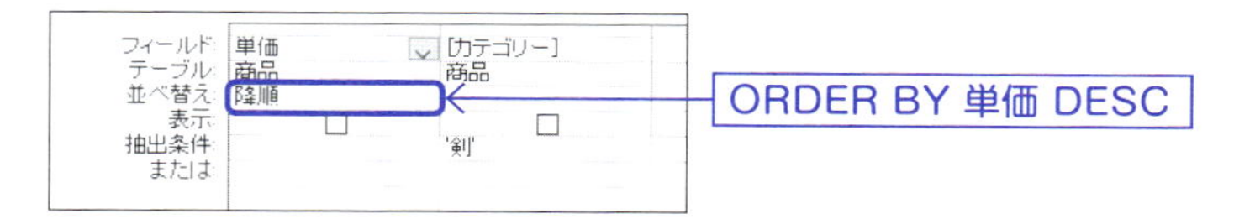

UPDATE命令

アクションクエリを使って、一括したデータの更新やレコードの削除、追加を行うことができました。Accessでの更新クエリは、SQLでの「UPDATE（アップデート）命令」に相当します。

5-4-1 UPDATE命令の構文

SELECT命令は、データベースからデータを抽出するための命令であり、Accessでの選択クエリに相当します。更新クエリをSQLで記述するときはUPDATE（アップデート）命令を使います。

UPDATE命令では、更新処理の対象となるテーブルを最初に指定します。UPDATEの次にはテーブル名を記述します。

続いて、更新するフィールドの値は、SET句で指定します。SET句では、フィールド名と値の組を必要な数だけ指定することが可能です。フィールドと値の組は「フィールド名 = 値」の形式で指定します。複数の組を指定する場合は、カンマで区切って列挙します。

最後にWHERE句で条件を付けます。WHERE句を省略した場合、全レコードが更新の対象となります。

構文 UPDATE命令

```
UPDATE テーブル名 SET フィールド名 = 値 WHERE 抽出条件;
```

5-4-2 UPDATE命令を作成

167ページと同様の方法で、クエリを作成して、SQLビューで表示させます（図20）。

図20 クエリをSQLビューで表示

クエリ1
SELECT;

← SQLビューで表示

SQL命令をキーボード入力して作成していきます。「UPDATE 商品 SET 単価 = 0 WHERE カテゴリー=' 剣' ;」と入力します（図21）。

図21 SQL命令を入力

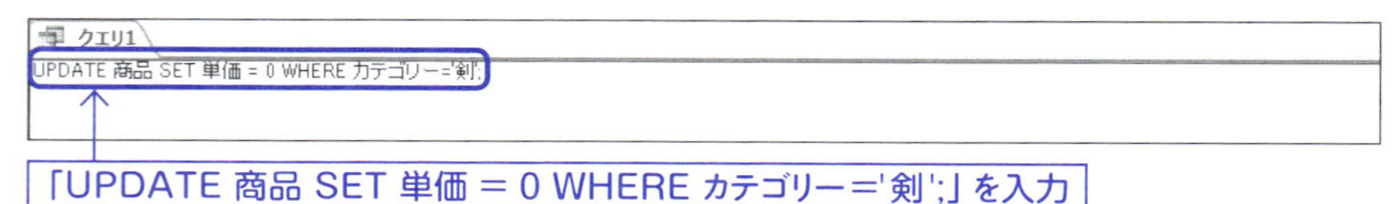

［実行］をクリックします。レコードが更新されるとメッセージが表示されるので、［はい］をクリックします（図22）。

図22 更新クエリを実行

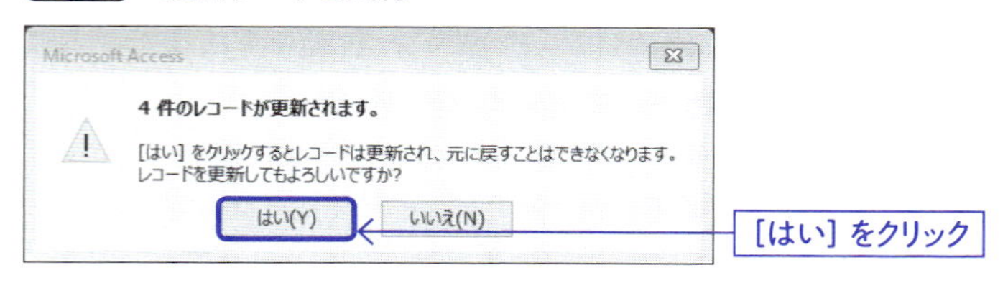

「商品」テーブルをダブルクリックして表示させます。カテゴリーが剣の単価が0に更新されました（図23）。

図23 更新されたかどうかを確認

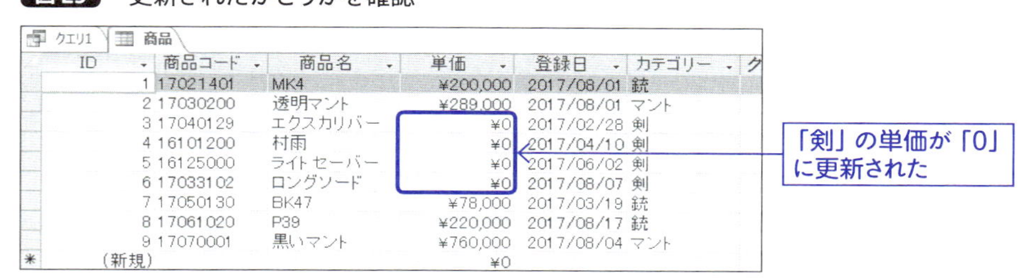

ID	商品コード	商品名	単価	登録日	カテゴリー
1	17021401	MK4	¥200,000	2017/08/01	銃
2	17030200	透明マント	¥289,000	2017/08/01	マント
3	17040129	エクスカリバー	¥0	2017/02/28	剣
4	16101200	村雨	¥0	2017/04/10	剣
5	16125000	ライトセーバー	¥0	2017/06/02	剣
6	17033102	ロングソード	¥0	2017/08/07	剣
7	17050130	BK47	¥78,000	2017/03/19	銃
8	17061020	P39	¥220,000	2017/08/17	銃
9	17070001	黒いマント	¥760,000	2017/08/04	マント
(新規)			¥0		

DELETE命令

Accessではアクションクエリにより、一括したデータの更新やレコードの削除、追加を行うことができました。削除クエリをSQLで記述すると、「DELETE（デリート）命令」になります。

5-5-1 DELETE命令の構文

レコードの削除を行うには、SQLではDELETE（デリート）命令を使います。

DELETE命令では、レコード削除の対象となるテーブルを最初に指定します。DELETEの次にはキーワードFROMとテーブル名を記述します。DELETEとFROMの間には半角スペースが必要です。

続いて、WHERE句で削除する条件を指定します。WHERE句を省略した場合、全レコードが削除の対象となります。

構文 DELETE命令

```
DELETE FROM テーブル名 WHERE 抽出条件;
```

5-5-2 DELETE命令を作成

167ページと同様の方法で、クエリを作成して、SQLビューで表示させます（図24）。

図24 クエリをSQLビューで表示

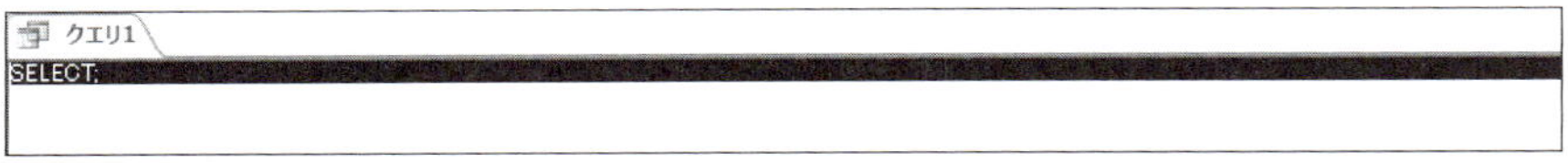

クエリ1
SELECT;

SQL命令をキーボード入力して作成していきます。「DELETE FROM 商品 WHERE カテゴリー='マント';」と入力します（図25）。

図25 SQL命令を入力する

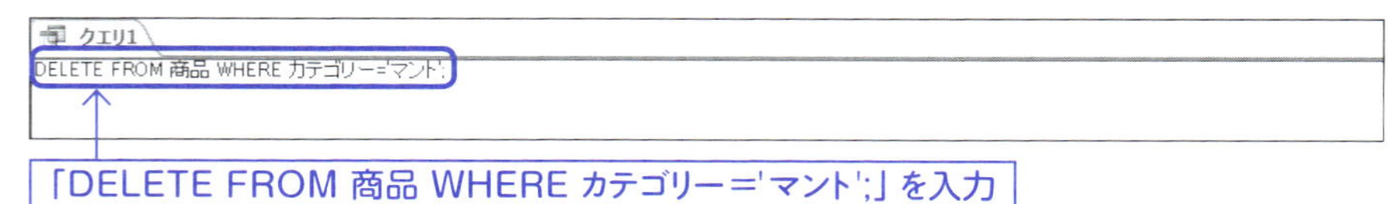

［実行］をクリックします。レコードが削除されるとメッセージが表示されるので、［はい］をクリックします（図26）。

図26 削除クエリを実行

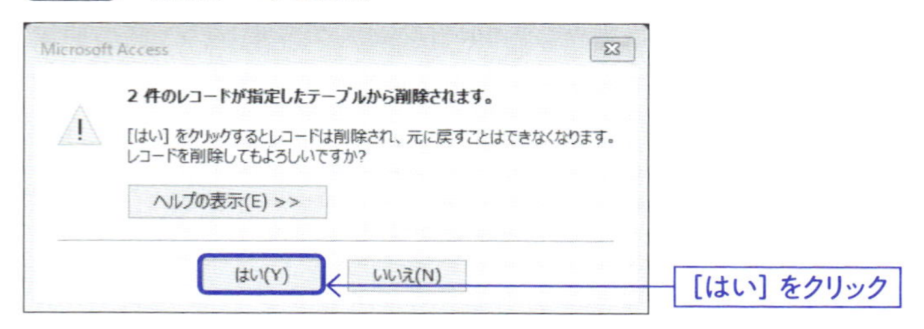

「商品」テーブルをダブルクリックして表示させます。カテゴリーがマントのレコードが削除されました（図27）。

図27 削除されたかどうかを確認

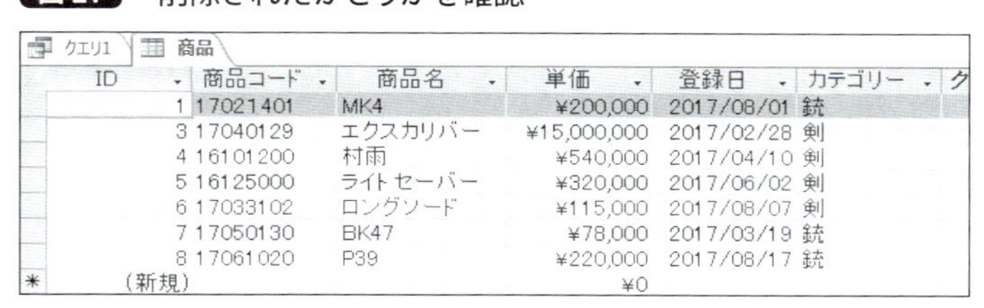

ID	商品コード	商品名	単価	登録日	カテゴリー
1	17021401	MK4	¥200,000	2017/08/01	銃
3	17040129	エクスカリバー	¥15,000,000	2017/02/28	剣
4	16101200	村雨	¥540,000	2017/04/10	剣
5	16125000	ライトセーバー	¥320,000	2017/06/02	剣
6	17033102	ロングソード	¥115,000	2017/08/07	剣
7	17050130	BK47	¥78,000	2017/03/19	銃
8	17061020	P39	¥220,000	2017/08/17	銃
（新規）			¥0		

INSERT命令

Accessではアクションクエリにより、一括したレコードの追加を行うことができました。Accessでの追加クエリは、SQLでの「INSERT（インサート）命令」に相当します。

5-6-1 INSERT命令の構文

レコードの追加を行う場合、SQLではINSERT（インサート）命令を利用します。

INSERT命令では、レコード追加の対象となるテーブルを最初に指定します。INSERTの次にはINTO句とテーブル名を記述します。

続いてテーブル名の後ろに、括弧で囲んで、フィールド名を「,」（カンマ）を使って複数指定していきます。指定しないフィールドは値が空になります。

次にVALUESを使って、直前に指定したフィールドに追加する値を指定します。フィールドを複数指定していた場合、値もその分だけカンマを使って複数指定します。

構文 INSERT命令

```
INSERT INTO テーブル(フィールド1,フィールド2,…) VALUES(値1,値2,…);
```

5-6-2 INSERT命令を作成

167ページと同様の方法で、クエリを作成して、SQLビューで表示させます（図28）。

図28 クエリをSQLビューで表示

クエリ1
SELECT;

SQL命令をキーボード入力して作成していきます。「INSERT INTO 商品(商品コード,商品名) VALUES("1234", "追加商品");」と入力します(図29)。

図29 SQL命令を入力

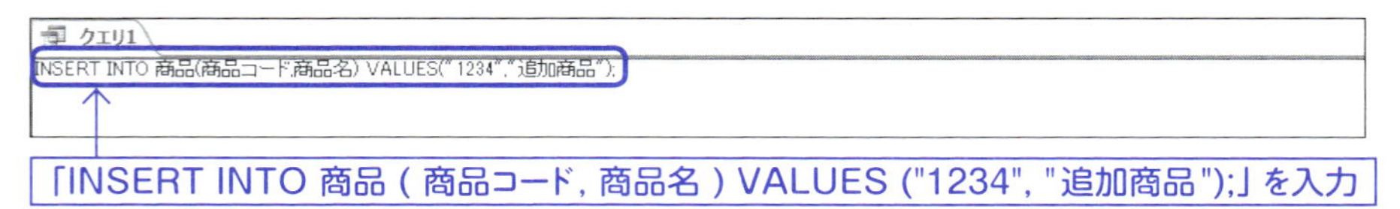

[実行]をクリックします。レコードが追加されるとメッセージが表示されるので、[はい]をクリックします(図30)。

図30 追加クエリを実行

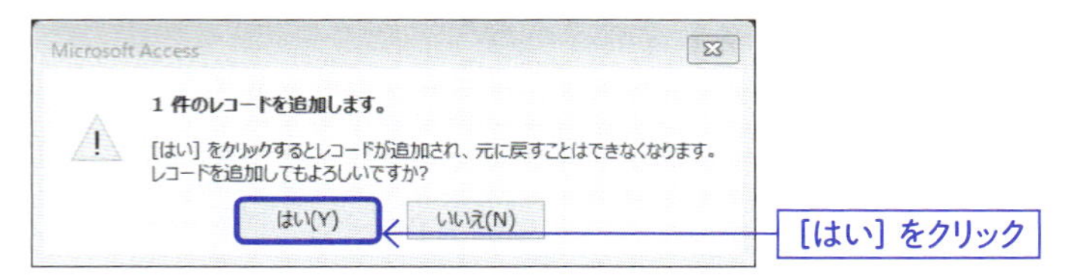

「商品」テーブルをダブルクリックして表示させます。レコードが1つ追加されました(図31)。

図31 追加されたかどうかを確認

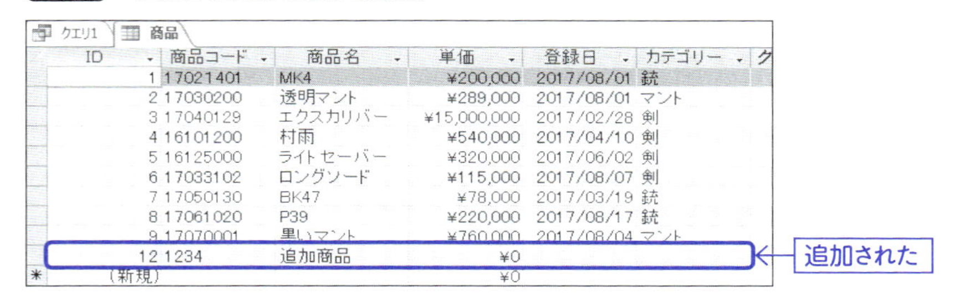

ID	商品コード	商品名	単価	登録日	カテゴリー
1	17021401	MK4	¥200,000	2017/08/01	銃
2	17030200	透明マント	¥289,000	2017/08/01	マント
3	17040129	エクスカリバー	¥15,000,000	2017/02/28	剣
4	16101200	村雨	¥540,000	2017/04/10	剣
5	16125000	ライトセーバー	¥320,000	2017/06/02	剣
6	17033102	ロングソード	¥115,000	2017/08/07	剣
7	17050130	BK47	¥78,000	2017/03/19	銃
8	17061020	P39	¥220,000	2017/08/17	銃
9	17070001	黒いマント	¥760,000	2017/08/04	マント
12	1234	追加商品	¥0		
(新規)			¥0		

なお、「ID」のフィールドは自動採番なので、図31のとおりになるとは限りません。

FROM句・JOIN句

2-10（94ページ）で結合を使った選択クエリを紹介しました。複数テーブルを結合するクエリについてもSQL命令で記述することが可能です。

5-7-1 FROM句・JOIN句の構文

SQLを使って、複数のテーブルを結合することができます。

単一のテーブルを相手にする場合、SELECT命令のFROM句にそのテーブルの名称を指定するだけでした。複数テーブルを扱う場合は、FROM句にそれらのテーブルを列挙します。その際、単に並べて書くのではなく、結合に関する条件を一緒に記述していきます。

結合の種類に内部結合と外部結合がありました。内部結合を行う際は、キーワードINNER JOIN（インナージョイン）を使います。外部結合の場合は、向きが2つ考えられるので、LEFT JOINまたはRIGHT JOINを使用します。これらのJOINはテーブル名とテーブル名の間に記述します。

続いて、結合時に使われる条件式を記述します。上記のJOINに続けて、キーワードONの後ろに条件式を書きます。

構文 INNER JOIN句

```
SELECT * FROM テーブル1 INNER JOIN テーブル2 ON テーブル1.フィールド1 = テーブル2.フィールド2;
```

5-7-2 FROM句・JOIN句を作成

ここでは、2-10-1（94ページ）で作成したクエリをSQL命令で作成してみます。

167ページと同様の方法で、クエリを作成して、SQLビューで表示させます（図32）。

図32 クエリをSQLビューで表示

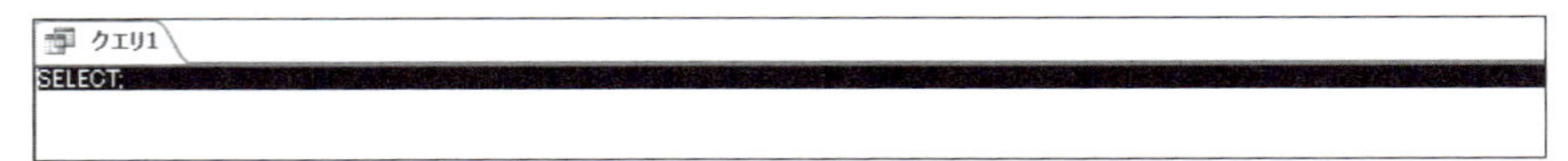

SQL命令をキーボード入力して作成していきます。「SELECT * FROM 住所録 INNER JOIN 電話番号 ON 住所録.住所録ID = 電話番号.住所録ID;」と入力します（図33）。

図33 SQL命令を入力

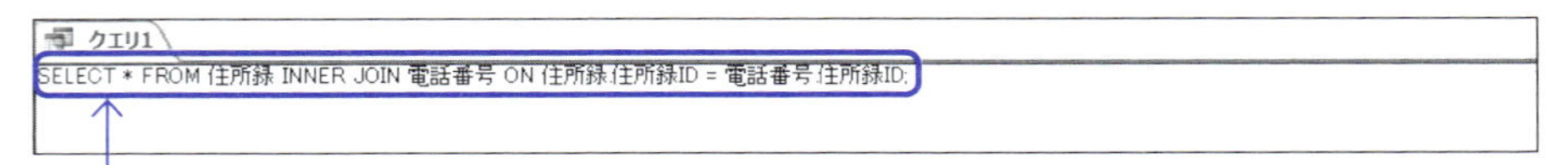

「SELECT * FROM 住所録 INNER JOIN 電話番号 ON 住所録.住所録ID = 電話番号.住所録ID;」を入力

［実行］をクリックします。結合した結果が得られました（図34）。

図34 クエリを実行

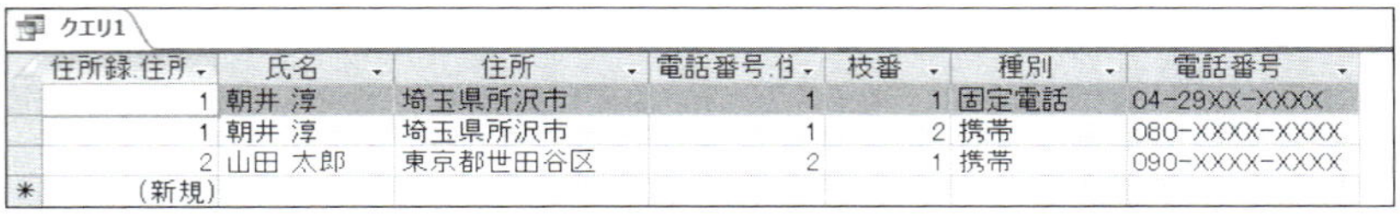

クエリ1

	住所録.住所	氏名	住所	電話番号.住	枝番	種別	電話番号
	1	朝井 淳	埼玉県所沢市	1	1	固定電話	04-29XX-XXXX
	1	朝井 淳	埼玉県所沢市	1	2	携帯	080-XXXX-XXXX
	2	山田 太郎	東京都世田谷区	2	1	携帯	090-XXXX-XXXX
*	（新規）						

デザインビューで表示すると、結合条件の様子を見ることができます（図35）。

図35 デザインビューで表示

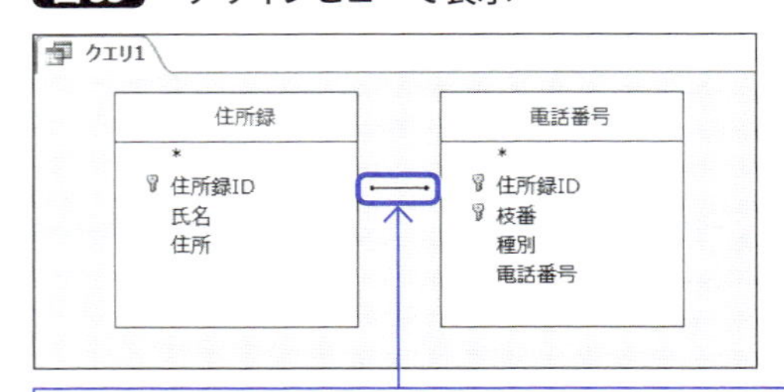

住所録 INNER JOIN 電話番号 ON 住所録.住所録ID = 電話番号.住所録ID

データ定義

CHAPTER 6

6-1 メニューを使ったテーブルの作成

クエリはテーブルのレコードを操作するだけではなく、テーブルそのものを作成することもできます。まずは通常にテーブルを作成してみましょう。

6-1-1 テーブル作成の前に確認しておく事項

テーブルは、レコードが集まったものです。レコードはいくつかのフィールドから構成されます。そして、各レコードのフィールドの並び順は同じものとなります。

フィールドにはデータ型を設定することができます。たとえば、数値型としたフィールドには数値データのみを格納することができます。加えて、フィールドには独自にデータの制限を加えることが可能です。

なお、データシートビューで表示されたクエリの実行結果がテーブルの構造と一致します。

また、テーブルには主キーが付いていることが望ましい状態です。主キーを作成しておくと、ほかのテーブルと結合がしやすくなります。

ここでは最終的に**表1**のような「在庫管理」テーブルを作成します。

表1 「在庫管理」テーブルの要件

フィールド名	データ型	備考
在庫ID	オートナンバー型	主キー
商品コード	短いテキスト	—
在庫数	数値型	—
入庫日	日付/時刻型	—

6-1-2 テーブルデザインで作成

テーブルを作成するクエリをテーブル作成クエリと呼びます。ではさっそくテーブルを作成してみましょう。[作成]タブの[テーブルデザイン]をクリックして、テーブルデザインを表示させます(**図1**)。

図1 テーブルデザインの表示

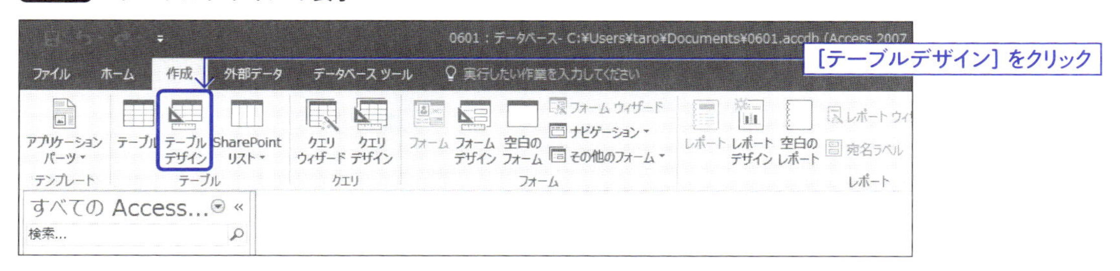

テーブル名が「テーブル1」となっていますが、あとで変更します。まずは、フィールドを作成していきます。フィールド名に「在庫ID」と入力して、データ型からオートナンバー型を選択します(図2)。

図2 最初のフィールドを設定

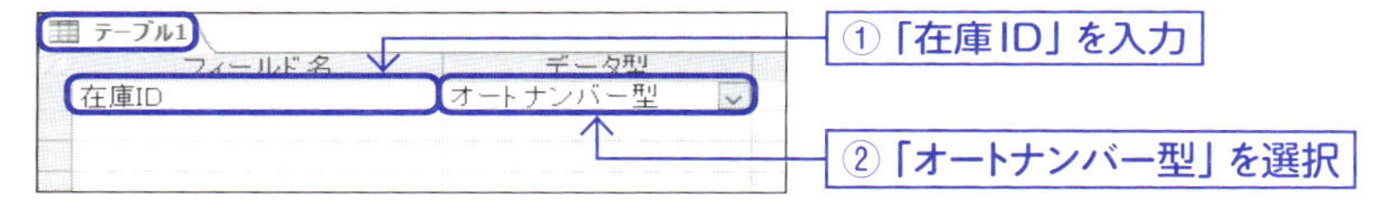

同じ要領で表1で示した残りのフィールドを作成してください。最終的に図3のようにします。

図3 残りのフィールドを作成

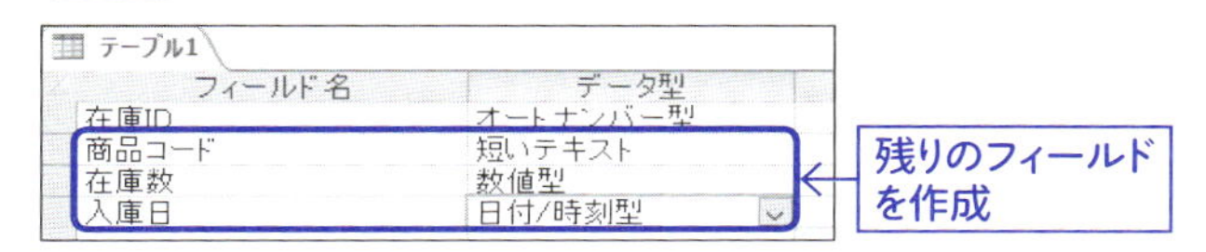

「在庫ID」フィールドを主キーに設定します。「在庫ID」の行をクリックして選択状態にします。[ツール]タブの[主キー]をクリックします(図4)。

図4 主キーを設定

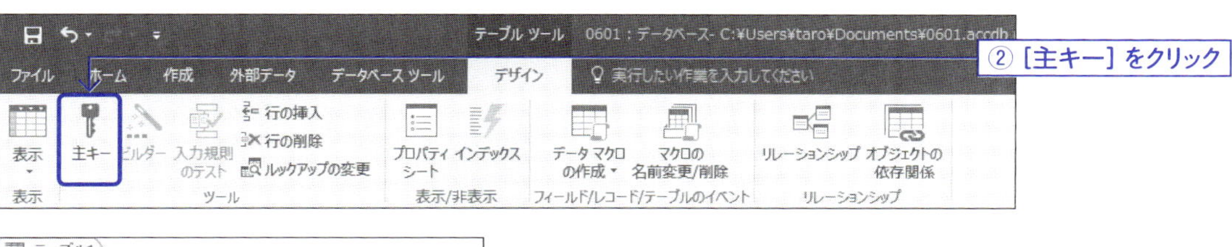

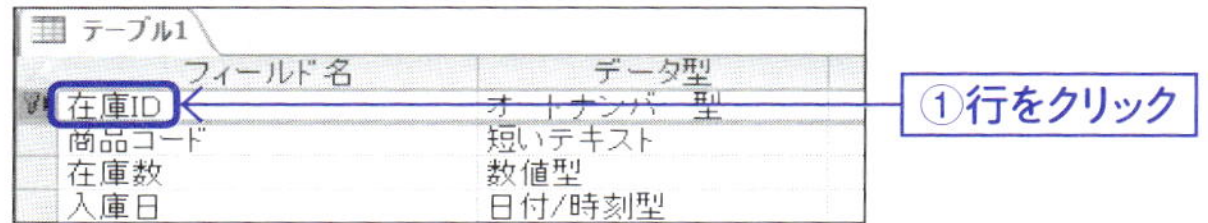

フィールドが作成できたら、テーブルデザインを閉じて終了します。「テーブル1」のタブ部分を右クリックすると、メニューが表示されます。メニューから「閉じる」を選択します（図5）。

図5 テーブルを閉じる

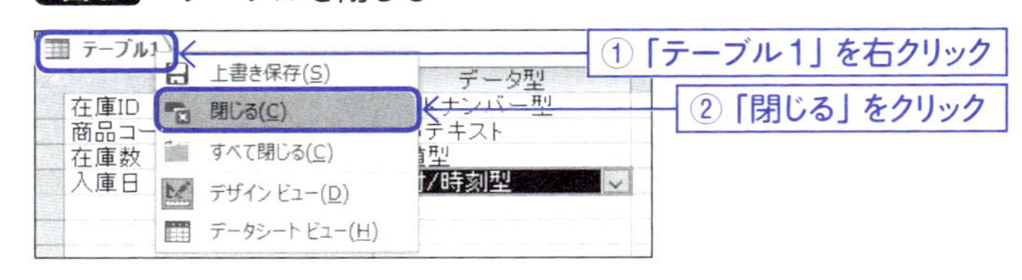

変更を保存するかどうかのメッセージが表示されますので、[はい]をクリックします（図6）。[いいえ]をクリックすると、せっかく作成したテーブルがなくなってしまいますので、注意してください。

図6 テーブルを保存

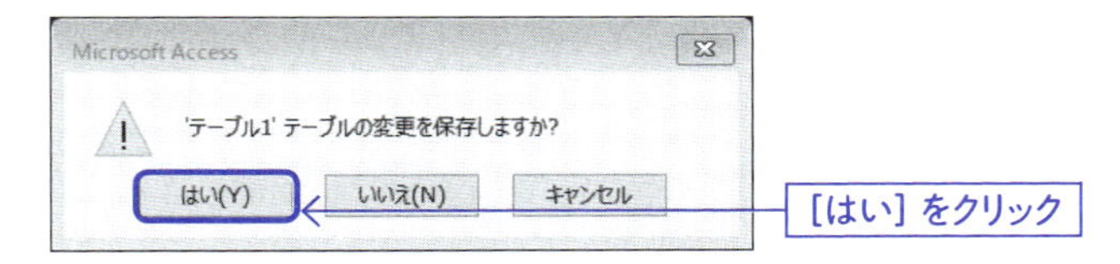

テーブル名を入力するウィンドウが表示されますので、正式な名称である「在庫管理」を入力します。入力できたら、[OK]をクリックします（図7）。

図7 テーブル名を付ける

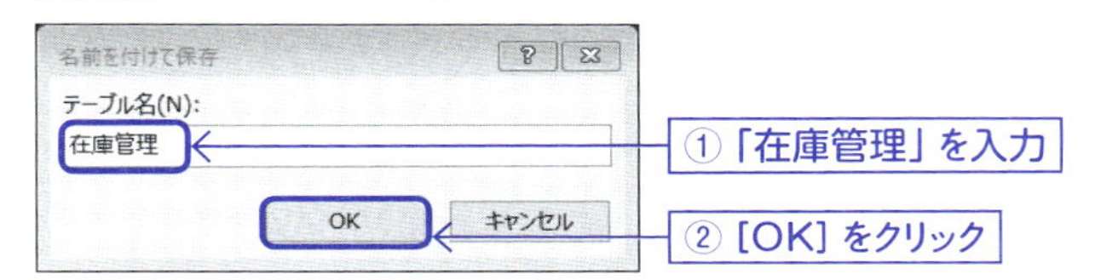

ナビゲーションウィンドウに作成した「在庫管理」テーブルが表示されます（図8）。

図8 テーブルが作成される

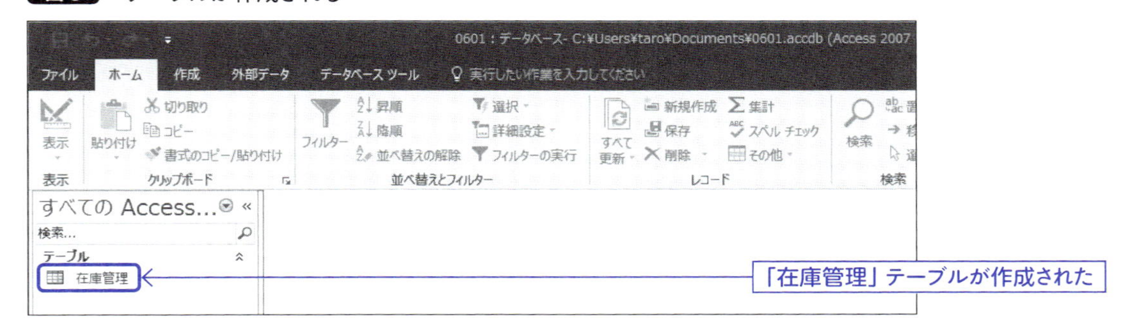

6-2 SQL文を使ったテーブルの作成

6-1ではテーブルデザインを使ったテーブルを作成しました。そこで作成したテーブルをSQLを使って複製してみましょう。

6-2-1 SELECT INTOでテーブルを作成

テーブル作成クエリでは、選択クエリの実行結果を新規のテーブルに保存することができました。選択クエリはSQL命令ではSELECT命令に相当します。SELECT命令でもテーブル作成クエリと同様に新規のテーブルに保存することが可能です。

SQLのSELECT命令は、SELECT句に抽出したいフィールドを列挙します。そのあとに、INTOを記述してテーブル名を指定すると、SELECTの結果を指定したテーブルに保存することが可能になります。

構文 SELECT INTO

```
SELECT * INTO 新規テーブル FROM テーブル1;
```

上記のクエリを実行すると、テーブル1の全レコードが新規テーブルに保存されます。

上記の例では省略していますが、SELECT命令でWHERE句やORDER BY句を使用して、抽出条件や並べ替え条件を付けることも可能です。

6-2-2 テーブル作成クエリ

ここでは、SQL命令でテーブル作成クエリを作成し、テーブルのコピーを行う方法を解説します（図9）。

図9　クエリでテーブルを作成

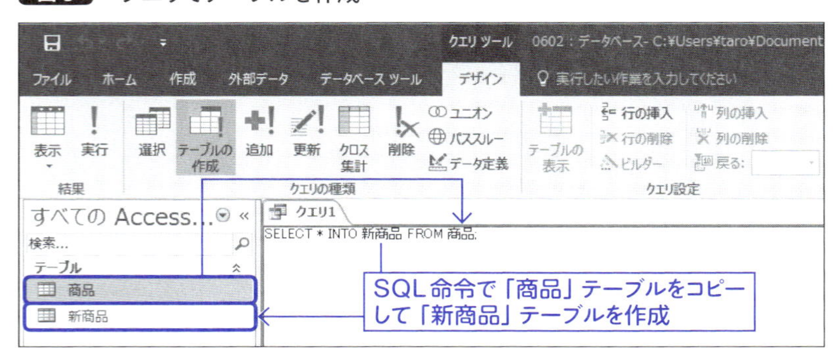

クエリを作成して、SQLビューで表示させます（図10）。

図10　クエリをSQLビューで表示

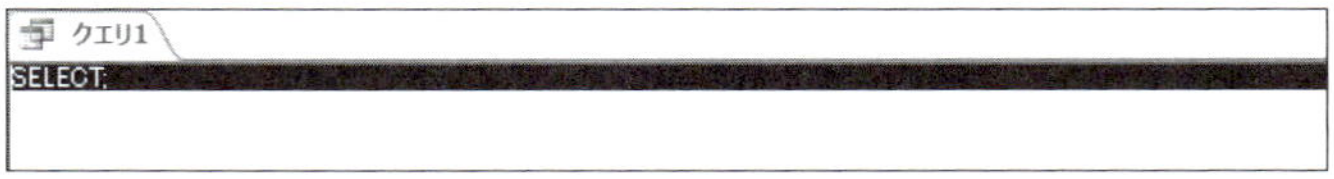

SQL命令をキーボード入力して作成していきます。「SELECT * INTO 新商品 FROM 商品;」と入力します（図11）。

図11　SQL命令を入力

SELECT * INTO 新商品 FROM 商品;

「SELECT * INTO 新商品 FROM 商品;」を入力

［実行］をクリックします。確認メッセージが表示されますので、［はい］をクリックします（図12）。

図12　クエリを実行

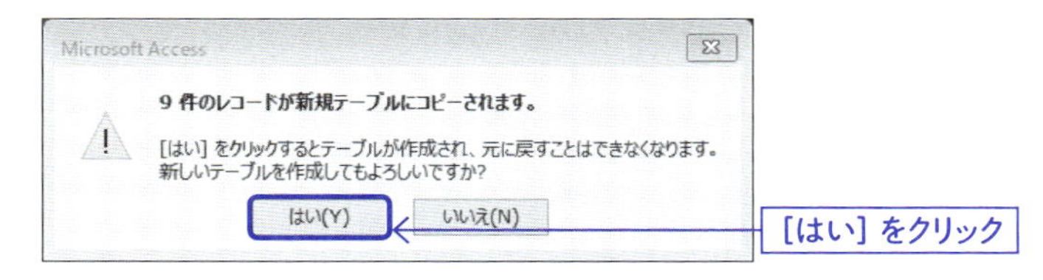

「商品」テーブルの複製が「新商品」テーブルとして作成されます（図13）。

図13　「新商品」テーブルが作成

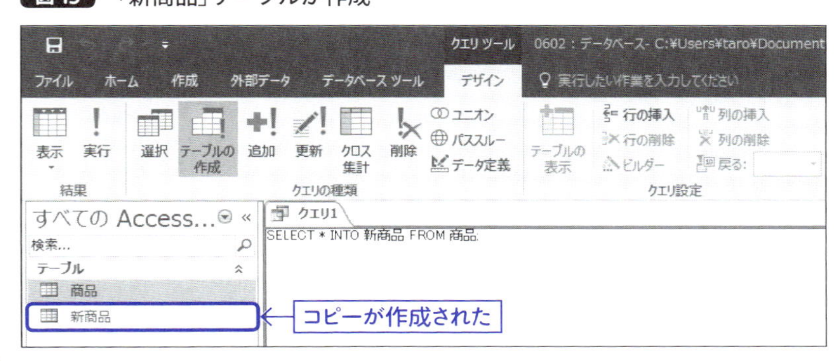

6-3 インデックスの作成

インデックスは、検索処理を効果的に行うことを手助けするものです。インデックスを作成すると、データベース内部で並べ替えが行われ、レコードデータが整理されます。

6-3-1 インデックス

データベースには大量のデータを記録することができます。コンピュータの処理能力が上がったとはいえ、膨大な量のデータの中から目的のデータを検索することは容易ではありません。

インデックスを作成すると、データベース内部で並べ替えが行われ、レコードデータが整理され、結果的に検索処理を高速に行うことが可能になります。

Excelにはインデックスの機能がありません。そのため、大量のデータから目的の値を検索するには時間がかかる場合があります。Accessはデータ操作を行うことが得意なソフトウェアです。インデックスを作成しておくことで、検索処理時間が大幅に改善されることがあります。しかし、適当にインデックスを作成すればよいというものではありません。逆効果になる場合もありますので、インデックスの作り過ぎには注意しましょう。

主キーを作成すると、同時にインデックスも作成されます。主キーを作成していないテーブルでは、検索処理が重たくなるため、主キーを作成することが望まれます。また、「～番号」や「～コード」といった名称のフィールドには自動的にインデックスが作成されます。

6-3-2 インデックスの作成

ここでは、テーブルデザインを使ってテーブルにインデックスを作成します。クエリにインデックスを作成することはできません。テーブルにインデックスを作成することで、クエリのパフォーマンスを向上させることが可能になります。

「顧客」テーブルにインデックスを作成したいので、「顧客」テーブルをデザインビューで開きます。ナビゲーションウィンドウで「顧客」を右クリックして表示されるメニューから、［デザインビュー］をクリックします（図14）。

図 14 テーブルを開く

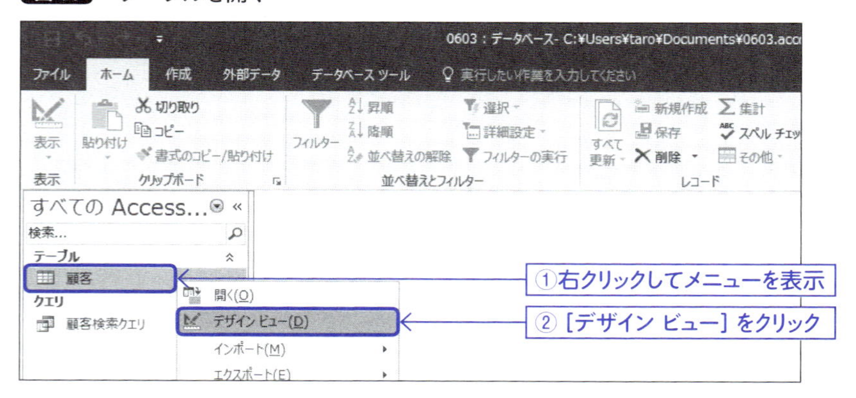

「住所」フィールドでインデックスを作成したいので、「住所」フィールドをクリックして選択します（図15）。

図 15 「住所」フィールドを選択

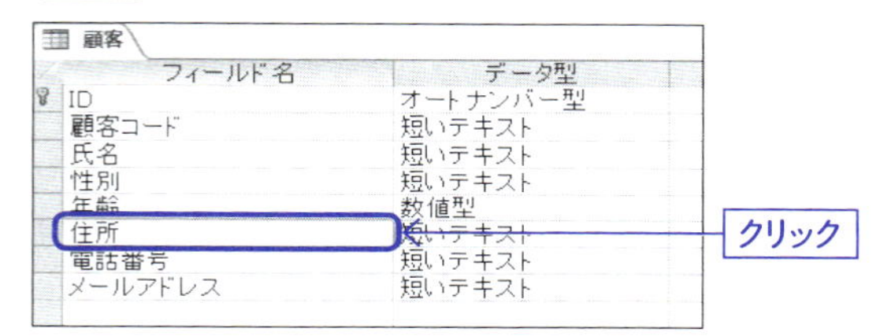

フィールドプロパティの［インデックス］を「はい（重複あり）」に変更します（図16）。

図 16 ［インデックス］を「はい」に変更

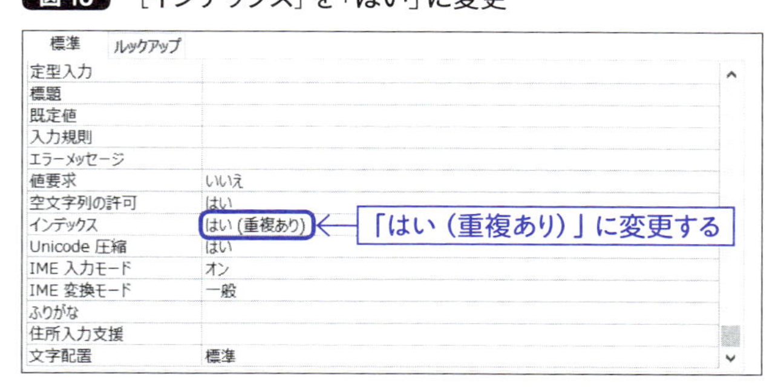

テーブルを保存するとインデックスが作成されます。「住所」フィールドを使って検索を行うクエリが高速化されます。

制約の作成

テーブルに制限を付けると、レコードの重複を防ぐことができます。主キーはその最たる例です。テーブルに付ける制限のことを制約と呼びます。ここでは制約を作成してみましょう。

6-4-1 データベースの整合性

テーブルに主キーを作成すると、レコードを作成する際に、次の制限が付きます。

主キーに設定したフィールドにはNULL値を格納することはできない
主キーに設定したフィールドがほかのレコードと重複する値を格納することはできない

このような制限をデータベースでは制約と呼びます。制約にはいくつかの種類があります。上記2点の制約は、主キー制約と呼ばれます。また、NULL値を格納できない制約もあり、NOT NULL制約と呼ばれます。

制約はテーブルに設定するもので、クエリに対して制約を設けることはできません。しかし、アクションクエリを実行するにあたり、制約違反となるデータ操作を行うと、エラーが発生します。

制約を設定することで、データベースの整合性が高まることになります。制約はデータベース内のデータを正しい形に保つためのもの、と考えてください。

6-4-2 NOT NULL制約を作成

ここでは、NOT NULL制約を設定して、制約違反となるようなアクションクエリを実行させてみましょう（図17）。

図17 NOT NULL制約を設定

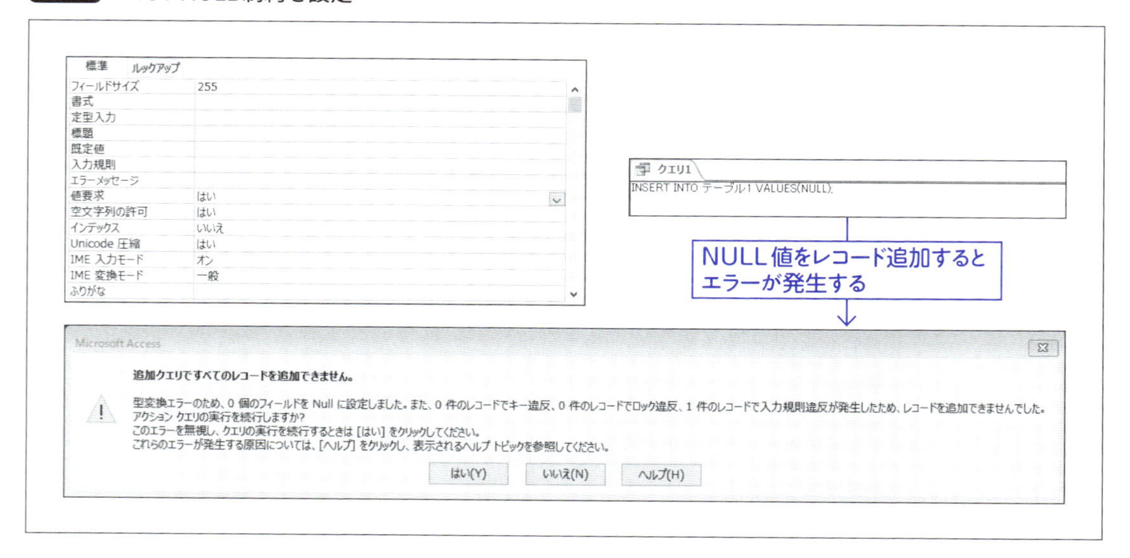

NOT NULL制約を試すために、テーブルを作成します。[作成]タブの[テーブルデザイン]をクリックして、テーブルデザインを表示します。フィールド名を「NULL値を許容しない」とし、データ型を「短いテキスト」にします(図18)。

図18 テーブルの作成

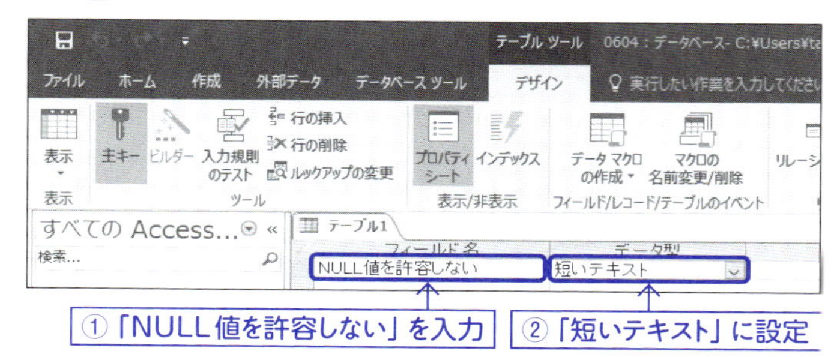

フィールドプロパティの[値要求]を「はい」に変更します(図19)。

図19 [値要求]を「はい」に変更

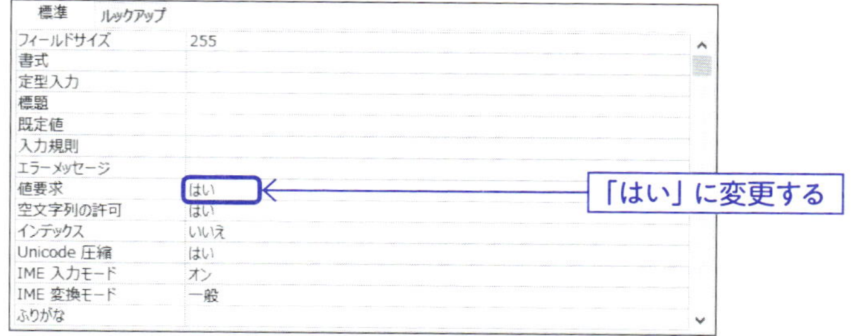

テーブルデザインを閉じて、保存します。そのまま「テーブル1」の名称で保存します。主キーを設定していないとメッセージが表示されますが、「いいえ」をクリックして続行します(図20)。

図20 テーブルを保存

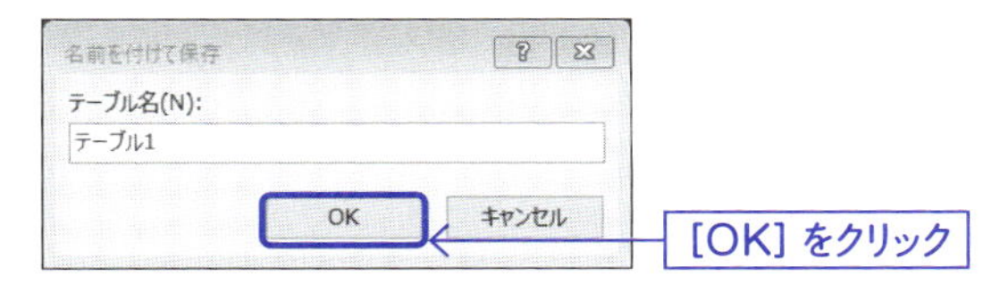

「テーブル1」テーブルにレコードを追加する追加クエリを作成します。SQLビューでINSERT命令による追加クエリにします。5-6-1(175ページ)を参考にして、図21のようなINSERT命令での追加クエリを作成します。

図21 追加クエリを作成

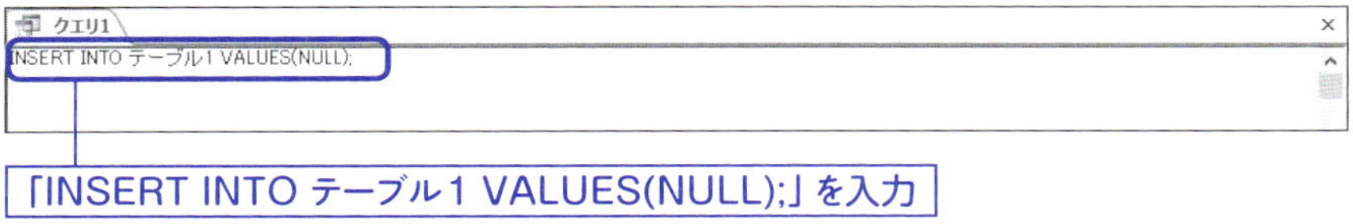

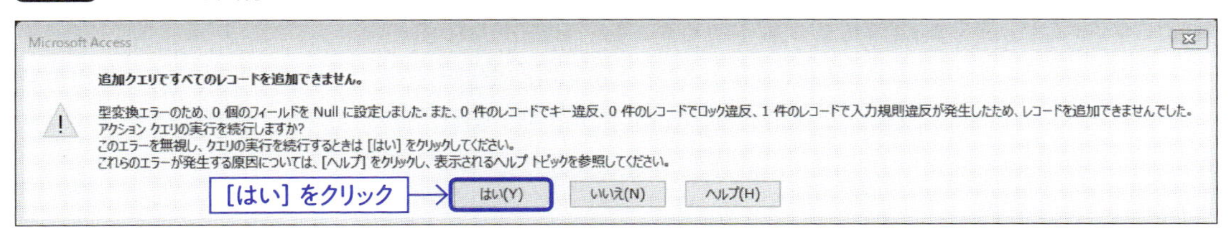

追加クエリを実行します。エラーが発生しますが、[はい]をクリックします(図22)。

図22 クエリを実行

入力規則違反が発生したことがわかります。NOT NULL制約がかけられたフィールドに対して、NULL値を追加しようとしているので、このエラーが発生します。[はい]をクリックしても、テーブルにレコードが追加されることはありません。

INSERT命令を図23のように修正します。

図23 追加クエリを修正

修正後、追加クエリを実行します。レコード追加のメッセージが表示されるので、「はい」をクリックします（図24）。

図24　レコード追加のメッセージ

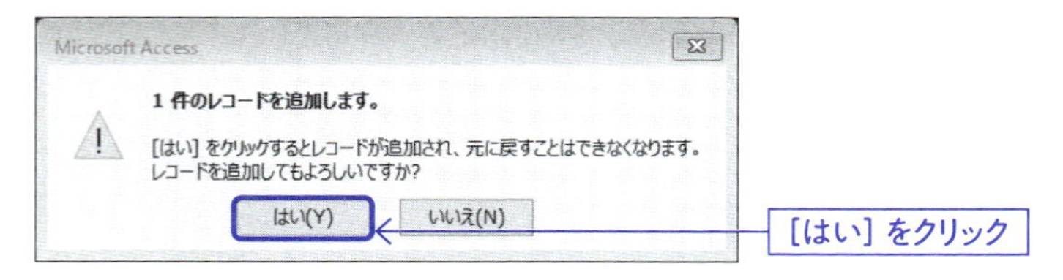

NULL値ではないため、レコード追加されます。
「テーブル1」テーブルを開いて、レコード追加されたかどうかを確認します（図25）。

図25　「テーブル1」テーブルを確認

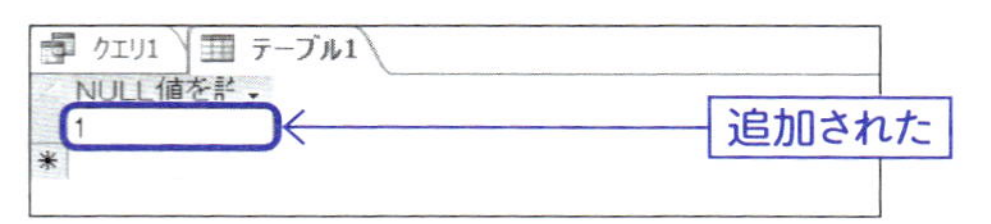

このように、フィールドプロパティの［値要求］を「はい」に変更することで、データベースのレコードデータにNULL値を記録させないようにすることが可能になります。
ここでは、INSERT命令の追加クエリでNULL値を追加登録してみました。既存レコードの更新クエリでも、NOT NULL制約は有効です。更新クエリで、値要求が「はい」となっているフィールドをNULL値に更新しようとすると、同様な入力規則違反が発生します。

6-5 リレーションシップに登録

2-10（94ページ）でテーブルの結合を解説しました。複数のテーブルをクエリに追加して、結合条件を設定しました。リレーションシップに結合条件を登録しておくと結合が簡単です。

6-5-1 リレーションシップの設定

結合条件は、テーブル間の関係（リレーションシップ）を示しています。あらかじめテーブル間の関係性をリレーションシップとして登録しておくと、結合を行うクエリを作成する際に結合条件が自動的に追加されるようになるので、利便性が向上します。

ここでは、作成済みの「住所録」テーブルと「電話番号」テーブルのリレーションシップを登録して、その効果を解説します（図26）。

図26　結合条件がクエリに自動で反映

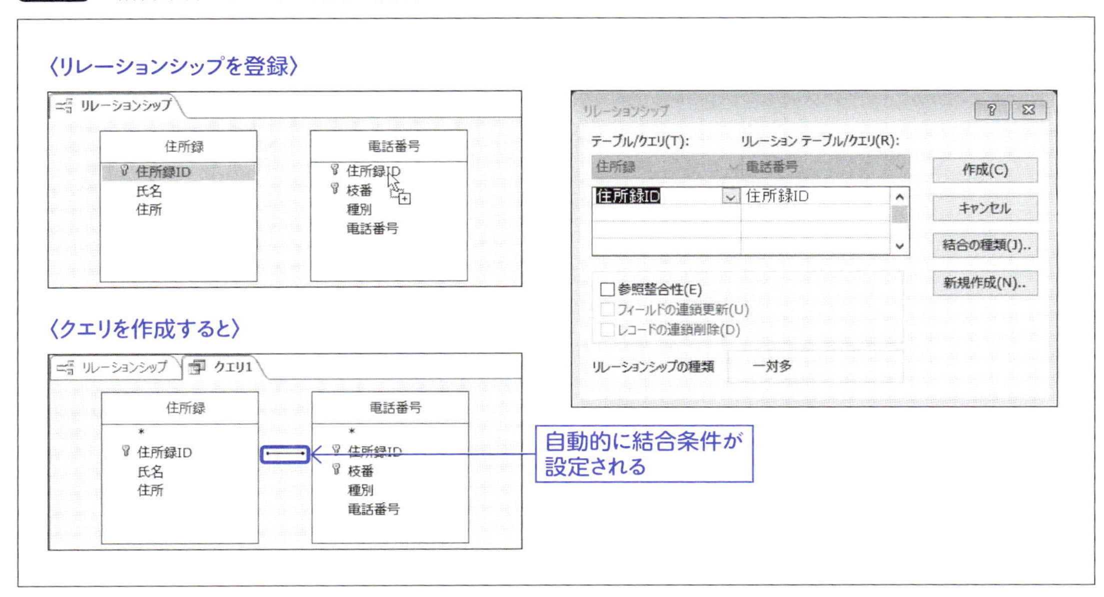

［データベース ツール］タブの［リレーションシップ］をクリックします（図27）。

図 27　リレーションシップを作成

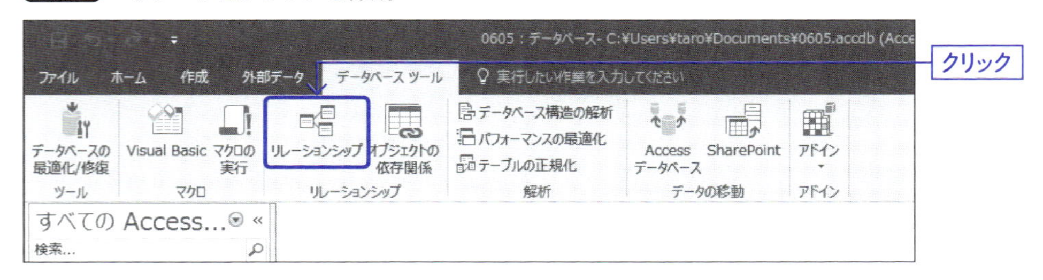

リレーションシップが表示されますが、空の状態です。[テーブルの表示]をクリックします(図28)。

図 28　[テーブルの表示]をクリック

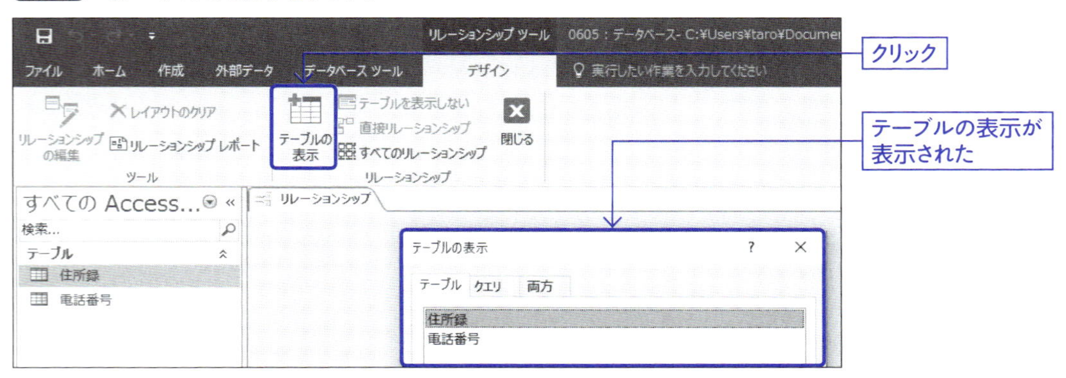

クエリにテーブルを追加する方法と同じ要領で、「住所録」テーブルと「電話番号」テーブルを追加します(図29)。

図 29　テーブルを追加

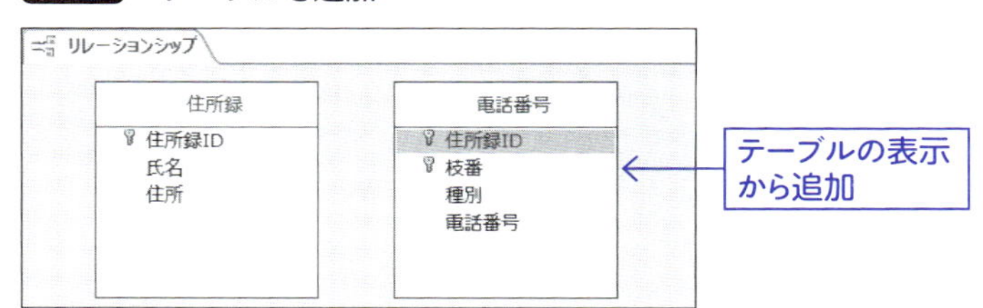

「住所録」テーブルの「住所録ID」をクリックして、「電話番号」テーブルの「住所録ID」までドラッグ&ドロップします(図30)。

図 30　リレーションシップを設定

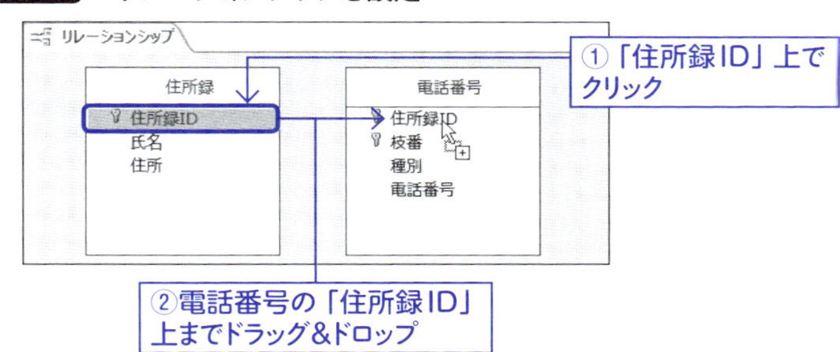

リレーションシップのウィンドウが表示されるので、内容を確認して、[作成]をクリックします(図31)。

図31 リレーションシップのウィンドウ

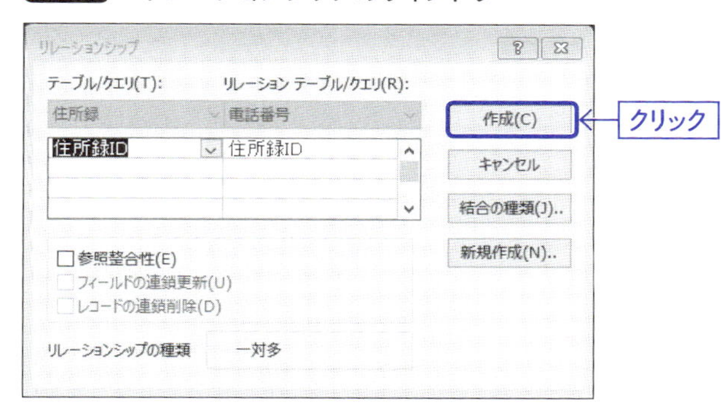

[作成]のクリックあと、リレーションシップにて「住所録」テーブルと「電話番号」テーブルの間に、線が表示されるようになります。[参照整合性]のチェックを入れることで、参照整合性制約を設定することができます。[結合の種類]をクリックすると、内部結合、外部結合の種類を設定することができます(図31)。

[作成]タブの、[クエリデザイン]をクリックして、クエリを作成します。

テーブルの表示から、「住所録」テーブルと「電話番号」テーブルを追加します。追加すると、次のように自動的に結合条件が設定されます(図32)。

図32 クエリを作成

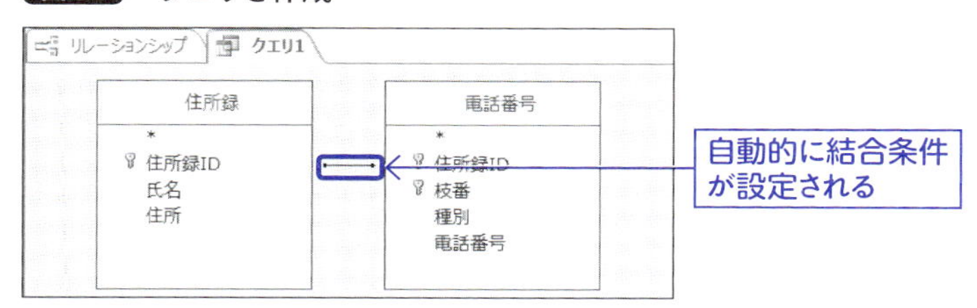

クエリに抽出するフィールドを追加します。氏名、住所、電話番号の3フィールドを追加します(図33)。

図33 フィールドを追加

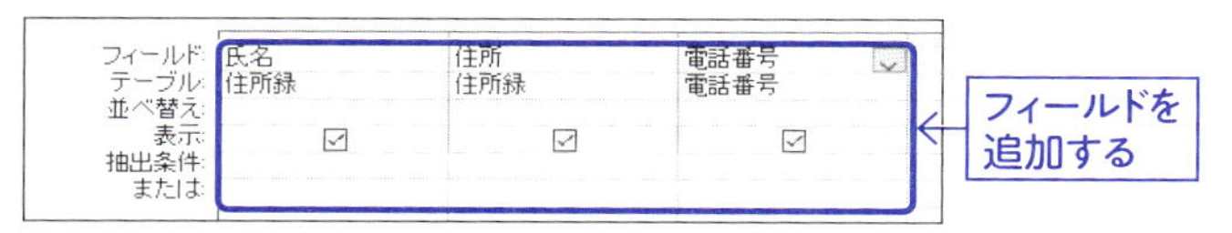

せっかくですから、クエリを実行してみましょう(図34)。

図34 クエリを実行

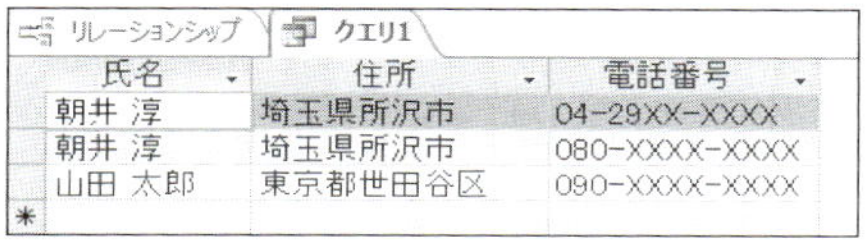

氏名	住所	電話番号
朝井 淳	埼玉県所沢市	04-29XX-XXXX
朝井 淳	埼玉県所沢市	080-XXXX-XXXX
山田 太郎	東京都世田谷区	090-XXXX-XXXX

リレーションシップを登録しておけば、自動的に結合条件が設定されるので、クエリを作成することが容易になります。

6-5-2 外部参照整合性制約の利用

登録したリレーションシップでは、外部参照整合性制約を設定しませんでした。外部参照整合性制約を設定すると、2つのテーブル間でデータの矛盾が発生しなくなり、データベースの整合性が向上します。

簡単に説明すると、一般的なリレーションシップでは、テーブルに親と子の関係が発生します。「住所録」テーブルと「電話番号」テーブルの例では、「住所録」テーブルが親であり、「電話番号」テーブルが子になります。子がいない親はあり得ますが、親が存在しない子はあり得ません。

そういった矛盾を検出してエラーにする機能が、外部参照整合性制約です。

ここでは、外部参照整合性制約を使用するようにリレーションシップを変更して、制約に違反するようなデータ操作を行って、外部参照整合性制約が「どのようなものであるか」を解説します（図35）。

データ操作はクエリを使用せずに、データシートビューで直接操作します。

図35　参照整合性を設定

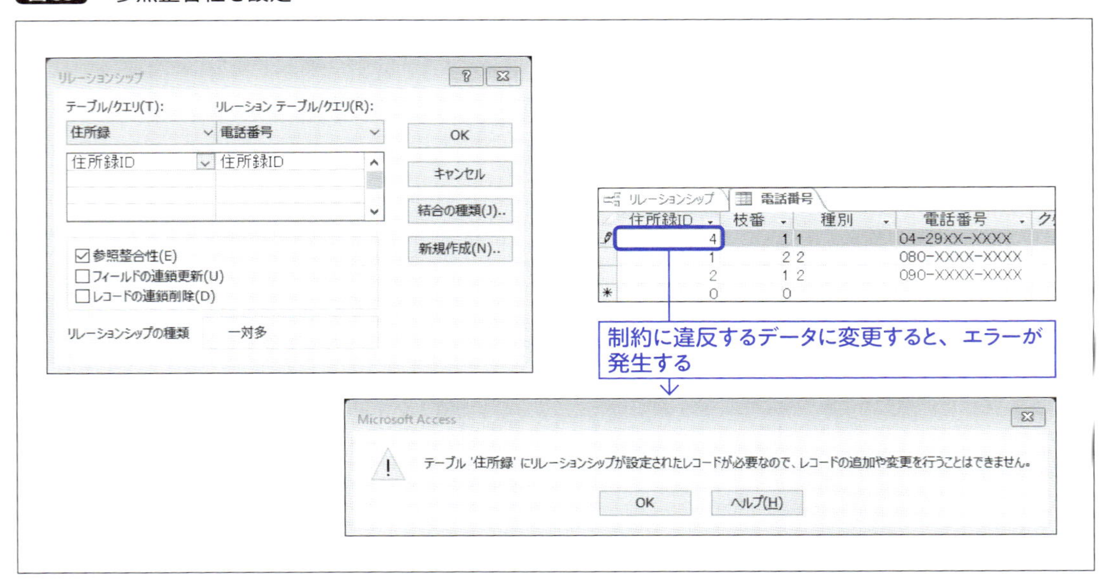

［データベース ツール］タブの［リレーションシップ］をクリックします（図36）。

図36 リレーションシップを表示

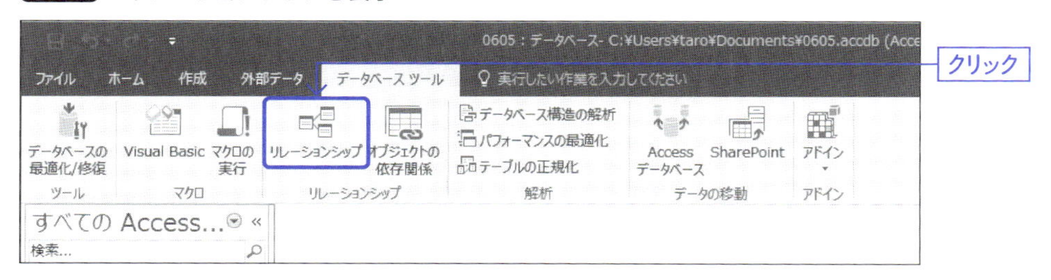

リレーションシップが表示されます。**6-5-1**で設定した状態が再現されます。リレーションシップを設定していなければ、**6-5-1**に戻って設定を行ってください。［デザイン］タブの［リレーションシップの編集］をクリックします（図37）。

図37 ［リレーションシップの編集］をクリック

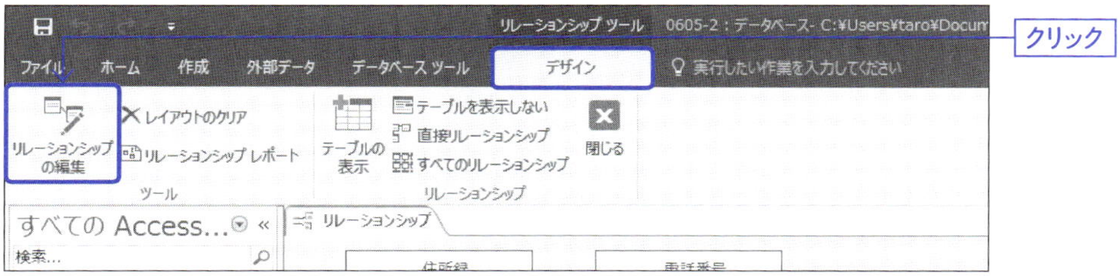

リレーションシップのウィンドウが表示されます。テーブル／クエリから「住所録」を選択します（図38）。

図38 テーブルを選択

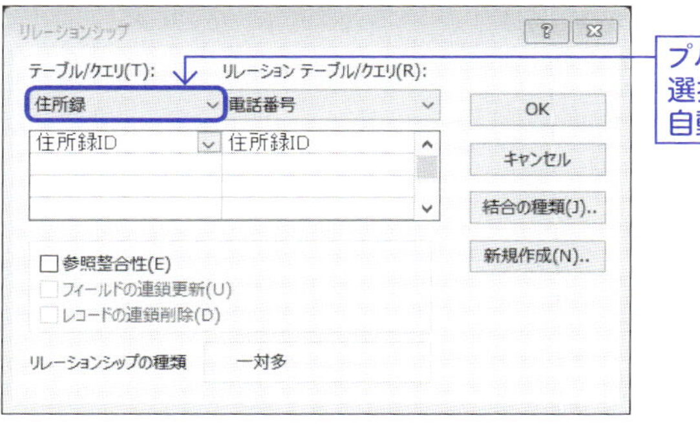

参照整合性にチェックを付けて有効にして、[OK]をクリックしてウィンドウを終了します(図39)。

図 39 参照整合性を有効に設定

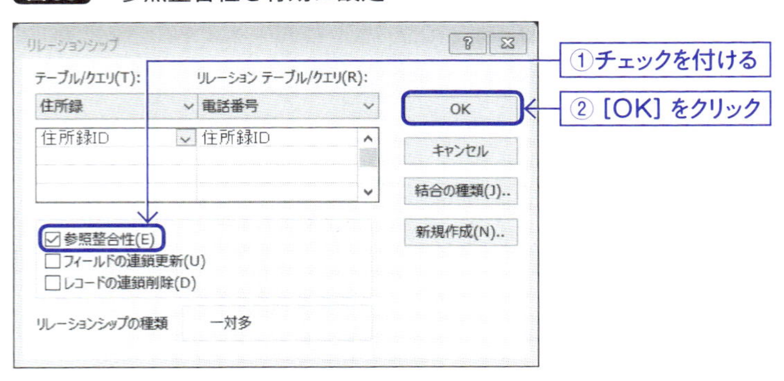

外部参照整合性が設定されました。データシートビューでテーブルのレコードを操作して、その効果を検証してみましょう。

「電話番号」テーブルを開きます。先頭のレコードで「住所録ID」を「1」から「4」に変更してみます。変更したら、↓キーを押してレコードを更新します(図40)。

図 40 データを変更して外部参照整合性制約をチェック

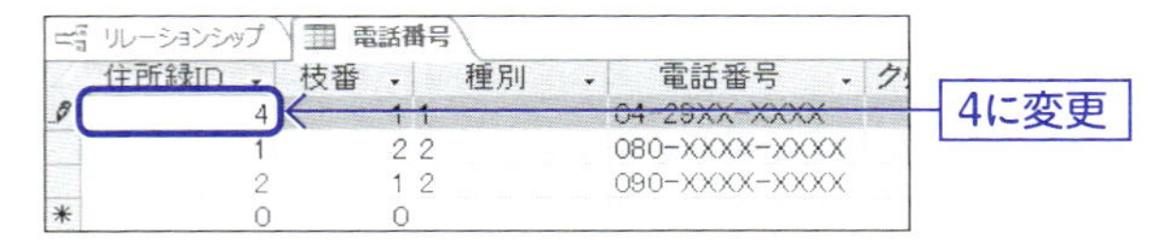

住所録ID	枝番	種別	電話番号
4	1	1	04-29XX-XXXX
1	2	2	080-XXXX-XXXX
2	1	2	090-XXXX-XXXX
0	0		

住所録テーブルに住所録IDが4のレコードは存在しないので、図41の制約違反が発生します。

図 41 制約違反が発生したときのメッセージ

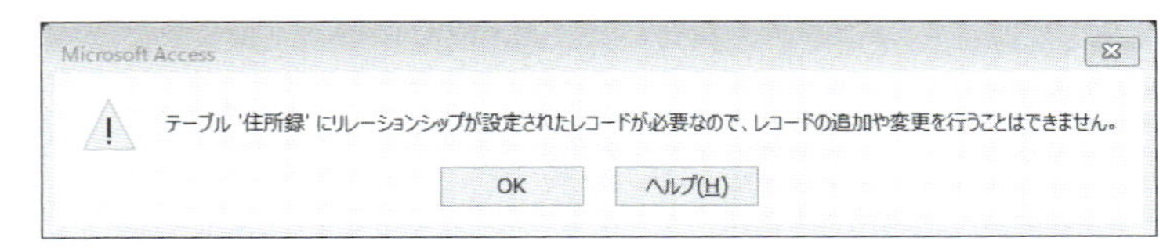

そのほかのクエリ

CHAPTER 7

重複クエリウィザード

重複したレコードを検索したい場合、重複クエリウィザードを使用すると便利です。ここでは、重複クエリウィザードで重複クエリを作成してみましょう。

7-1-1 重複レコード

テーブルには主キーが付いていることが望まれます。主キーが設定されていれば、システムの拡張作業が楽になります。

主キーが付けられていないテーブルに対して、あとから主キーを設定することが可能です。ただし、主キーに設定するフィールドに重複した値がないことが条件です。重複値があるフィールドは主キーにすることはできません（図1）。

図1 重複レコード

顧客

顧客コード	氏名	性別	年齢	住所	電話番号	メールアドレス
10002	猫目 太郎	男	18	東京都世田谷区	03-aaa-bbbb	nekome-taro@dokoka.kasou.com
10018	夏目 夏子	女	41	埼玉県さいたま市	04-aaa-cccc	natsuko-natsume@dokoka.kasou.cc
10015	岡 恵梨香	女	28	千葉県千葉市	04-eee-ffff	oka-eri@dokoka.kasou.com
10020	羽川 佳子	女	36	東京都八王子市	04-ggg-hhhh	hanewaka@kasou.dokoka.com
10001	朝井 淳	男	52	埼玉県所沢市	04-xxx-yyyy	asai@dokoka.kasou.com
10033	松岡 舞	女	22	埼玉県入間市	080-iii-jjjj	matsuoka-mai@kasou.dokoka.com
10013	緑川 明日香	女	16	神奈川県横浜市	080-ooo-pppp	asuka-midorikawa@dokoka.kasou.cc
10034	広瀬 きん	女	19	静岡県清水市	080-qqq-oooo	hirose-kin@kasou.dokoka.com
10023	桐谷 健斗	男	26	東京都中野区	080-uuu-tttt	kiritani-kento@kasou.dokoka.com
10012	大川 幾三	男	32	青森県青森市	090-ccc-dddd	ookawa-ikuzo@dokoka.kasou.com
10003	山本 洋子	女	49	東京都板橋区	03-uuu-vvvv	youko-yamamoto@kasou.dokoka.co
10001	朝井 淳	男	52	埼玉県所沢市	04-xxx-yyyy	asai@kasou.dokoka.com
*			0			

重複した値があると主キーに設定できない

このように重複したレコードを検索したい場合、重複クエリウィザードを使用すると便利です。

7-1-2 重複クエリ ウィザード

ここでは、重複クエリ ウィザードを使って重複クエリを作成し、「顧客コード」フィールドの内容がまったく同じ値となっているレコードを検索する方法を解説します。

最初に［クエリウィザード］をクリックします（図2）。

図2 ［クエリウィザード］をクリック

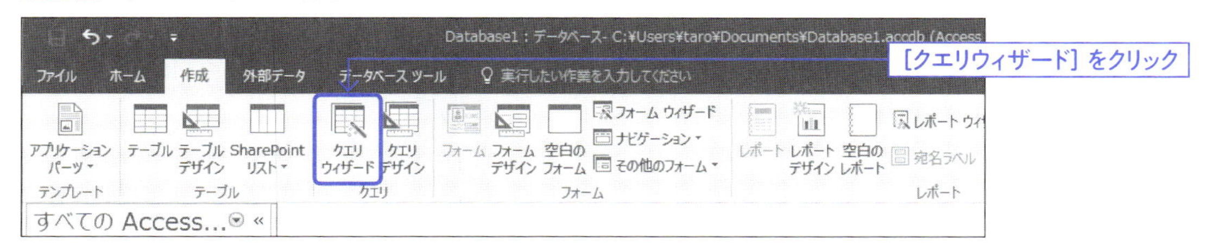

クエリウィザードの最初の画面では、ウィザードの種類をリストから選択します。［重複クエリ ウィザード］をクリックします。次に、［OK］をクリックします（図3）。

図3 ［重複クエリ ウィザード］をクリック

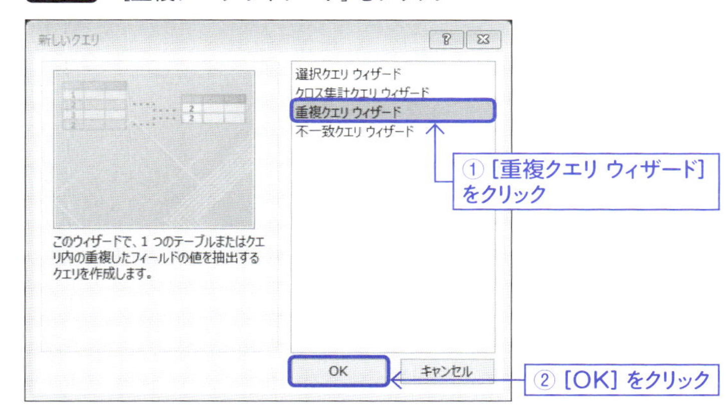

重複クエリ ウィザードの最初の画面では、対象となるテーブルの選択画面です。ここでは、「顧客」テーブル内の重複レコードを検索しますので、「テーブル:顧客」をクリックします。選択できたら、［次へ］をクリックします（図4）。

図4 検索対象のテーブルを選択

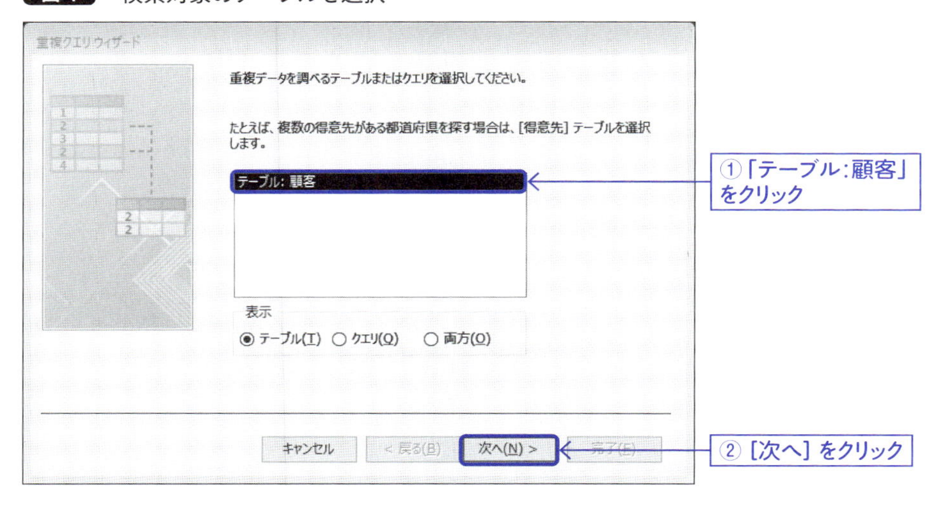

重複データを調べるフィールドを選択します。「顧客」テーブルの「顧客コード」が重複しているかを検索したいので、「顧客コード」をクリックします。[>]をクリックして、右のリストに移動させます。移動できたら、[次へ]をクリックします(図5)。

図5 重複データを調べるフィールドを選択

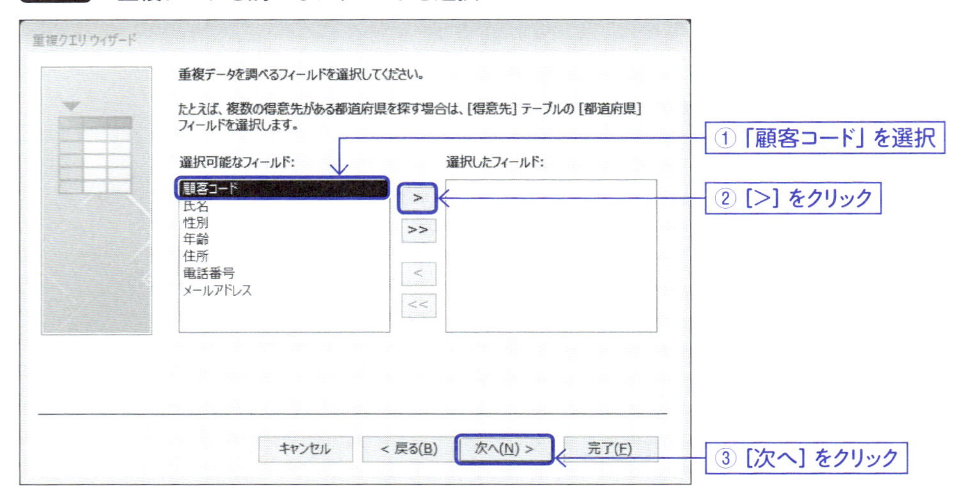

重複データを調べるフィールド以外のフィールドも結果に表示させたいので、残りのフィールドを[>>]をクリックして右のリストに移動させます。移動できたら、[次へ]をクリックします(図6)。

図6 結果に含めるそのほかのフィールドを選択

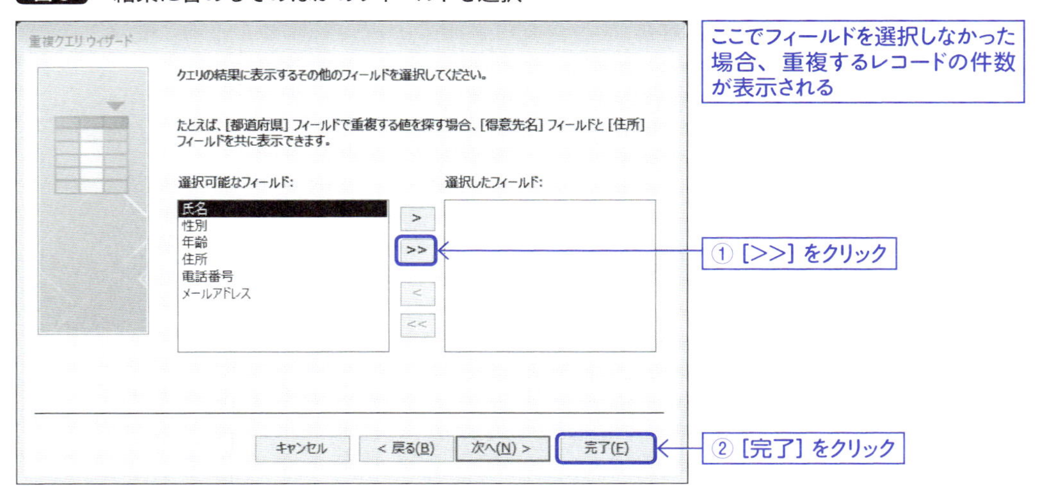

重複クエリ ウィザードでクエリを作成することができました。

顧客コードが同じレコードが結果として表示されます(図7)。

図7 クエリの結果表示

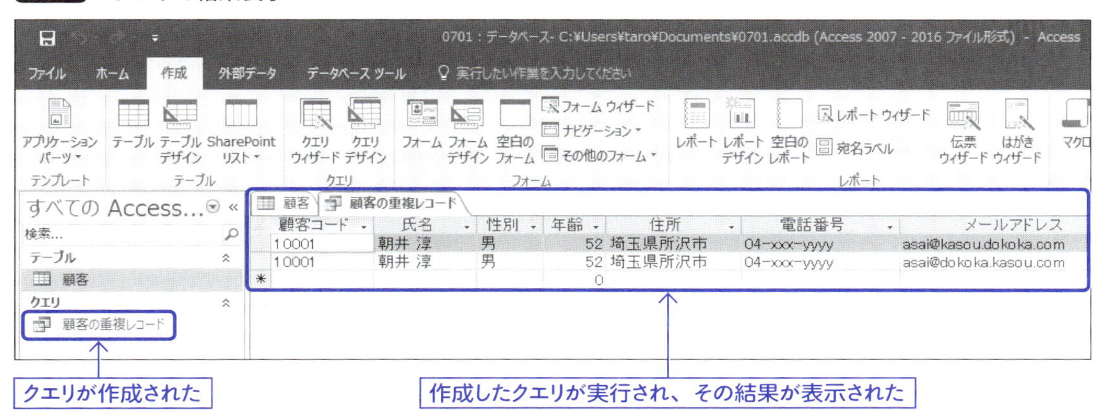

クエリの名前は自動生成で「顧客の重複レコード」になります。ウィザードの最後まで進めると名前を変更する画面になりますので、自動生成したくない場合は、ウィザードを最後まで進めてください。

なお、「顧客コード」を主キーに設定したい状況下であるのなら、重複しているどちらか一方の「顧客コード」を重複しない値に変更すれば、主キーに設定可能になります。また、どちらか一方のレコードを削除することでも対応可能です。

不一致クエリウィザード

2つのテーブルのレコードを比較して、一方のテーブルにはデータがあるが、もう一方のテーブルにはデータが存在しない、という検索を行いたい場合、不一致クエリウィザードを利用します。

7-2-1 2つのテーブルの差分の計算

2つのテーブルのレコードを比較して、差異を検索したい場合、不一致クエリウィザードで不一致クエリを作成すると簡単です。

不一致クエリは、2つのテーブルのレコードを比較して差分を計算するようなクエリです。顧客テーブルと注文テーブルを比較する不一致クエリでは、顧客テーブルには登録されているが、一回も注文していない顧客をリストアップするといったことが可能です(図8)。

不一致クエリは「未入力のデータがないか」といったことに応用可能です。

図8 不一致クエリ

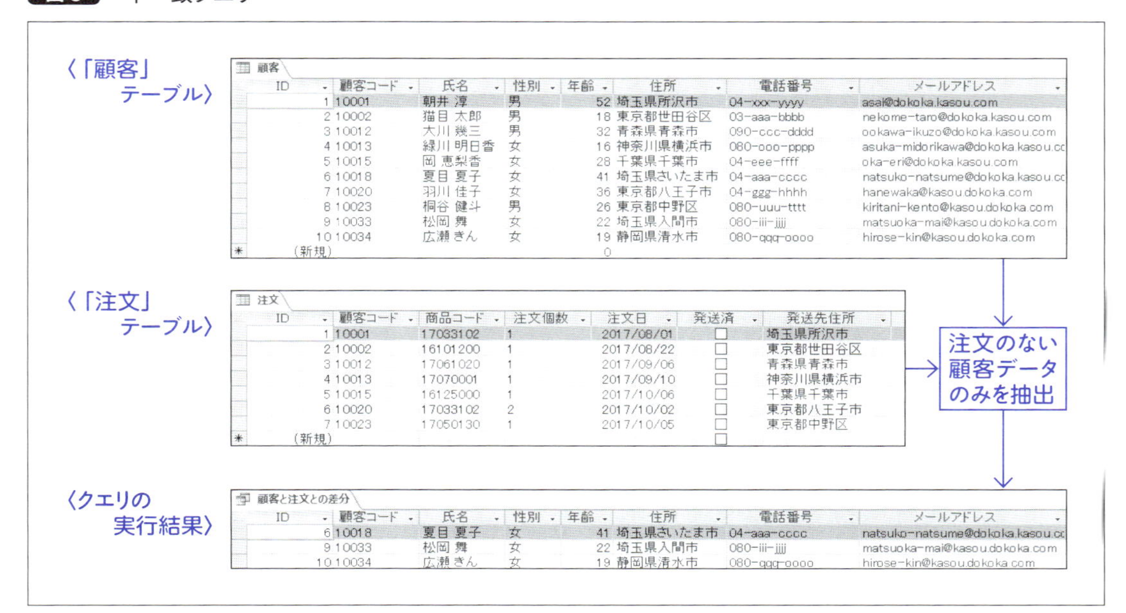

顧客

ID	顧客コード	氏名	性別	年齢	住所	電話番号	メールアドレス
1	10001	朝井 淳	男	52	埼玉県所沢市	04-xxx-yyyy	asai@dokoka.kasou.com
2	10002	猫目 太郎	男	18	東京都世田谷区	03-aaa-bbbb	nekome-taro@dokoka.kasou.com
3	10012	大川 幾三	男	32	青森県青森市	090-ccc-dddd	ookawa-ikuzo@dokoka.kasou.com
4	10013	緑川 明日香	女	16	神奈川県横浜市	080-ooo-pppp	asuka-midorikawa@dokoka.kasou.cc
5	10015	岡 恵梨香	女	28	千葉県千葉市	04-eee-ffff	oka-eri@dokoka.kasou.com
6	10018	夏目 夏子	女	41	埼玉県さいたま市	04-aaa-cccc	natsuko-natsume@dokoka.kasou.cc
7	10020	羽川 佳子	女	36	東京都八王子市	04-ggg-hhhh	hanewaka@kasou.dokoka.com
8	10023	桐谷 健斗	男	26	東京都中野区	080-uuu-tttt	kiritani-kento@kasou.dokoka.com
9	10033	松岡 舞	女	22	埼玉県入間市	080-iii-jjjj	matsuoka-mai@kasou.dokoka.com
10	10034	広瀬 きん	女	19	静岡県清水市	080-qqq-oooo	hirose-kin@kasou.dokoka.com
(新規)				0			

注文

ID	顧客コード	商品コード	注文個数	注文日	発送済	発送先住所
1	10001	17033102	1	2017/08/01	□	埼玉県所沢市
2	10002	16101200	1	2017/08/22	□	東京都世田谷区
3	10012	17061020	1	2017/09/06	□	青森県青森市
4	10013	17070001	1	2017/09/10	□	神奈川県横浜市
5	10015	16125000	1	2017/10/06	□	千葉県千葉市
6	10020	17033102	2	2017/10/02	□	東京都八王子市
7	10023	17050130	1	2017/10/05	□	東京都中野区
(新規)					□	

顧客と注文との差分

ID	顧客コード	氏名	性別	年齢	住所	電話番号	メールアドレス
6	10018	夏目 夏子	女	41	埼玉県さいたま市	04-aaa-cccc	natsuko-natsume@dokoka.kasou.cc
9	10033	松岡 舞	女	22	埼玉県入間市	080-iii-jjjj	matsuoka-mai@kasou.dokoka.com
10	10034	広瀬 きん	女	19	静岡県清水市	080-qqq-oooo	hirose-kin@kasou.dokoka.com

7-2-2 不一致クエリの作成

ここでは、顧客テーブルと注文テーブルの差分を不一致クエリで表示して、一回も注文したことがない顧客データを検索する方法を解説します。

［クエリウィザード］をクリックします（図9）。

図9 ［クエリウィザード］をクリック

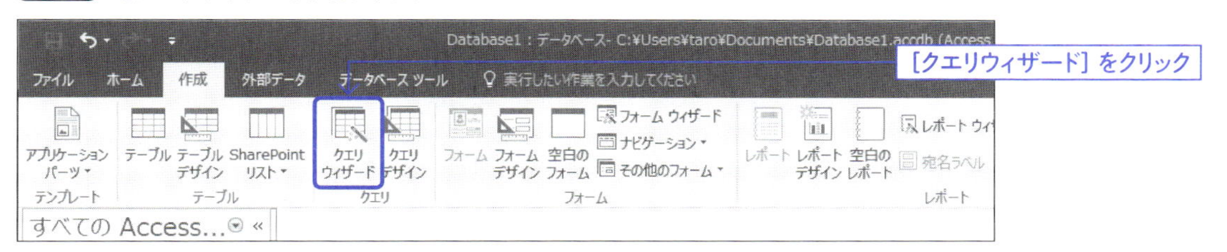

クエリウィザードの最初の画面では、ウィザードの種類をリストから選択します。［不一致クエリ ウィザード］をクリックします。次に、［OK］をクリックします（図10）。

図10 ［不一致クエリ ウィザード］をクリック

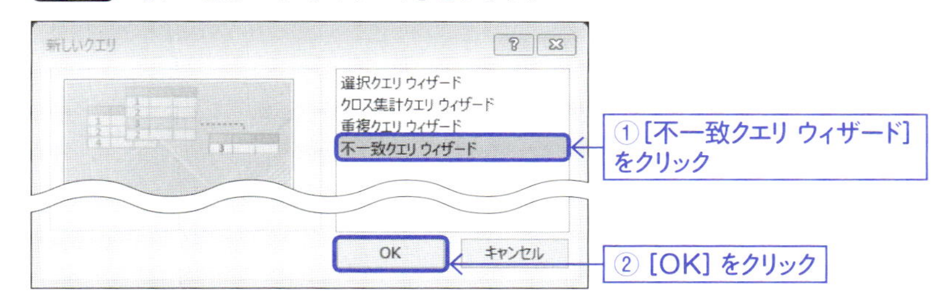

不一致クエリ ウィザードの最初の画面では、対象となるテーブルの選択画面です。ここでは、顧客テーブル内の未注文の顧客を検索しますので、「テーブル：顧客」をクリックします。選択できたら、［次へ］をクリックします（図11）。

図11 検索対象のテーブルを選択

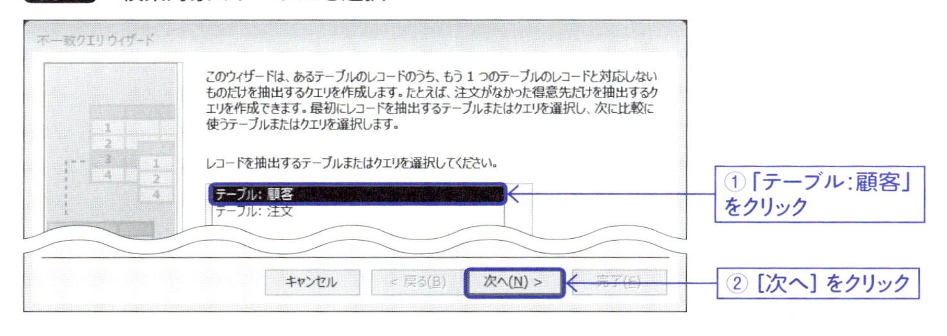

比較を行うテーブルを選択します。「注文」テーブルにレコードが存在するかどうかで判断しますので、「注文」テーブルを選択します。「テーブル:注文」をクリックして選択します。選択できたら、[次へ]をクリックします(図12)。

図12 比較先のテーブルを選択

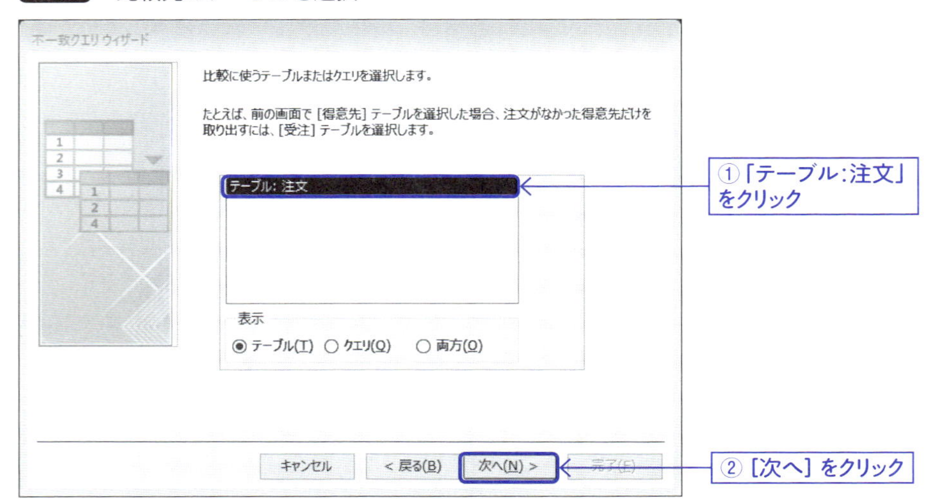

不一致クエリでは、外部結合を行って、差分を計算します。結合条件で使用するフィールドを選択します。「顧客コード」が同じであることが結合条件になりますので、両方のリストから「顧客コード」をクリックして選択します(図13)。

図13 結合条件となるフィールドを選択

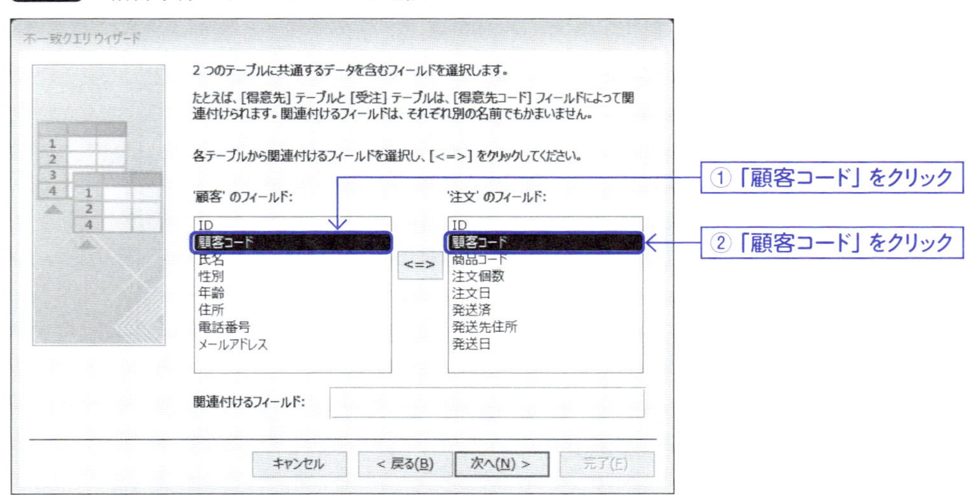

両方のリストで「顧客コード」が選択されている状態で、[<=>]をクリックします。[完了]をクリックしてウィザードを終了します(図14)。

図 14 結合条件を作成する

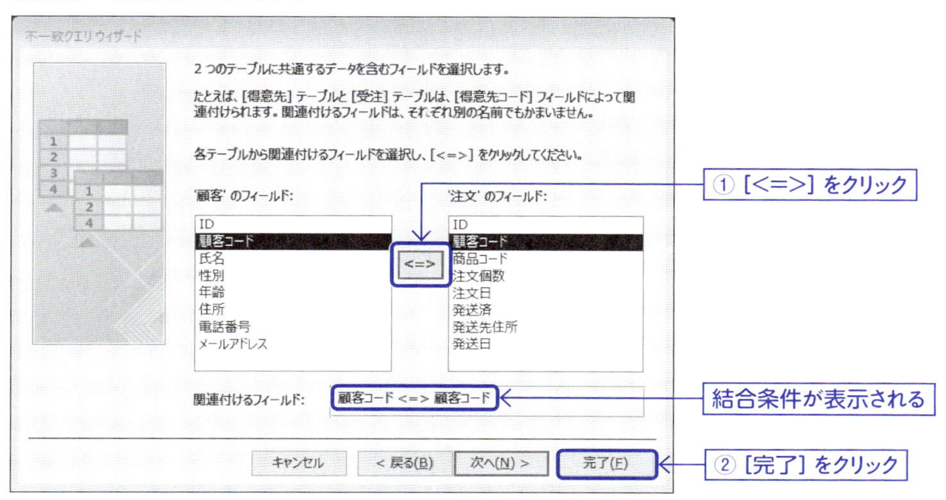

不一致クエリ ウィザードでクエリを作成することができました。注文のない顧客テーブルのレコードが結果として表示されます(図15)。

図 15 結果の表示

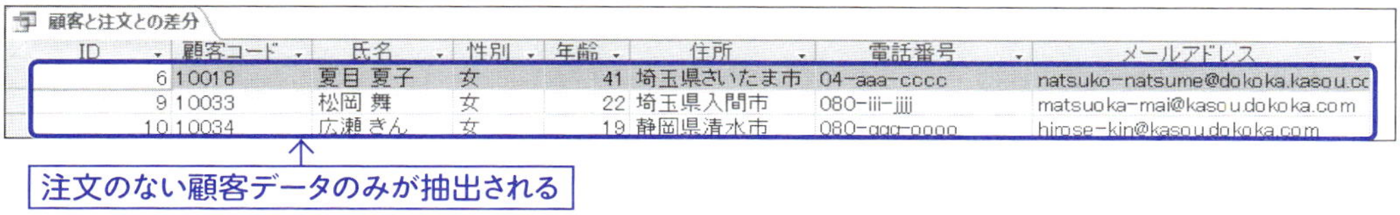

顧客と注文との差分

ID	顧客コード	氏名	性別	年齢	住所	電話番号	メールアドレス
6	10018	夏目 夏子	女	41	埼玉県さいたま市	04-aaa-cccc	natsuko-natsume@dokoka.kasou.cc
9	10033	松岡 舞	女	22	埼玉県入間市	080-iii-jjjj	matsuoka-mai@kasou.dokoka.com
10	10034	広瀬 きん	女	19	静岡県清水市	080-ggg-oooo	hirose-kin@kasou.dokoka.com

注文のない顧客データのみが抽出される

クエリの名前は自動生成で「顧客と注文との差分」になります。ウィザードの最後まで進めると名前を変更する画面になりますので、自動生成したくない場合は、ウィザードを最後まで進めてください。

ユニオンクエリ

異なるテーブルから共通するデータを取り出して、1つのテーブルにレコードをまとめるという作業を行うことがあります。その場合、ユニオンクエリを利用します。

7-3-1 テーブルの結合

システムが異なると、同じようなデータでも列名や並びが異なっていることがほとんどです。図16の例はいずれも発送先の住所と電話番号を扱うテーブルです。

図16 「システムA」と「システムB」の「配送先」テーブル

〈「システムAの配送先」テーブル〉

システムAの配送先

	ID	宛名	連絡先	郵便番号	住所1	住所2	備考	ク
	1	朝井 淳	04-xxx-yyyy	359-XXXX	埼玉県所沢市	3丁目		
	2	山田 太郎	03-aaa-cccc	156-XXXX	東京都世田谷区	XXマンション202		
*	(新規)							

〈「システムBの配送先」テーブル〉

システムBの配送先

	氏名	郵便番号	住所
	猫目 太郎	156-XXXX	東京都世田谷区
	松岡 舞	358-XXXX	埼玉県入間市
	広瀬 きん	424-XXXX	静岡県清水市
*			

ここでは、これらのテーブルから共通するデータを取り出して、1つのテーブルにレコードをまとめたいケースを想定します。

共通するフィールドは、「宛名(氏名)」、「郵便番号」と「住所」です。「住所」については、システムAでは2つのフィールドに分割されているので、文字列結合して1つのフィールドにする作業も必要です。

まずは、それぞれのテーブル用に、共通部分だけを抽出するようなクエリを作成します。2つのクエリが作成できたら、それらをUNION(ユニオン)で結合します(図17)。

図17 クエリの実行結果

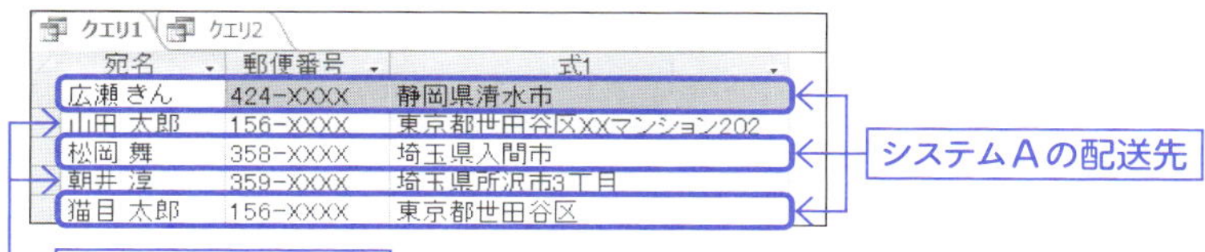

7-3-2 ユニオンクエリ

ユニオンクエリは、SQLビューでしか編集できないクエリとなります。最初はデザインビューでクエリを作成し、SQLビューに切り替えてUNION結合を行っていきます。

クエリを作成して、「システムAの配送先」テーブルを追加し、**図18**のように3つのフィールドを追加します。

図18 フィールドを追加

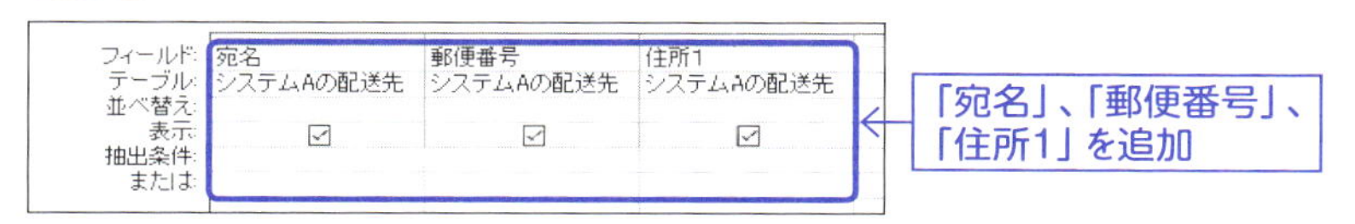

「住所１」の欄は、「住所２」と文字列結合して最終的に「住所」としたいので、「[住所１]&[住所２]」に変更します。「&」は文字列結合を行う演算子です。半角文字で入力します（**図19**）。入力しにくいようならビルダーを使っても構いません。

図19 [住所１]と[住所２]を文字列結合

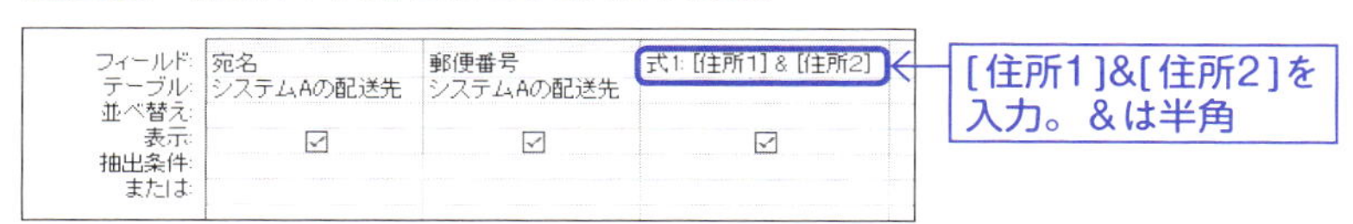

ここまでの状態で一度クエリを実行させてみます。まだ選択クエリの状態なので、デザインビューに戻すことが可能です。[実行]をクリックします（**図20**）。

図20 選択クエリを実行

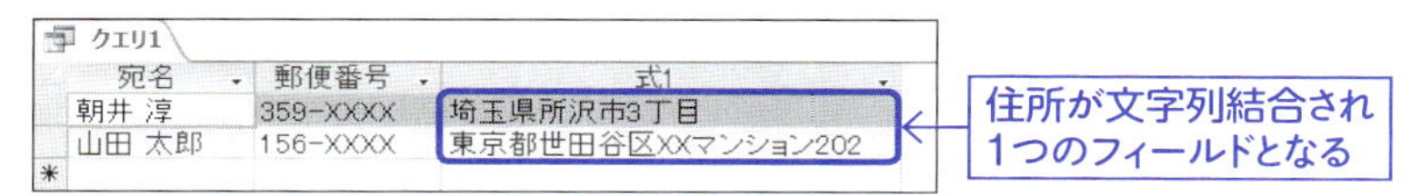

CHAPTER 7

抽出されるデータが「宛名」と「郵便番号」、それに文字列結合して作成した住所の３つのフィールドとなることを確認しましょう。文字列結合がうまくいっているかも同時に確認します。

クエリ１は、とりあえず完成です。この状態で置いておきます。

クエリを新しく作成して、「システムBの配送先」テーブルを追加します。図21のように3つのフィールドを追加します。

図21 フィールドを追加

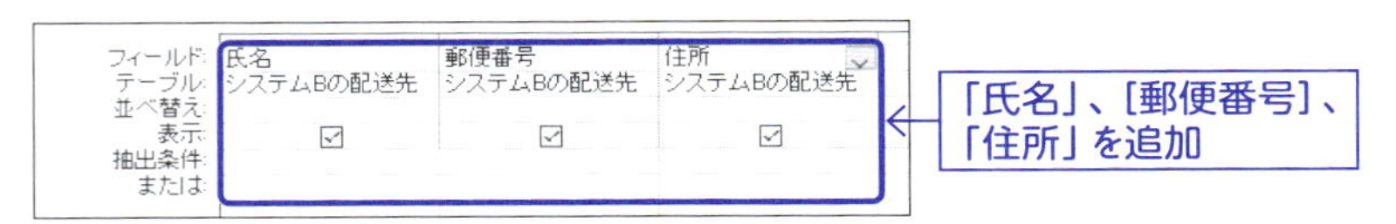

クエリ２は無加工で問題ありません。ここまでの状態で一度クエリを実行させてみます。［実行］をクリックします。

抽出されるデータが「氏名」と「郵便番号」、それに「住所」の３つのフィールドとなることを確認しましょう（図22）。クエリ１と同じ構成になっていることが重要です。

図22 選択クエリを実行

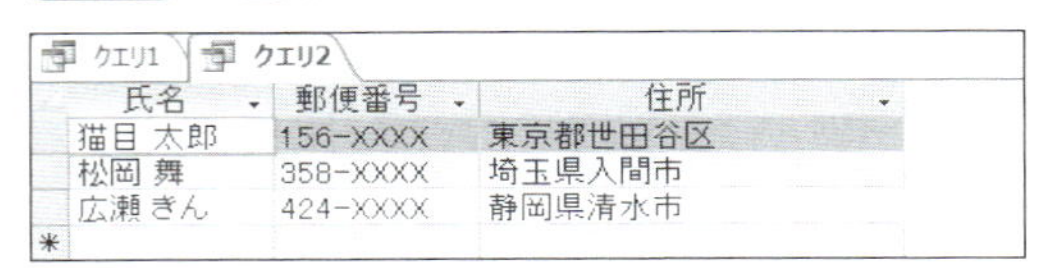

クエリ２をSQLビューで表示します。［表示］の［SQLビュー］をクリックして、SQLビューに切り替えます（図23）。

図23 クエリ２をSQLビューで表示

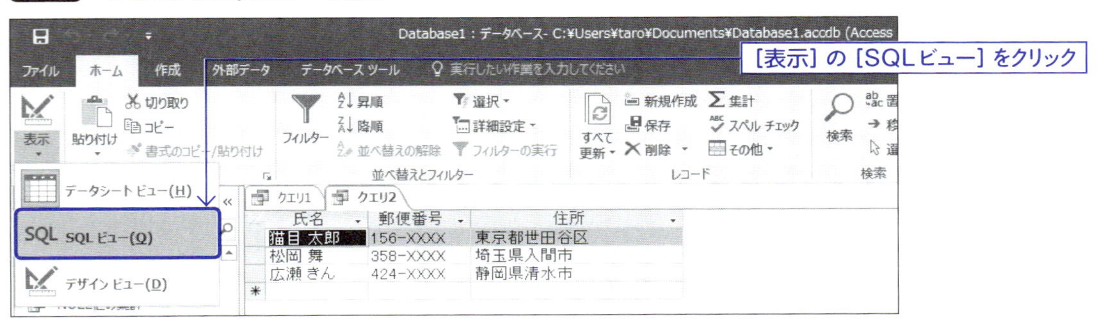

クエリ２の内容がSQL命令で表示されますので、これをコピーします。既に選択状態で表示されますので、そのまま Ctrl ＋ C キーを押します（図24）。

図24 クエリ２のSQL命令をコピー

クエリ１をSQLビューで表示します。「クエリ１」をクリックして選択し、［表示］の［SQLビュー］をクリックして、SQLビューに切り替えます。クエリ１のSQL命令を改造してユニオンクエリに修正していきます。

SQL命令全体が反転表示されており、選択状態なので、命令文の最後にある「;」のあたりをクリックして選択状態を解除します（図25）。

図25 クエリ１をSQLビューで表示

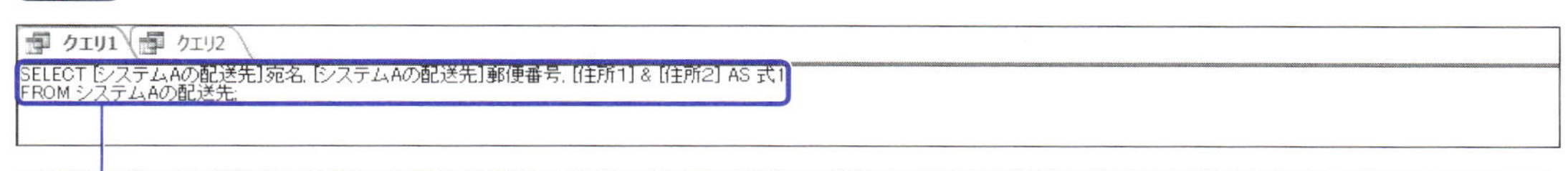

SQL命令は、最後が「;」（セミコロン）で終わっています。セミコロンが命令の終わりであることを意味します。ユニオンクエリは、２つのSELECT命令をUNIONで結合した１つのSQL命令になりますので、セミコロンは、最後に付ける必要があります。セミコロンを削除します（図26）。

図26 Back space キー押してセミコロンを削除

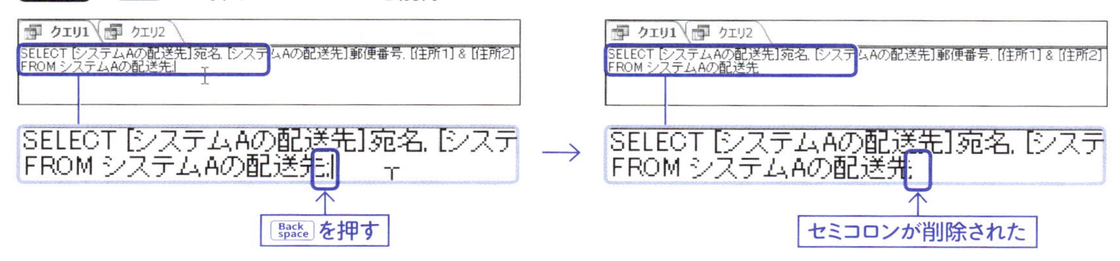

SQLビューでのSQL命令の編集作業は、主にキーボードを使って行います。

次のようにクエリ1のSELECT命令に続けて改行を置いてから「UNION」を入力します。UNIONの入力後、Enterキーを押して改行しておきます（図27）。

図27 UNIONを入力

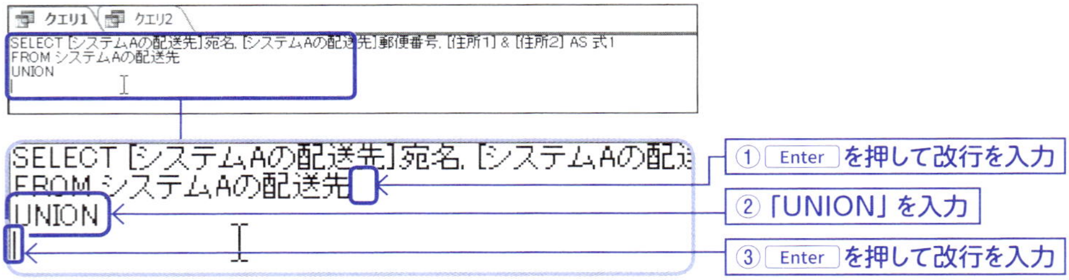

SELECT [システムAの配送先].宛名, [システムAの配送先].郵便番号, [住所1] & [住所2] AS 式1
FROM システムAの配送先
UNION

① Enter を押して改行を入力
② 「UNION」を入力
③ Enter を押して改行を入力

図24でクリップボードにコピーしたクエリ2のSQL命令をクエリ1に貼り付けます。貼り付ける位置は、入力したUNIONの下になるようにします（図28）。

図28 クエリ2のSQL命令を貼り付け

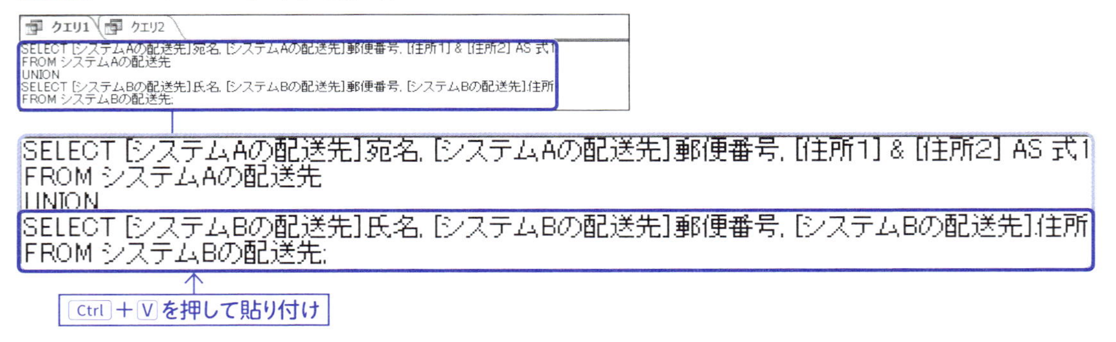

［実行］をクリックします。システムAの配送先とシステムBの配送先の両方からデータが抽出されました（図29）。

図29 UNIONクエリを実行

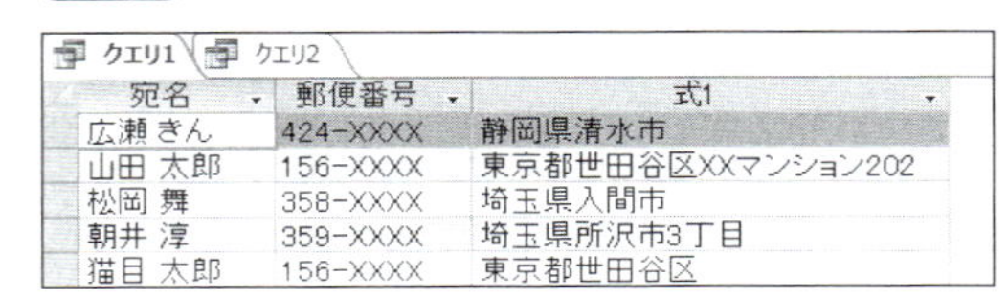

宛名	郵便番号	式1
広瀬 きん	424-XXXX	静岡県清水市
山田 太郎	156-XXXX	東京都世田谷区XXマンション202
松岡 舞	358-XXXX	埼玉県入間市
朝井 淳	359-XXXX	埼玉県所沢市3丁目
猫目 太郎	156-XXXX	東京都世田谷区

7-3-3 ユニオンクエリの注意点

ユニオンクエリを使用する際の注意点を以下に挙げておきます。

最初に、ユニオンクエリを作成すると、デザインビューでは表示できなくなるということです。そのため、クエリを変更する場合、SQL命令を変更しなければなりません。

次にSQL命令の最後には、「;」(セミコロン)が必要になります。ユニオンクエリでは、SELECT命令が2つ結合されて1つの命令になります。最初のSELECT命令で完了しません。そのため、2つ目のSELECT命令の最後にセミコロンを付けるようにします。

また、レコードの並び順に注意してください。並び順はORDER BYで指定することが可能ですが、最後のSELECT命令に付ける必要があります。7-3-2のクエリの場合、図30のようにすると並び順を指定できます。

図30 ユニオンクエリの並び順の指定

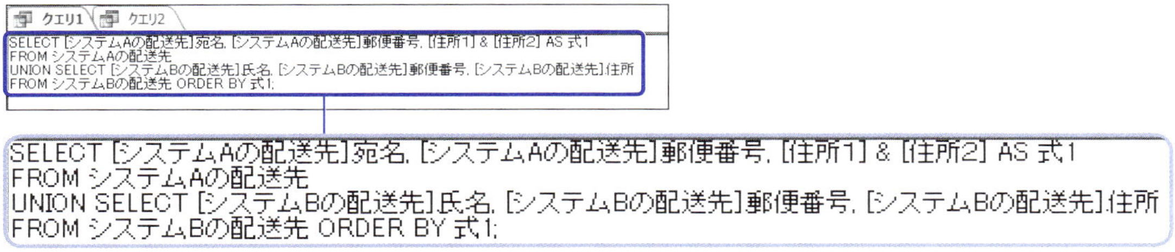

```
SELECT [システムAの配送先]宛名, [システムAの配送先]郵便番号, [住所1] & [住所2] AS 式1
FROM システムAの配送先
UNION SELECT [システムBの配送先]氏名, [システムBの配送先]郵便番号, [システムBの配送先]住所
FROM システムBの配送先 ORDER BY 式1;
```

なお、必要であれば、システムが許す限りいくつでもSELECT命令をUNIONで結合することができます。ただし、各SELECT命令で抽出されるフィールド数と型が合致していなければなりません。

最後に、2つのテーブルにまったく同じデータがあった場合、1レコードにまとめられることに注意ください。それぞれのレコードを異なるレコードとして結果を得たい場合は、「UNION ALL」を使用しましょう。

パススルークエリ

外部のデータベースとのやり取りをAccessから行うことができます。その際、パススルークエリを利用することができます。

7-4-1 外部のデータベースとのやり取り

Accessでは、コンピュータのローカルファイルにデータが保存されます。クエリを処理する内部エンジンは、accdbファイルにデータを記録したり、検索したりといったことを行います。

複数の端末から構成されるようなデータベースシステムでは、データベースは外部のサーバに保存しておき、データの抽出や保存をAccessから指示するようなことが行われます。

ここまでに説明してきたとおり、リレーショナルデータベースでのデータ操作は、SQL命令で行うことが可能です。

外部データベースがリレーショナルデータベースである場合、AccessのSQLビューでSQL命令でのクエリを作成しておき、それをそのまま外部データベースで実行させることも可能です（**図31**）。

図31 パススルークエリでの外部データベースアクセスの様子

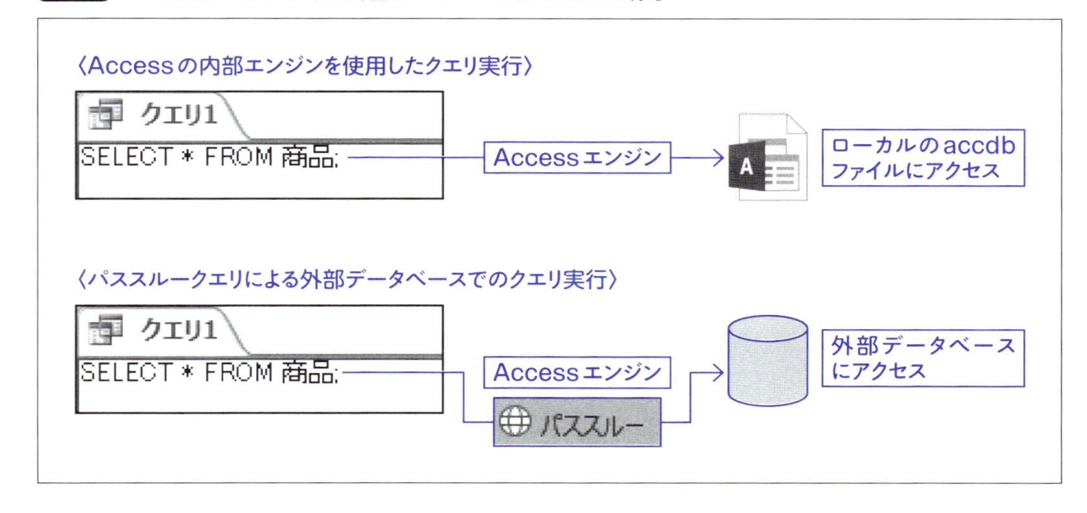

7-4-2 パススルークエリの作成

外部データベースでクエリを実行する仕組みはパススルークエリと呼ばれます。ここでは、パススルークエリの作成方法について解説します。以降、216ページまでの操作にはSQL Serverが必要です。

[作成]の[クエリデザイン]をクリックしてクエリを作成し、テーブルを追加せず[テーブルの表示]を終了させます(図32)。

図32 クエリを作成

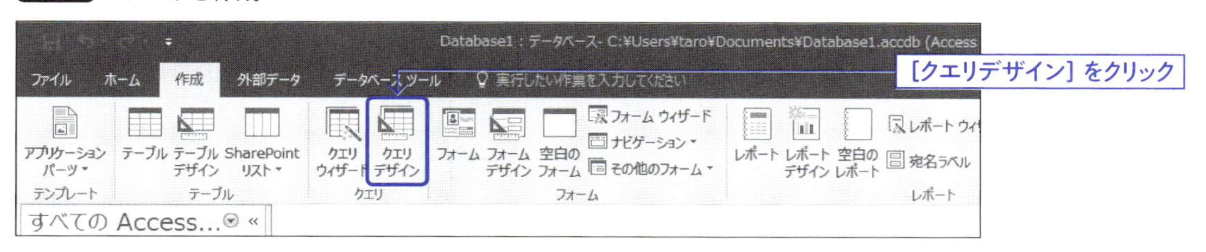

[デザイン]タブの[パススルー]をクリックします。すると、SQLビューに切り替わります。パススルークエリはSQLビューでしか編集することができません(図33)。

図33 パススルークエリに変更

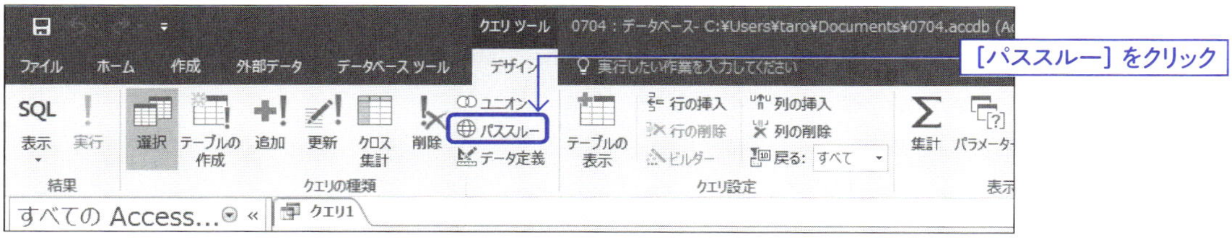

パススルークエリでは、外部データベースに接続させるための設定が必要になります。[プロパティシート]をクリックして、プロパティ シートを表示させます。

図34 プロパティ シートを表示

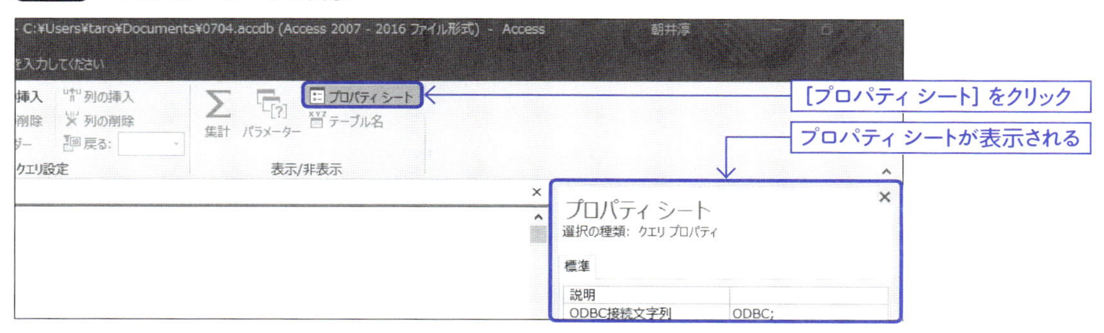

プロパティ シートの[ODBC接続文字列]をクリックします。横に、…が表示されるので、これをクリックします(図35)。

図35 ODBCでデータソースを選択

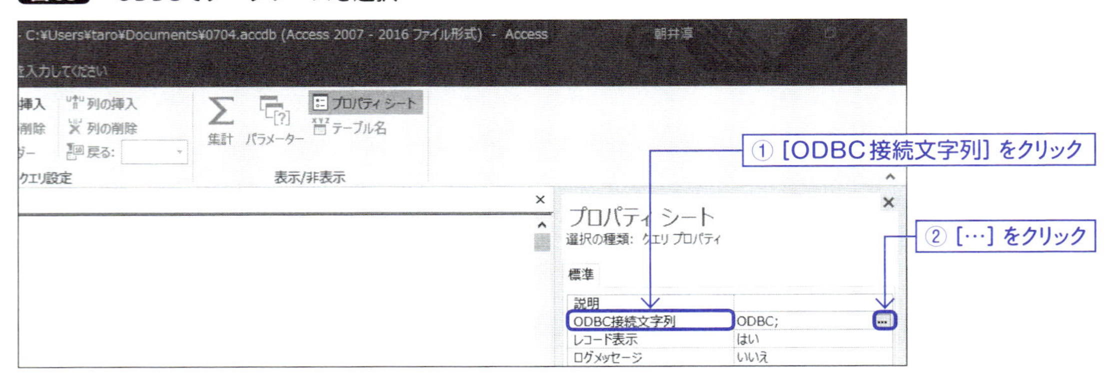

クエリを実行させたい外部データベースのデータソースを選択します。図36は、SQL Serverへ接続するデータソースを選択しています。選択したら[OK]をクリックします。

データソースは、自動的に作成されることはありませんので、ユーザーが接続先に合わせて作成する必要があります。[新規作成]をクリックすれば作成可能です。

図36 データソースを選択

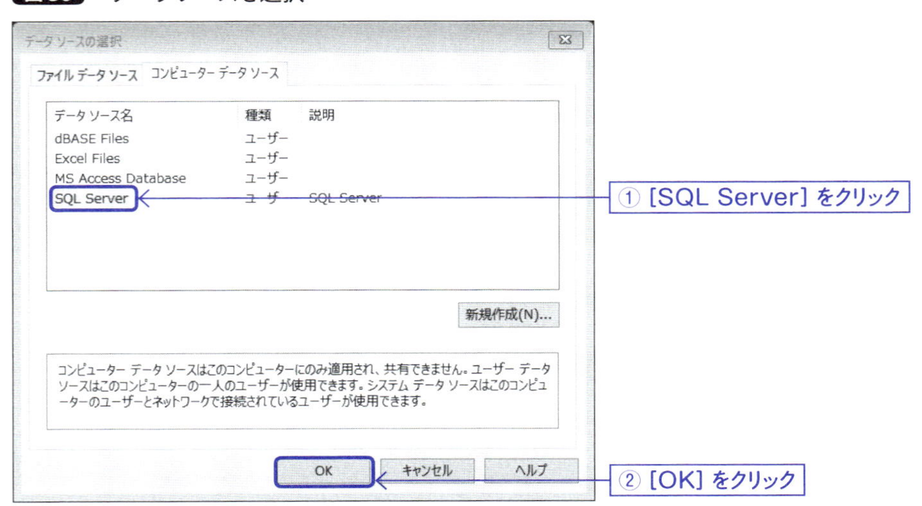

ODBC接続文字列にデータソースが設定されます。パスワードを含めるかどうかのウィンドウが表示されたら、[はい]をクリックします。SQLビューに図37のSELECT命令を入力します。

クエリは、現在の日時を取得するものです。

図37 SQLの入力

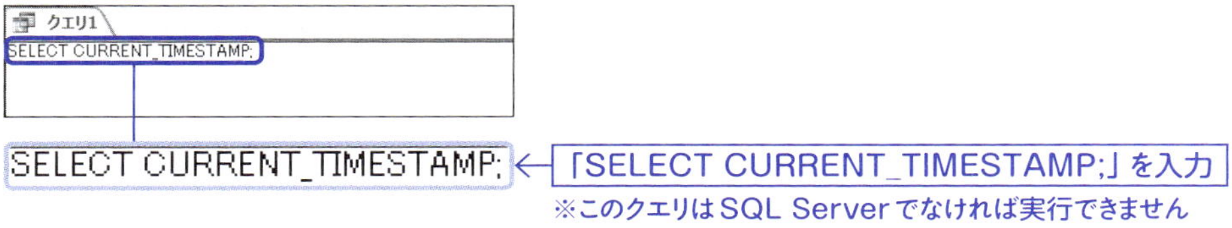

クエリ1
SELECT CURRENT_TIMESTAMP;
SELECT CURRENT_TIMESTAMP;
「SELECT CURRENT_TIMESTAMP;」を入力
※このクエリはSQL Serverでなければ実行できません

パススルークエリであっても、実行方法はほかのクエリと同じです。[実行]をクリックするとクエリが実行され、データシートビューで表示されます(**図38**)。

図38 SQL命令の実行

クエリ1
Expr1000
2017/10/28 11:19:26
クエリが実行されて
結果が表示された

クエリで日時を取得していますが、外部データベースに接続しているため、取得できる日時は外部データベースのものとなります。

なお、ODBC接続やSQL命令に不備があると、**図39**のような接続エラーが発生します。

図39 接続エラーの発生

Microsoft Access
ODBC--呼び出しが失敗しました。
[Microsoft][ODBC SQL Server Driver][SQL Server]列名 'CURRENT_TIMESTAM' が無効です。(#207)
OK
ヘルプ(H)

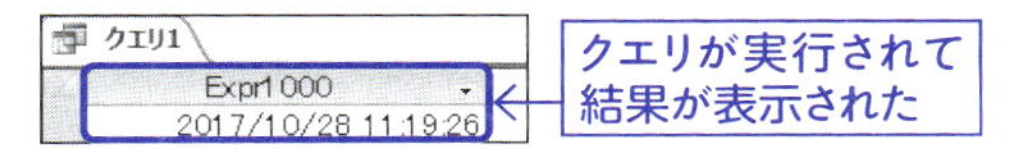

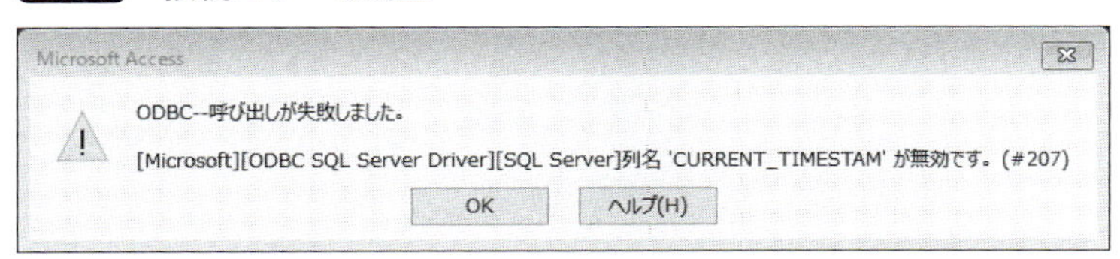

このようなエラーになったら、データソースに正しく接続できるか、SQL命令が正しいかどうかを確認します。パスワードを求められるメッセージが表示されたら、データソースに接続できるパスワードを入力します。

7-4-3 パススルークエリの注意点

パススルークエリは外部データベースで実行されます。SQL命令は、外部データベースでの文法に従っている必要があります。Accessで実行できるSQL命令であっても、外部データベースで実行できるとは限りません。

つまり、外部データベースに合わせたSQL命令でないと、実行時にエラーになる可能性があります。この点に注意すべきです。

また、外部データベースにSQL命令を発行する際には、自動的にトランザクション機構が働きます。トランザクション機構は、複数ユーザーでの利用を前提とした排他制御を行うためのデータベース処理機能です。

外部データベースの状況にもよりますが、SQL命令が受け付けられず処理時間がかかってしまう場合もあります。また、外部データベースにネットワーク経由で接続している場合は、ネットワーク障害でクエリの実行ができなくなることも想定されます。

なお、Accessでは、外部データベースにあるテーブルを自データベース内のテーブルと同じように扱うことができるリンクテーブルと呼ばれる機能があります。

リンクテーブルに対してのクエリを、パススルーにする必要はありません。Accessエンジンをパススルーすることなく、そのまま使用可能です。

プログラムから利用

CHAPTER 8

フォームから クエリの呼び出し

このCHAPTERでは、クエリがどのように使用されるのかを見ていきましょう。Accessではデータベースシステムを使い易いシステムとするために、フォームを利用することが多いと思います。

8-1-1 フォームからの呼び出し

Accessでは、業務内容に適した専用の操作画面をフォームで作成することができます。

Accessのフォームにはさまざまな作成方法がありますが、ここではクエリを実行するだけの簡単なフォームを作成してみたいと思います。実行させるクエリも同時に作成します(**図1**)。

フォームは、フォームのデザインビューで作成していきます。

図1 フォームからクエリを呼び出す

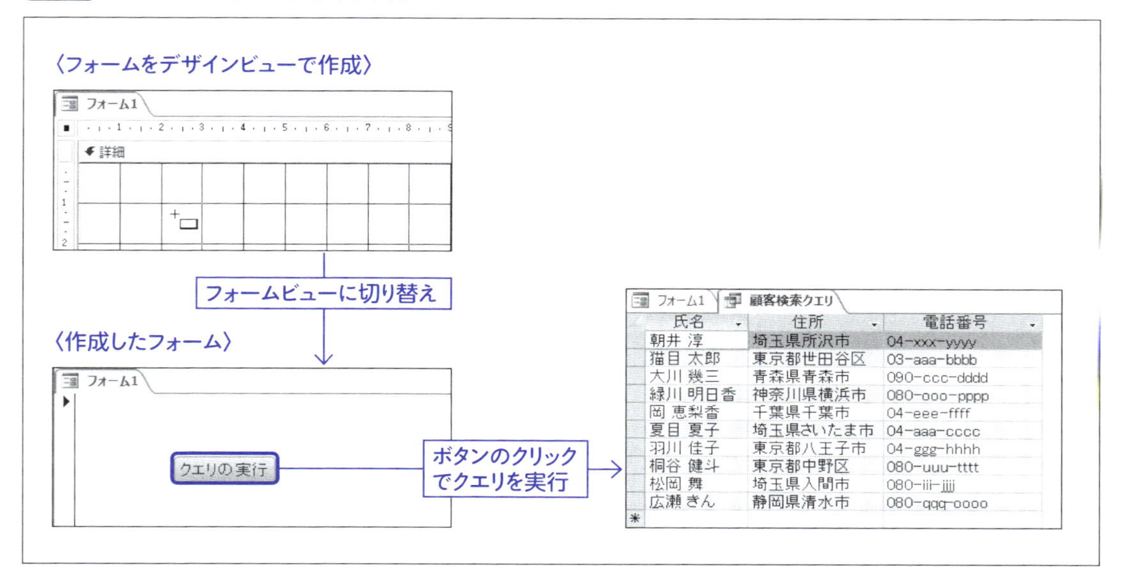

クエリを作成して、「顧客」テーブルを追加し、図2のように3つのフィールドを追加します。

図2 フィールドを追加

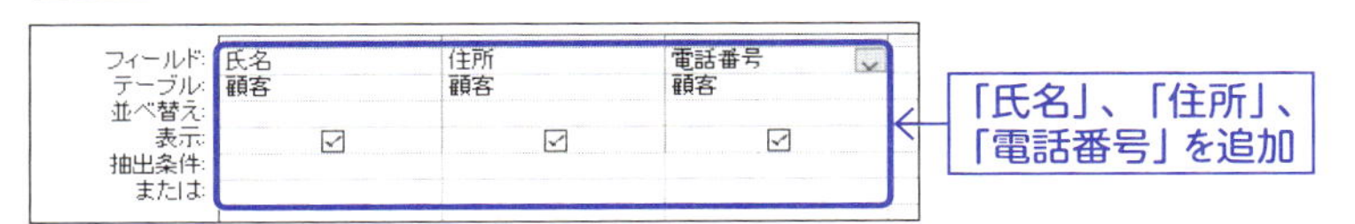

クエリを呼び出すためには、クエリの名前を指定する必要があります。クエリのデザインビューを閉じて、作成したクエリを保存します。保存する際に、クエリの名称を「顧客検索クエリ」に変更します(図3)。

図3 クエリを保存

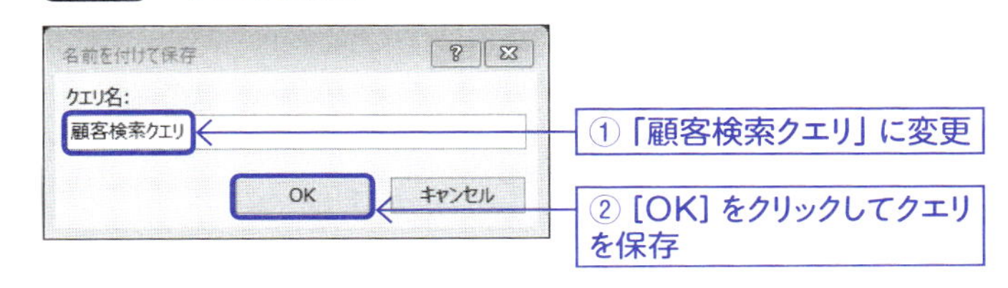

[作成]タブの[フォームデザイン]をクリックして、フォームを作成します(図4)。

図4 フォームを作成

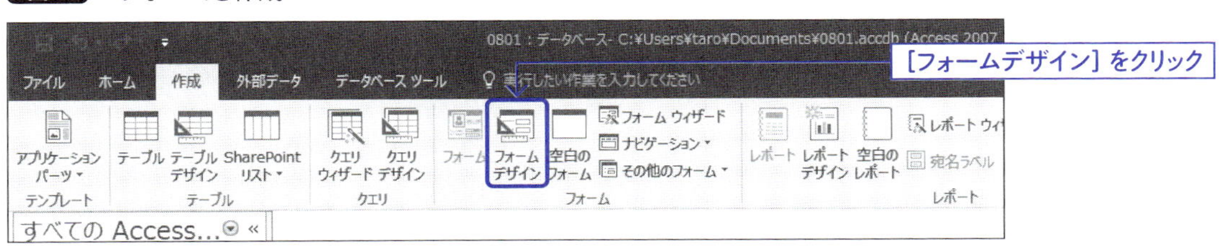

フォームがデザインビューで表示されるので、ここにボタンを配置します。コントロール内の[ボタン]をクリックして選択状態にします(図5)。また[コントロール ウィザードの使用]が有効になっていることを確認します(図6)。

図5 コントロールのボタンを選択

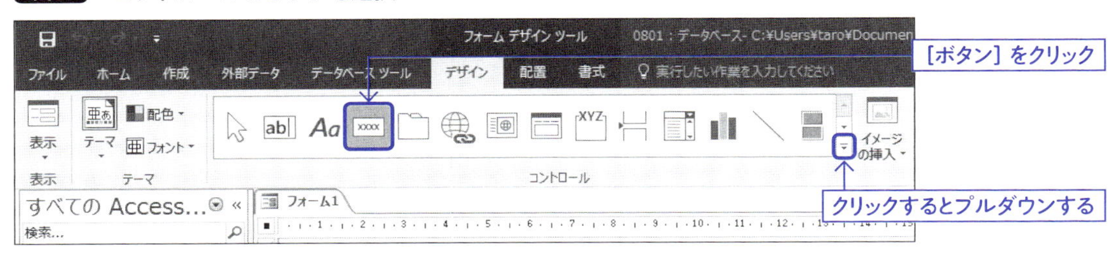

図6 ［コントロール ウィザードの使用］を確認

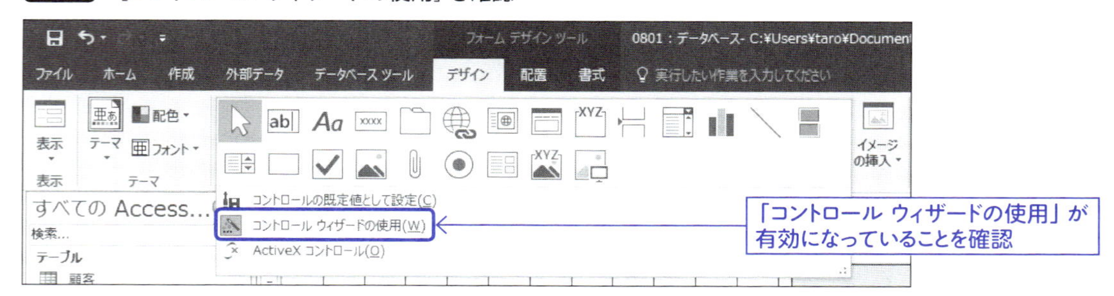

フォームの［詳細］と表示されている下の部分に、マウスカーソルを移動させます。マウスカーソルがボタンの形に変化しますので、ボタンを作成したい位置でクリックします（図7）。

図7 フォームにボタンを配置

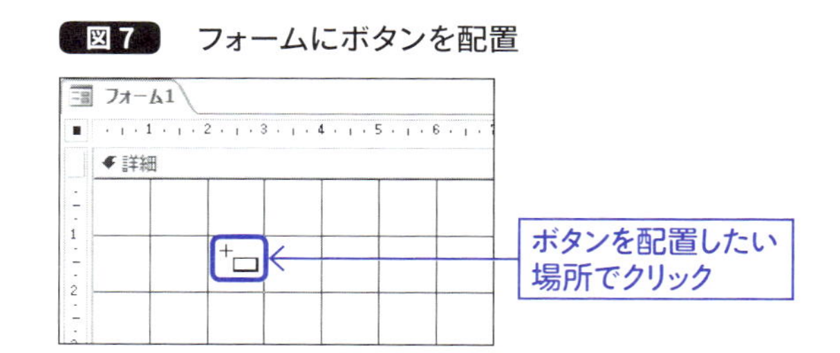

［コマンドボタン ウィザード］が表示されます。クエリの実行を行いたいので、種類は［その他］をクリックして、ボタンの動作から［クエリの実行］をクリックして選択します。選択できたら、［次へ］をクリックしてウィザードを進めます（図8）。

図8 ［コマンドボタンウィザード］の表示

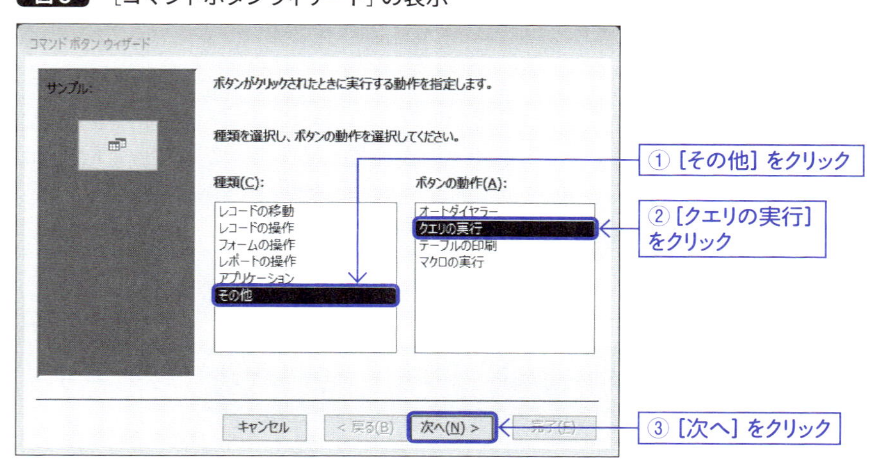

実行するクエリを選択します。リストから「顧客検索クエリ」を選択します。選択できたら、[次へ]をクリックしてウィザードを進めます(図9)。事前にクエリを作成しておく必要があることに注意してください。

図9 クエリの選択

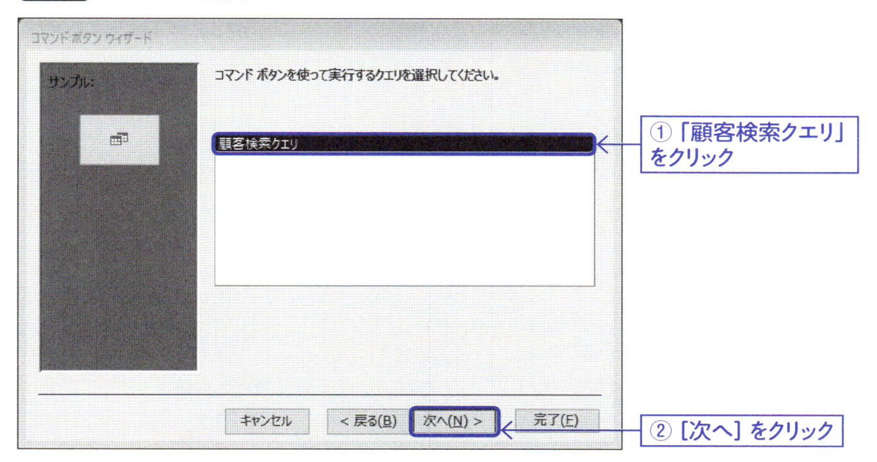

ボタンの表示名称を決定する画面です。[文字列]をクリックして、選択します。選択できたら、[次へ]をクリックしてウィザードを進めます(図10)。

図10 ボタンの表示名称

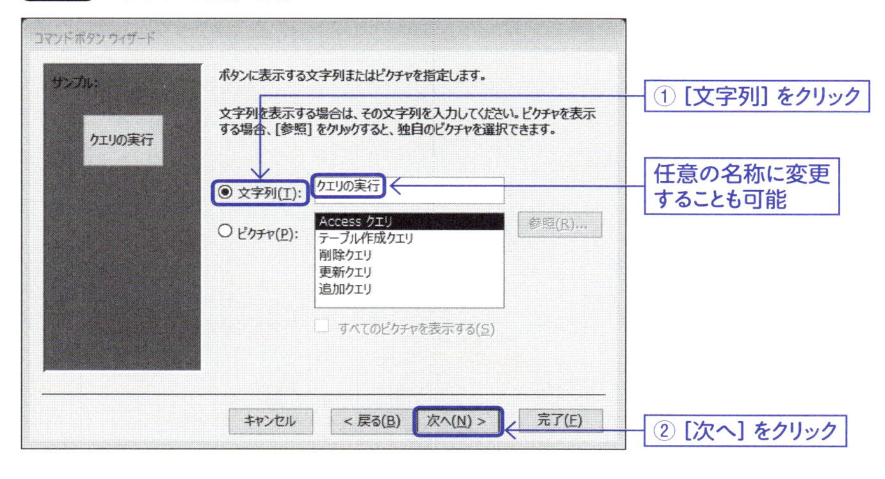

次ページの図11はボタンの名称を決定する画面です。変更する必要がないので、そのまま、[完了]をクリックしてウィザードを終了します。

図 11 ボタンの名称

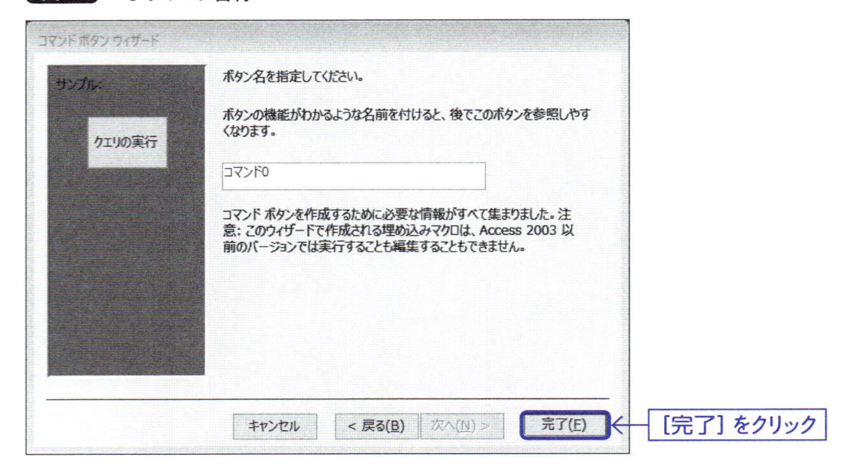

［表示］をクリックして、フォームビューに切り替えます（図12）。

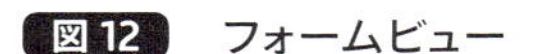
図 12 フォームビュー

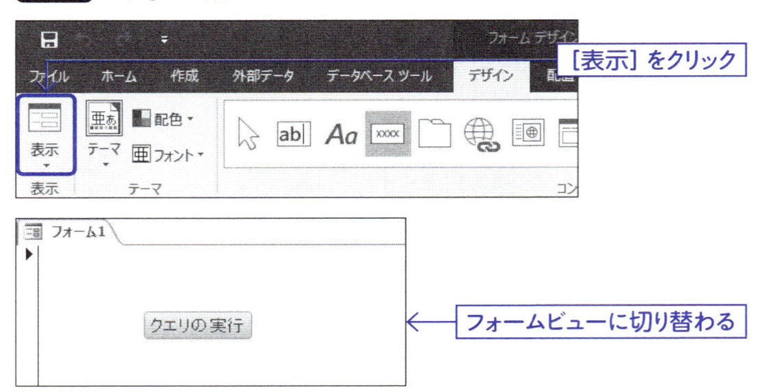

フォームについても、クエリと同様にビューが存在します。デザインビューがフォームを編集するモード、フォームビューがフォームを実行しているモードになります。

切り替わったら、作成した「クエリの実行」ボタンをクリックしましょう。クエリが実行されデータシートビューで表示されます（図13）。

図 13 クエリの実行

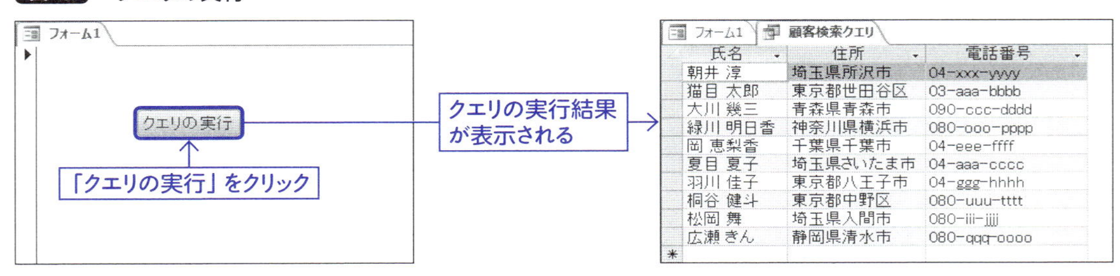

8-1-2 抽出条件付きのクエリの呼び出し

ここではフォームで入力した値を抽出条件に利用するクエリを実行させてみましょう。抽出条件は、「顧客」テーブルの「性別」フィールドとします(図14)。

図14 抽出条件付きのクエリ

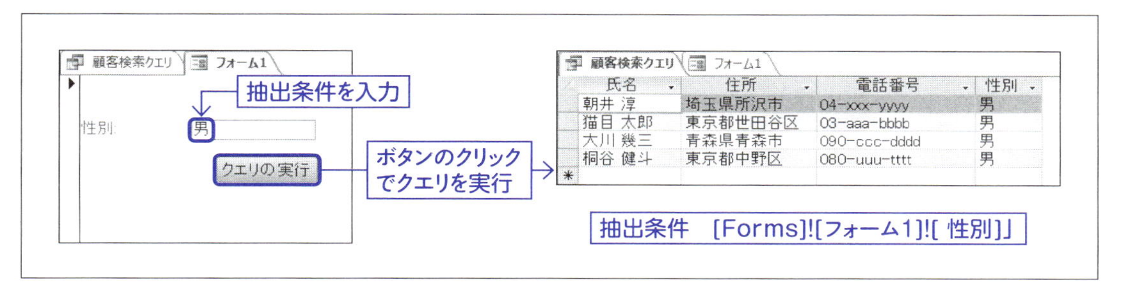

8-1-1(218ページ)を参考にして、フォームに「クエリの実行」を作成します。顧客検索クエリも作成します(図15)。

図15 「クエリの実行」の作成

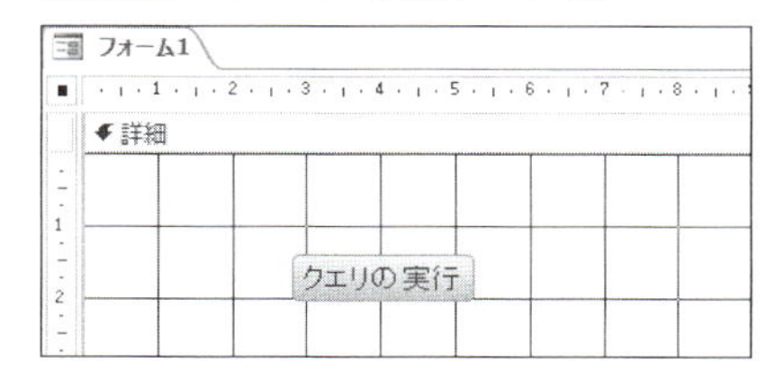

抽出条件を入力するための、テキストボックスを追加で配置します。コントロール内の[テキストボックス]をクリックして選択状態にします(図16)。

図16 [テキスト ボックス]をクリック

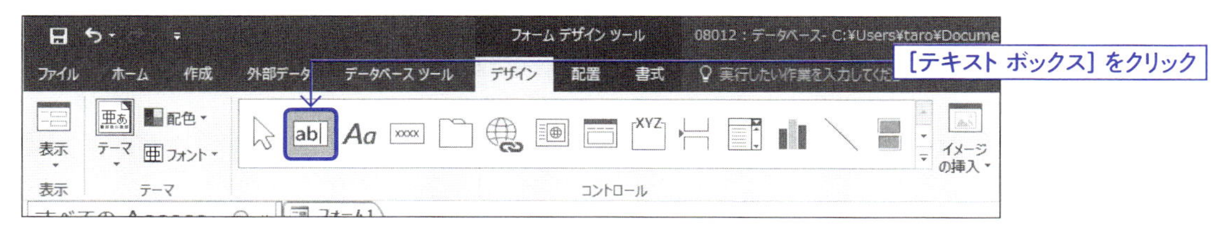

フォームの[詳細]と表示されている下の部分に、マウスカーソルを移動させます。マウスカーソルがテキストボックスの形に変化しますので、テキストボックスを作成したい位置でクリックします(図17)。

図17 テキストボックスを配置

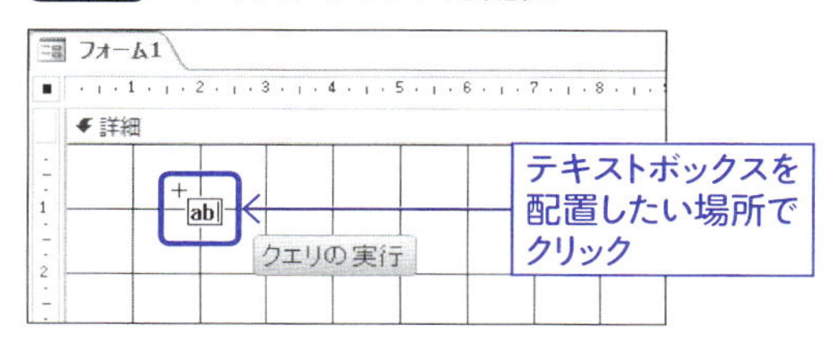

テキストボックス ウィザードが表示されます。最初の画面は見た目の設定です。特に変更する必要はありませんので、そのまま［次へ］をクリックしてウィザードを進めます（図18）。

図18 テキストボックスウィザード

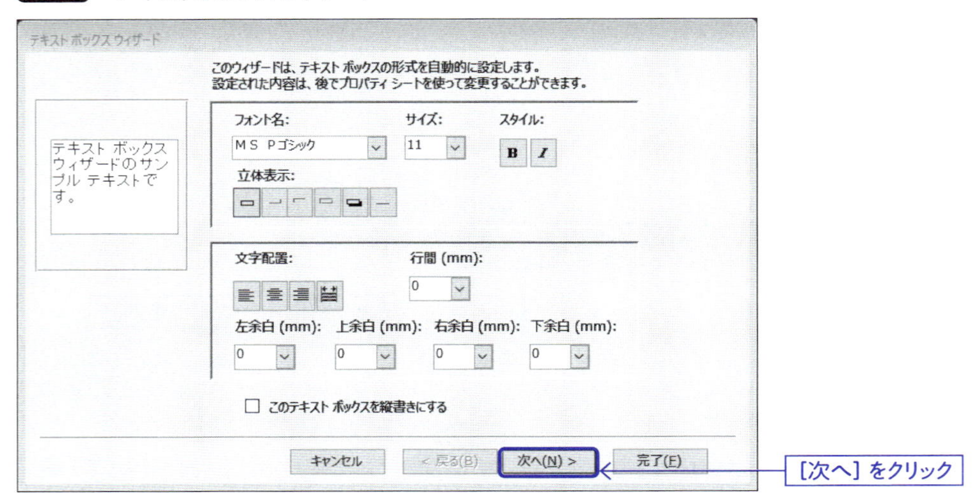

次の画面は漢字変換の設定です。特に変更する必要はありませんので、そのまま［次へ］をクリックしてウィザードを進めます（図19）。

図19 漢字変換の設定

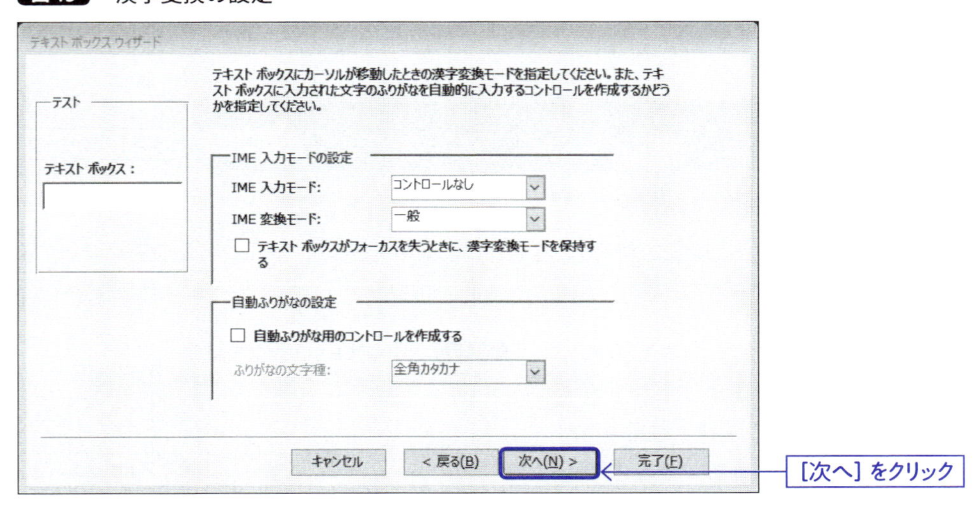

テキストボックスの名称を決定する画面です。「テキスト1」を「性別」に変更します。変更できたら、［完了］をクリックしてウィザードを終了します（図20）。

図20 テキストボックスの名称

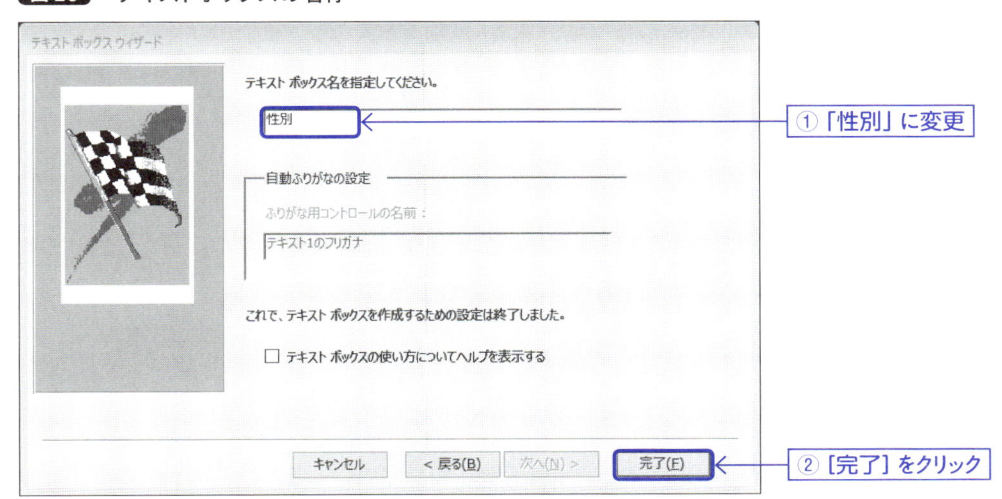

この時点で、フォームがどうなったかを確認します。［表示］をクリックして、フォームビューに切り替えます（図21）。

図21 フォームビュー

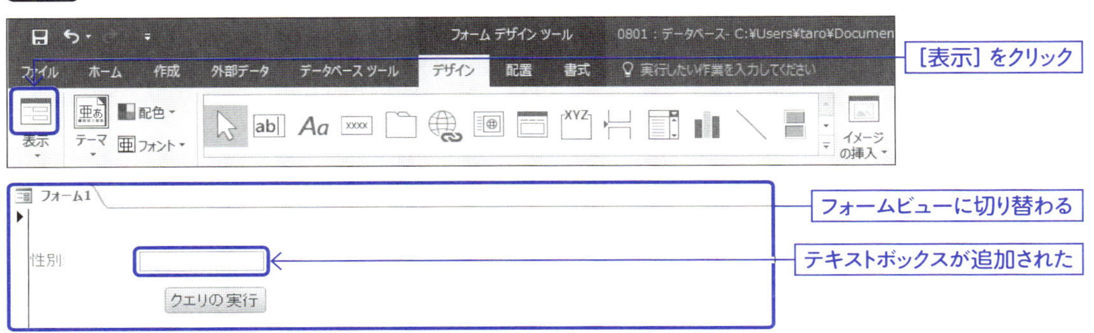

「性別」のテキストボックスが追加されています。［クエリの実行］でクエリを実行できますが、抽出条件はまだ設定していないので、全レコードが表示されます。

クエリからフォームに追加したテキストボックスを参照して、抽出条件としたいのですが、フォームが保存されていないと参照することができません。

フォームを閉じて、フォームを保存します。その際に、名称の入力を求められますが、ここでは「フォーム1」のまま保存します（図22）。

図22 フォームを保存

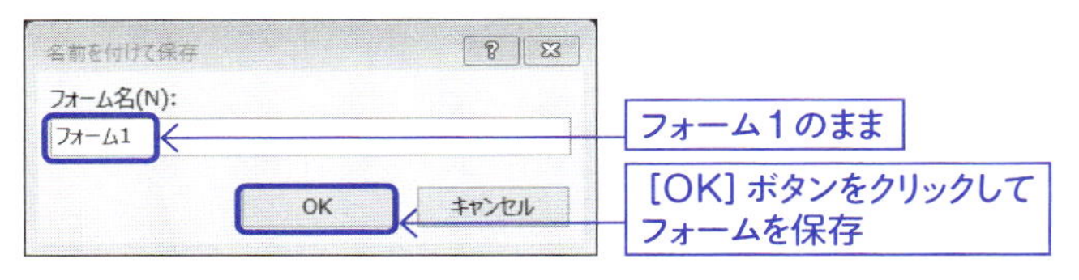

クエリ「顧客検索クエリ」をデザインビューで開きます。図23のように、性別の欄を4列目に追加してください。抽出条件の欄には、「[Forms]![フォーム1]![性別]」と入力します。この条件式はフォームに作成したテキストボックスへの参照になります。入力欄を広げると入力しやすいでしょう。式ビルダーで入力することもできます。

図23 クエリに抽出条件を追加

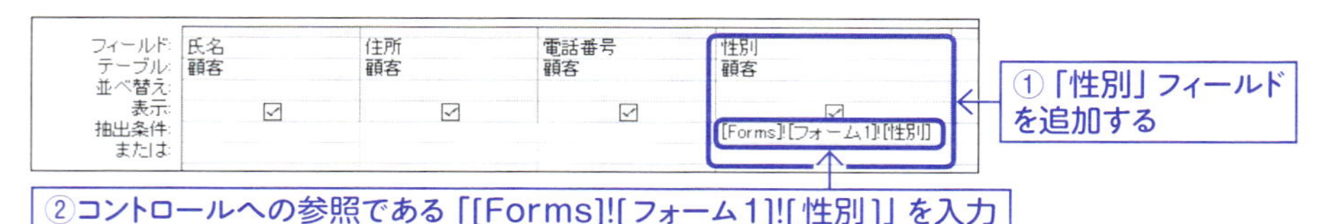

抽出条件を設定できたら、クエリを保存します。デザインビューのまま保存せずに編集状態にしておくと、変更が反映されていない状態なのでうまく動作しない場合があります。

[上書き保存]をクリックして、データベースファイル全体を保存します(図24)。

図24 クエリを保存

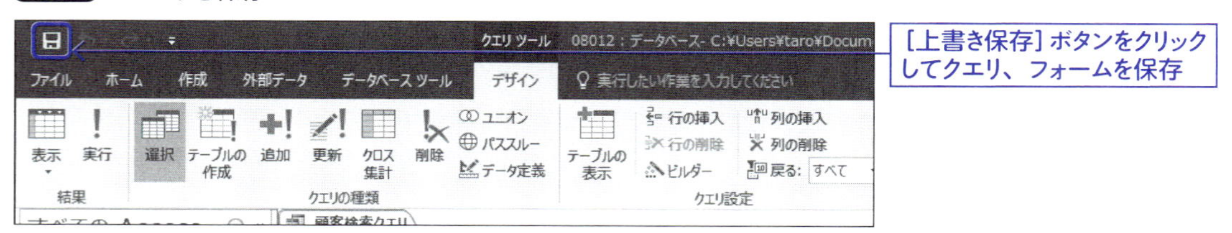

さて、これでフォームのテキストボックスで抽出条件を指定することができるようになりました。

動作確認していきます。「フォーム1」をダブルクリックするとフォームビューで表示されます。

性別に「男」と入力して、[クエリの実行]をクリックしましょう。クエリが実行されデータシートビューで表示されます。この際に、抽出条件が付いているので、男のレコードのみが表示されます(図25)。

図25 クエリを実行

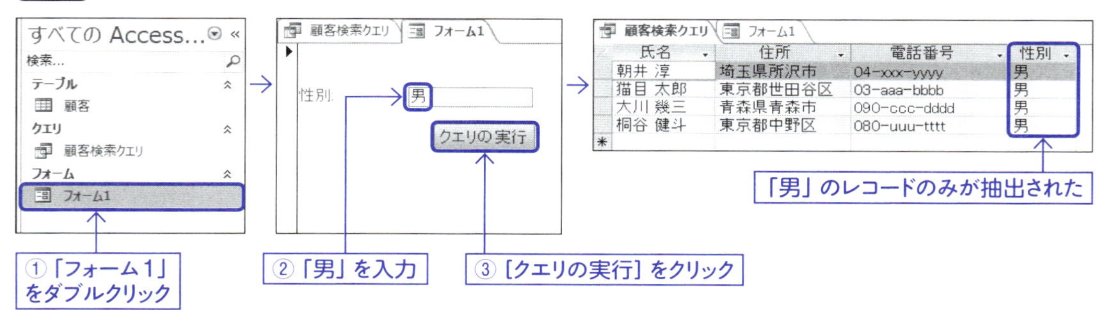

8-2 レポートからクエリの呼び出し

ここではクエリを使って、そのクエリの実行結果を印刷するためのレポートを作成する方法について解説します。

8-2-1 レポートからの呼び出し

日々の業務において帳票印刷の機能は重要なものです。現場への指示書を印刷したり、紙ベースでの見積書や請求書を印刷したり、といったことが事務処理作業としては多く発生します。

Accessにおける帳票は「レポート」の機能で作成し、印刷することができます。クエリの実行結果をレポート機能によらず、直接印刷することも可能ですが、ここではレポート機能を使用したクエリの実行結果の帳票印刷を解説します。

クエリを作成し、そのクエリの実行結果を印刷するためのレポートを作成します。

8-1-2（223ページ）を参考にして、クエリ「顧客検索クエリ」を作成してください（図26）。顧客検索クエリは、「顧客」テーブルから3つのフィールドを抽出するクエリです。

図26 「顧客検索クエリ」を作成

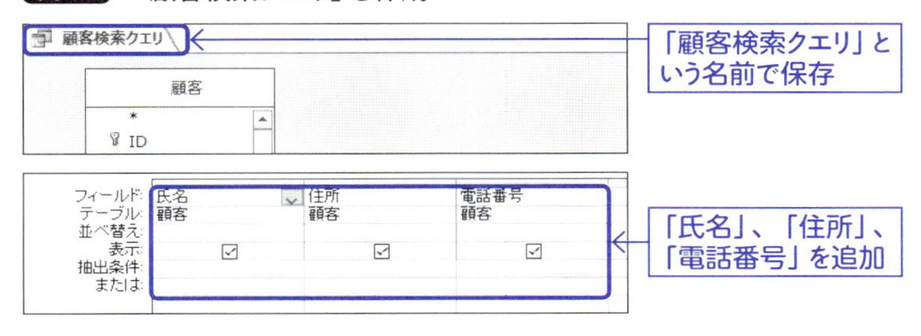

［作成］タブの［空白のレポート］をクリックします（図27）。レポートが作成され表示されます（図28）。

図27 レポートを作成

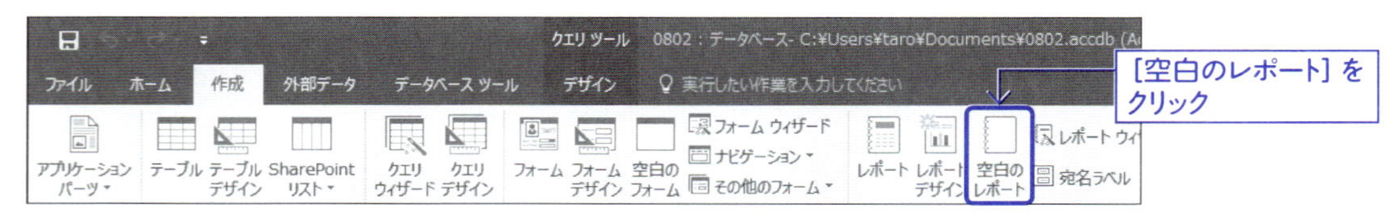

図28 作成された空白のレポート

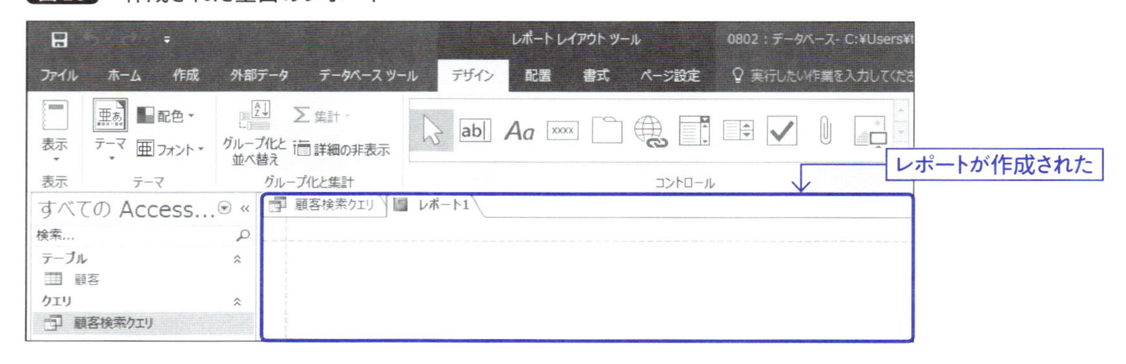

［デザイン］タブの［プロパティ シート］をクリックして、プロパティ シートを表示します。プロパティ シートを使って、レポートにクエリを関連付けます（図29）。

図29 プロパティ シートを表示

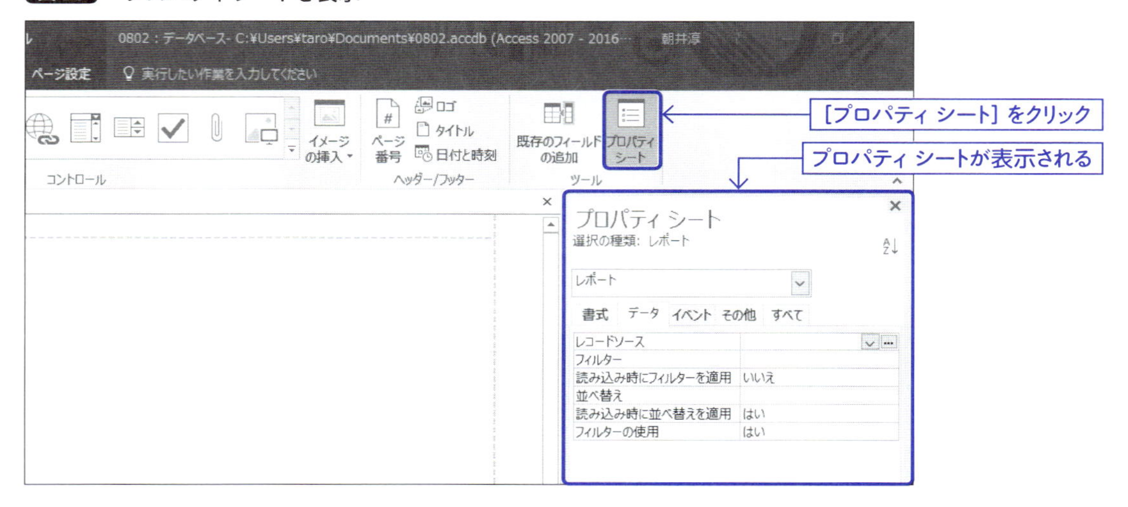

プロパティ シートの［データ］タブをクリックして表示させます（図30）。

図 30 [データ] をクリック

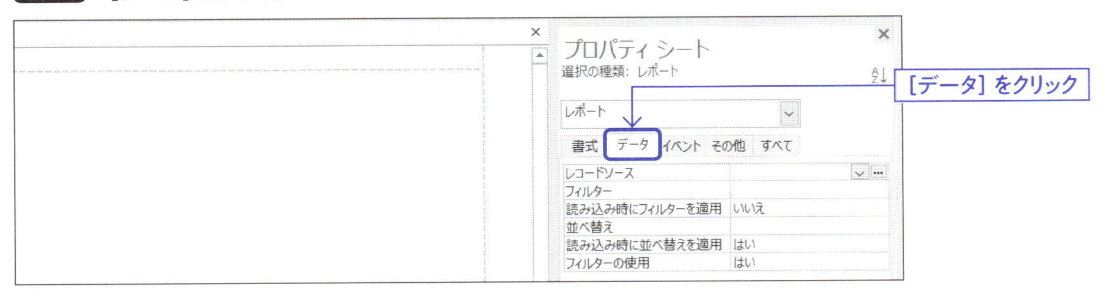

レコードソースのプロパティを「顧客検索クエリ」に設定します(図31)。

図 31 レコードソースを「顧客検索クエリ」に設定

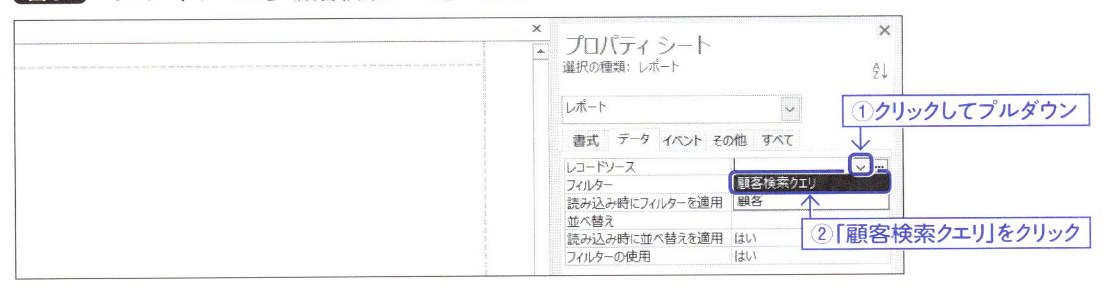

「顧客検索クエリ」の実行結果をどう表示させるかをフィールドごとに指定していきます。[デザイン]タブの[既存のフィールドの追加]をクリックして、フィールド リストを表示させます(図32)。

図 32 フィールド リストを表示

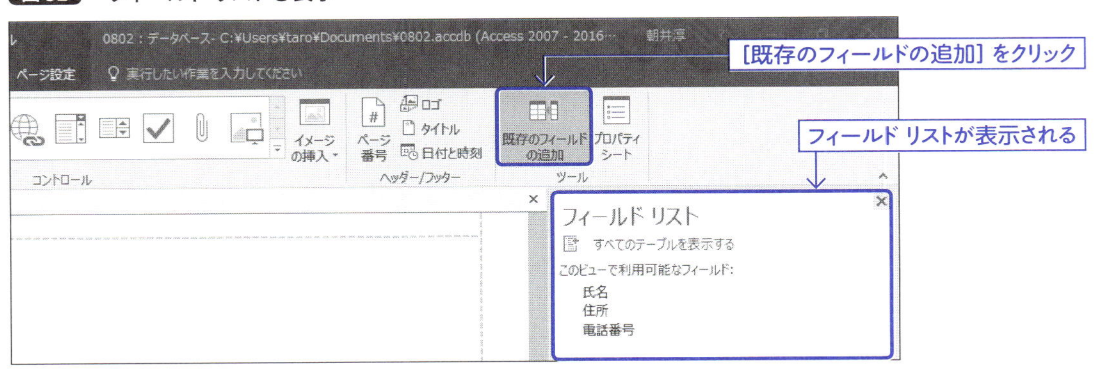

フィールド リストの「氏名」をクリックしたままドラッグし、「レポート1」にドラッグ&ドロップします。ドロップすると、「氏名」フィールドがレポートに追加されます(図33)。

図33 「氏名」をレポートにドラッグ＆ドロップ

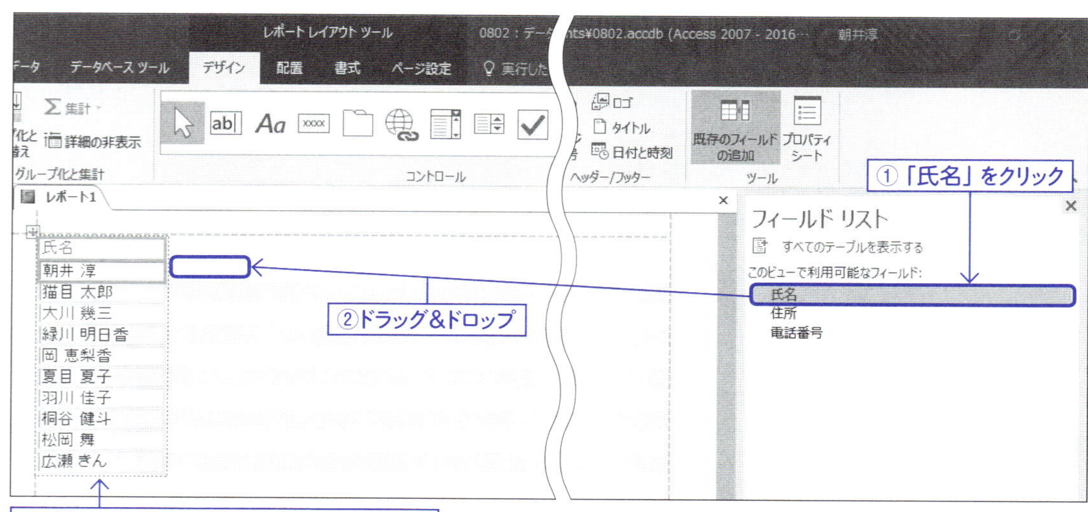

続けて、フィールド リストの「住所」をクリックしたままドラッグし、「レポート1」にドラッグ＆ドロップします。このとき、ドロップする位置を氏名の右横にします（図34）。

図34 「住所」をレポートにドラッグ＆ドロップ

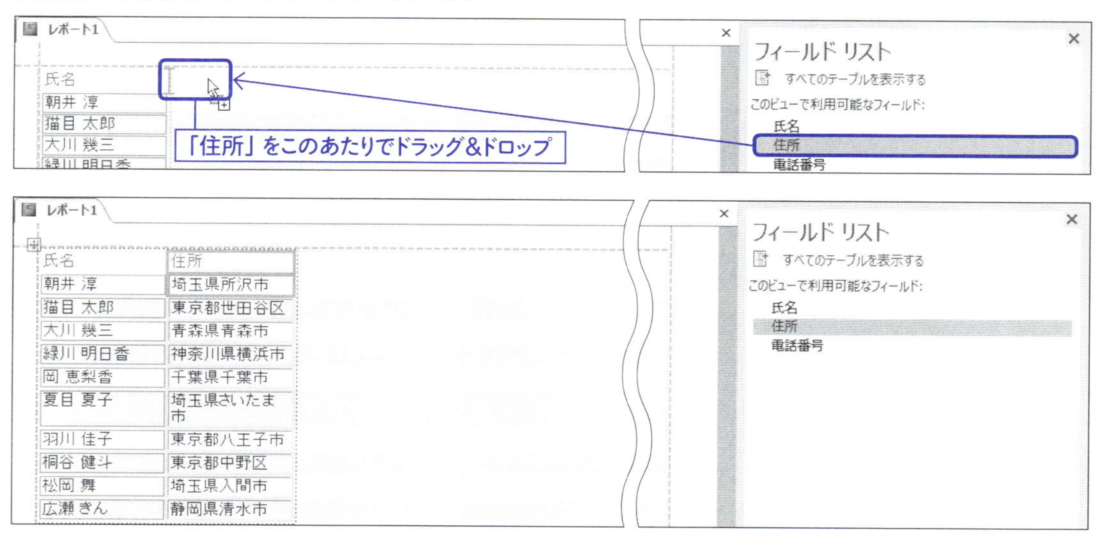

住所の表示列の大きさを調整します。住所の表示列の右端をドラッグすると、幅を調整することができます。フォントなどの調整はプロパティ シートで行うことが可能です（図35）。

図35 「住所」の表示列を拡大

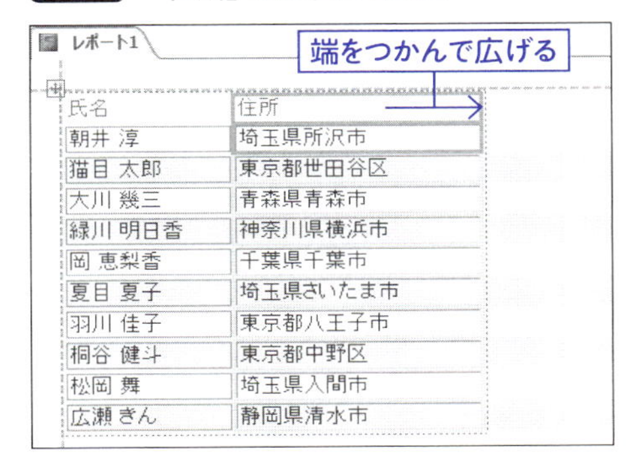

「電話番号」フィールドも必要であれば、同様の操作でレポートに追加することができます。ここでのレポート作成は、ここで終了にします。作成したレポートがどのように印刷されるかを印刷プレビューで確認しましょう（図36，図37）。

図36 ［印刷プレビュー］をクリック

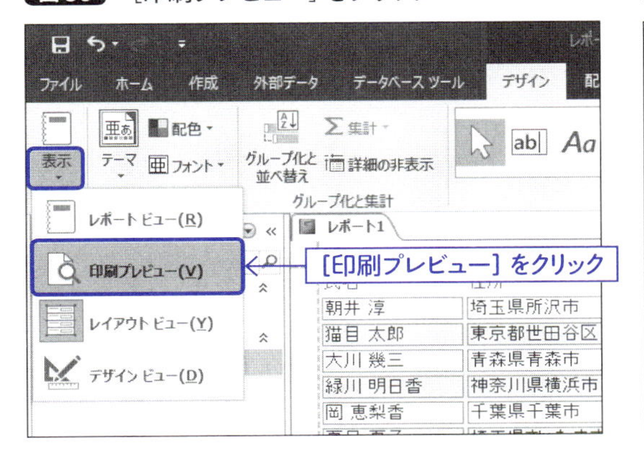

図37 印刷プレビュー

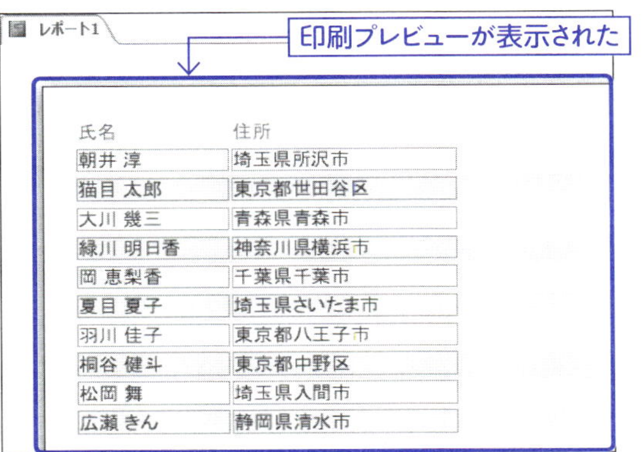

8-2-2 レポートでクエリを使用する場合の注意点

クエリに並べ替え条件が設定されていても、レポートでは並べ替え条件が反映されません。レポートのプロパティ［並べ替え］に並べ替えを行いたいフィールド名を指定します。

クエリの抽出条件はそのままレポートに反映されます。レポート側のフィルター機能を使用することでも、一部のレコードのみを印刷する、といったことが可能です。

8-3 マクロからクエリの呼び出し

夜間処理などの日々の業務では、複数のクエリを自動的に実行できると便利です。Accessでは、マクロを作成しておくと、クエリの実行や実行後の処理を自動化することができます。

8-3-1 マクロからの呼び出し

ここでは、マクロを作成して、テーブル作成クエリを実行する方法を解説します。テーブル作成クエリは、商品テーブルの全レコードをそのまま、「商品のバックアップ」テーブルを作成して保存するようなものとします(図38)。

マクロの作成は、マクロツールのデザインで行います。

図38　マクロによるクエリの実行

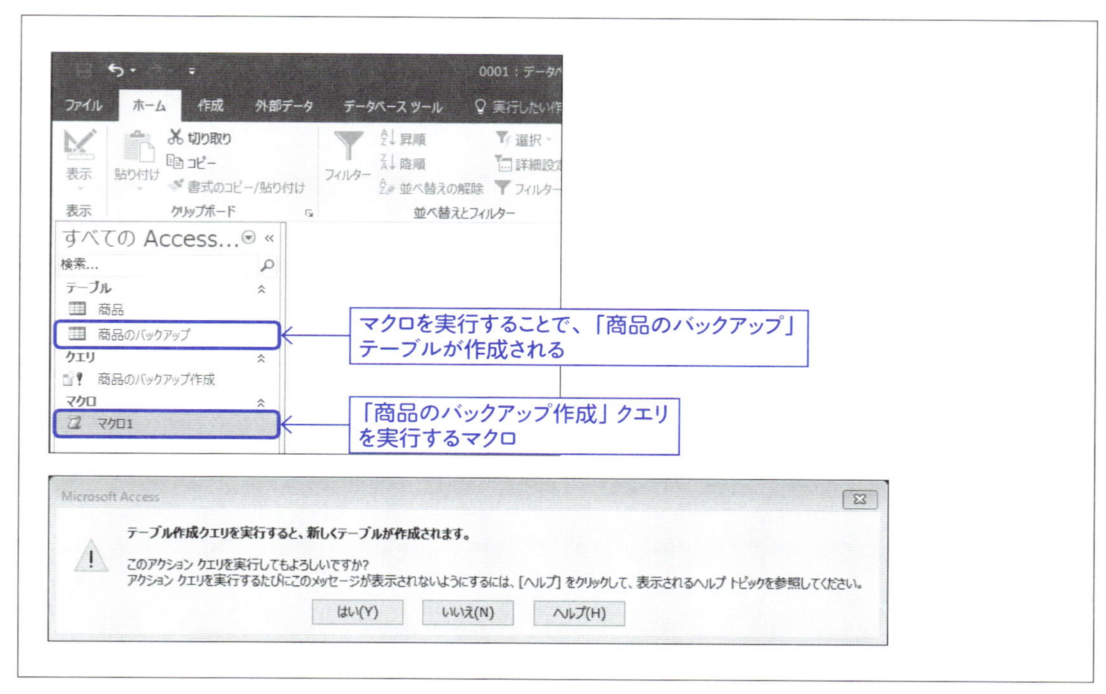

8-3-2 マクロの作成

クエリを作成して、「商品」テーブルを追加、図39のように「商品.*」のフィールドを追加します。

図39 「商品.*」を追加

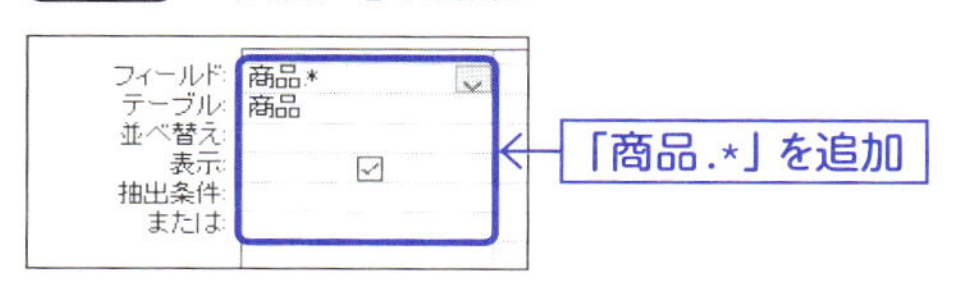

[テーブルの作成]をクリックして、テーブル作成クエリに変更します(図40)。

図40 テーブル作成クエリに変更

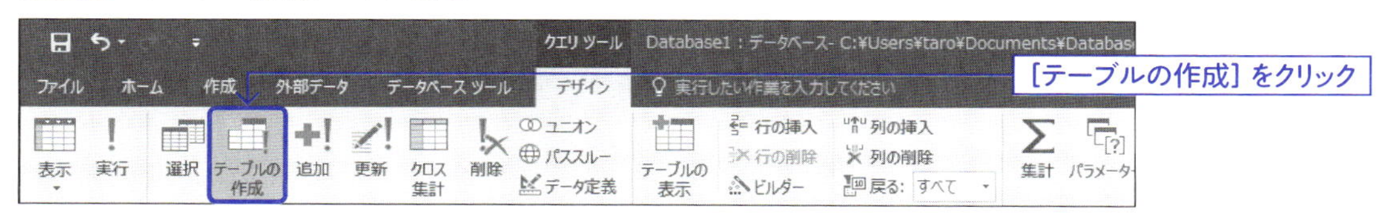

テーブル名の入力ウィンドウが表示されます。「商品のバックアップ」と入力します。[OK]をクリックします(図41)。

図41 テーブル名を入力

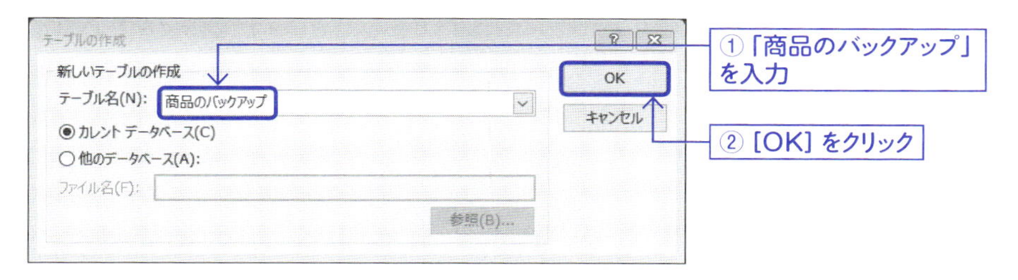

クエリを保存します。「商品のバックアップ作成」という名称でクエリを保存します(図42)。

図42 クエリを保存

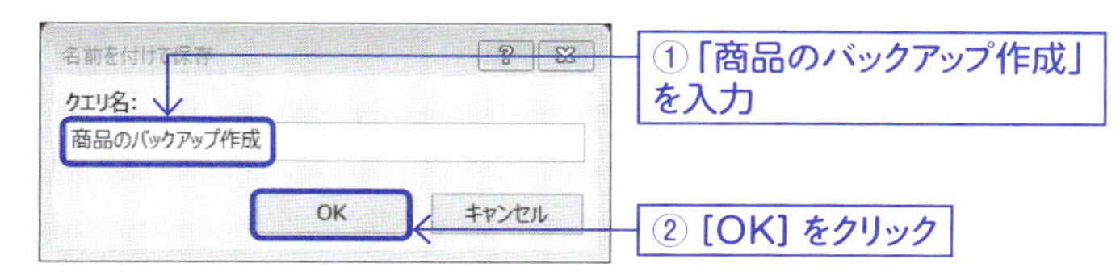

[作成]タブの[マクロ]をクリックします。マクロのデザインビューが表示されますので、これを使ってマクロを編集していきます(図43)。

図43 マクロを作成

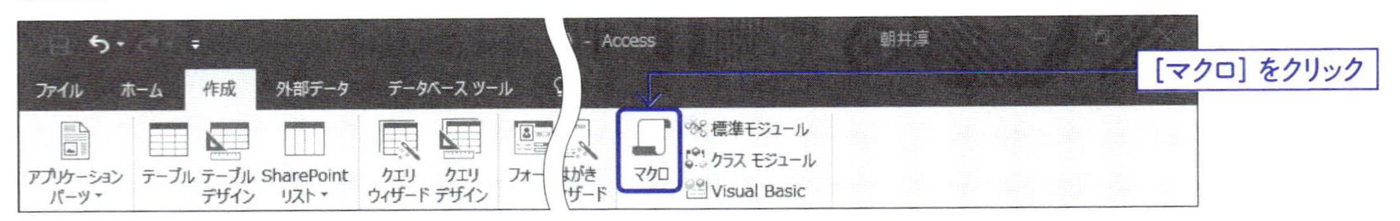

「新しいアクションの追加」と書かれたコンボボックスから[クエリを開く]をクリックします(図44)。

図44 [クエリを開く] を選択

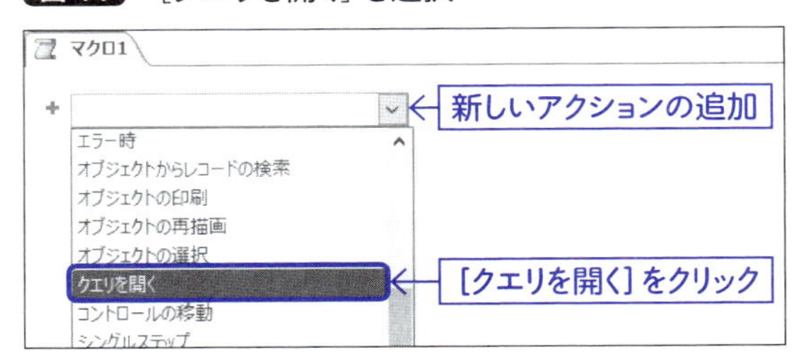

アクションとしてクエリを開くマクロが作成されますので、どのクエリを開くのかを設定します。クエリ名に「商品のバックアップ作成」を設定します(図45)。設定できたら、マクロのデザインビューを閉じて、「マクロ1」の名称のまま保存します。

図45 クエリ名に「商品のバックアップ作成」を設定

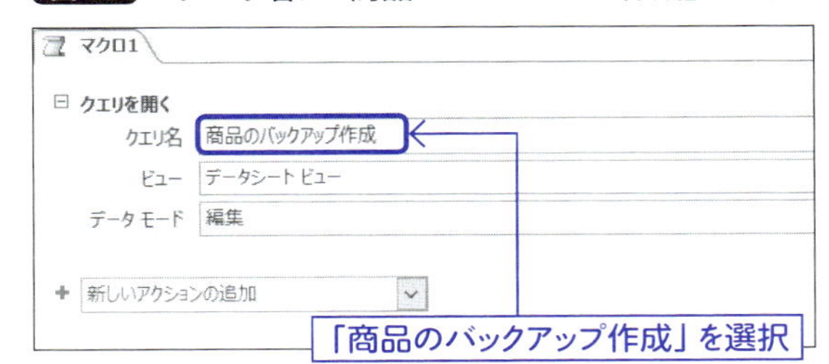

ナビゲーションウィンドウに「マクロ1」が追加されます。これをダブルクリックして実行します(図46)。テーブル作成クエリが実行され、確認メッセージが表示されますので、すべて[はい]をクリックします(図47)。

図46 ダブルクリックして実行

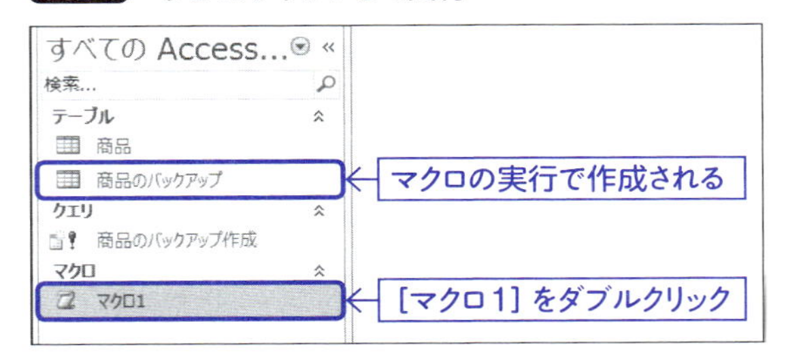

図47 確認メッセージ

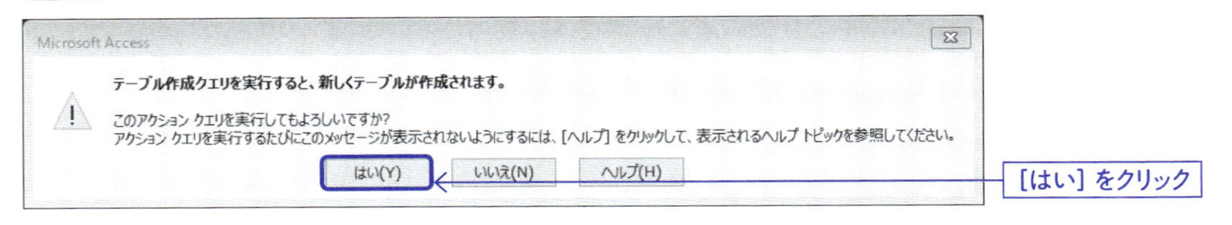

Access上でVBAからクエリの呼び出し

Accessでは、簡易な操作であれば、マクロで自動化することができます。より高度なデータ処理が必要になる場合には、VBAが使用されます。

8-4-1 Access VBA

VBAではVisual Basicと同等な文法でプログラムを記述することができるので、複雑な処理を行うことができます。また、VBAはExcelやWordなど、Access以外のOffice製品でも使用することができます。

VBAを使ってAccessを操作するために、DoCmdオブジェクトを利用します。ここでは、DoCmdオブジェクトを使用して、クエリを実行させる方法について解説します(図48)。

図48　VBAでクエリを操作

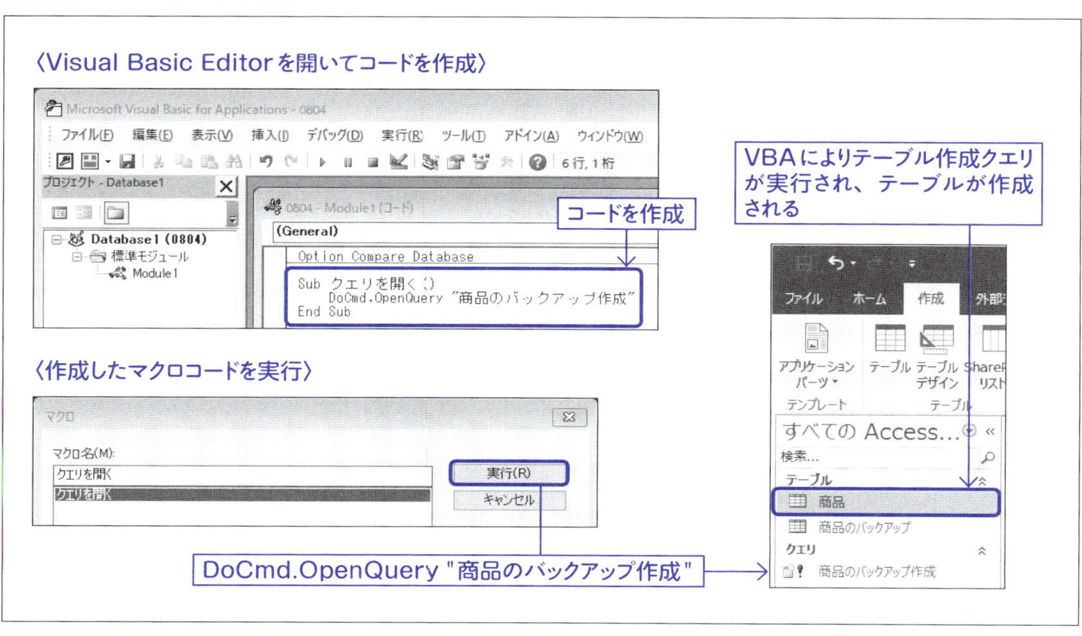

8-4-2 VBAからの呼び出し

8-3-2(233ページ)を参考に、テーブル作成クエリを作成してください(図49)。「商品のバックアップ作成」クエリをVBAから呼び出します。

図49 「商品のバックアップ作成」クエリを作成

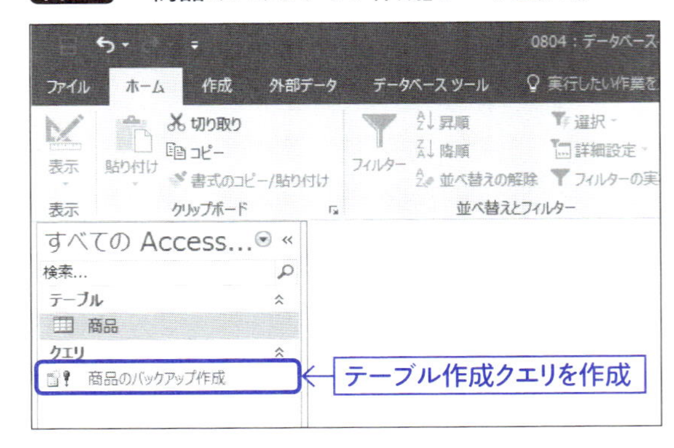

[作成]タブの[標準モジュール]をクリックします。クリックするとVisual Basic Editorが立ち上がります(図50)。

図50 Visual Basic Editorの起動

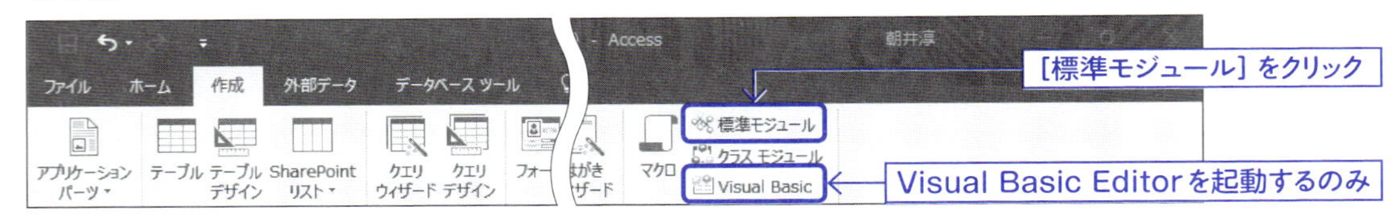

Visual Basic EditorのModule1のウィンドウに図51のようにコードを入力します。

図51 VBAの作成

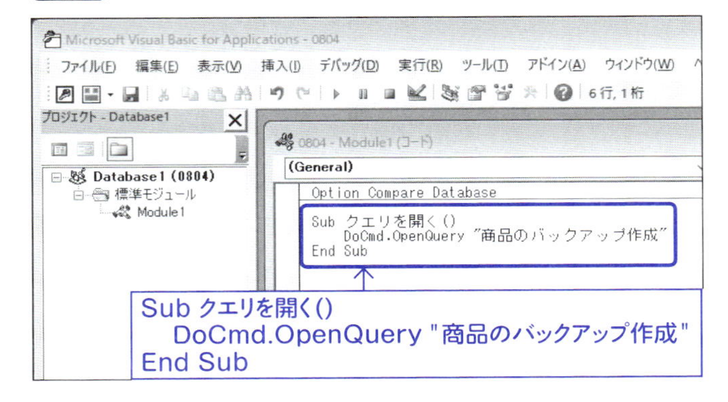

コードが入力できたら、[実行]メニューの[Sub/ユーザーフォームの実行]を選択して(図52)、実行させるマクロコードの選択ウィンドウを表示させます。

図52 作成したコードを実行

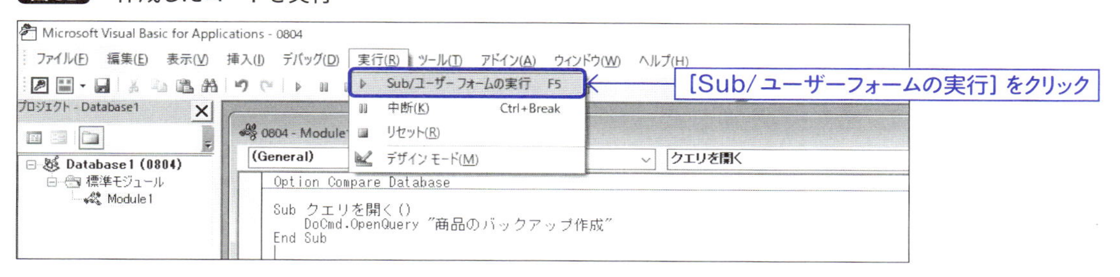

マクロのウィンドウが表示されたら、「クエリを開く」が選択されていることを確認して、[実行]をクリックします(図53)。入力キャレットがコード内にあると、ウィンドウが表示されず直接実行されます。その場合、図54に進みます。

図53 VBAを実行

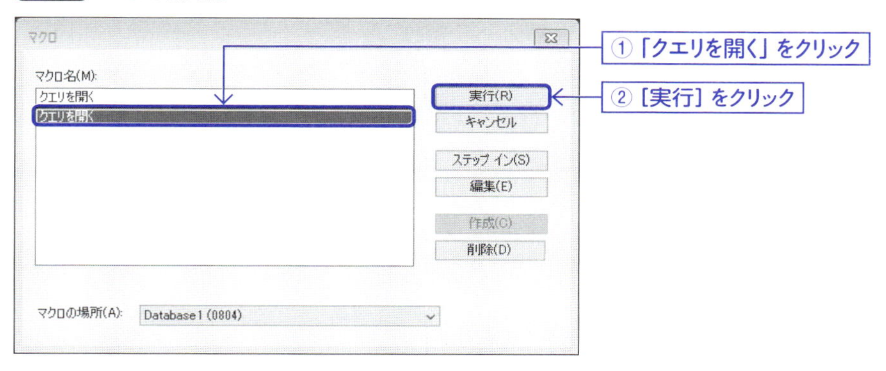

作成したVBAマクロでは、テーブル作成クエリを実行するので、確認のメッセージが表示されます。[はい]をクリックしてテーブルを作成します(図54)。続けて表示されるレコード件数の確認メッセージも[はい]をクリックします。

図54 クエリの実行を確認

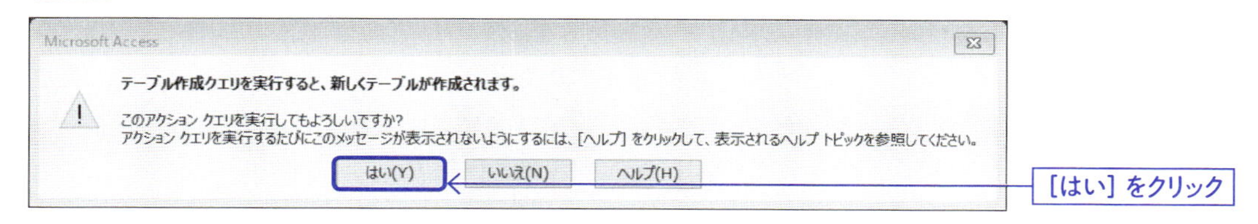

ファイルメニューの[終了してMicrosoft Accessへ戻る]を選択して、Visual Basic Editorを終了させます(図55)。なお、Visual Basic Editorを再開したい場合、[作成]タブの[Visual Basic]をクリックします。

図55 Visual Basic Editorを終了

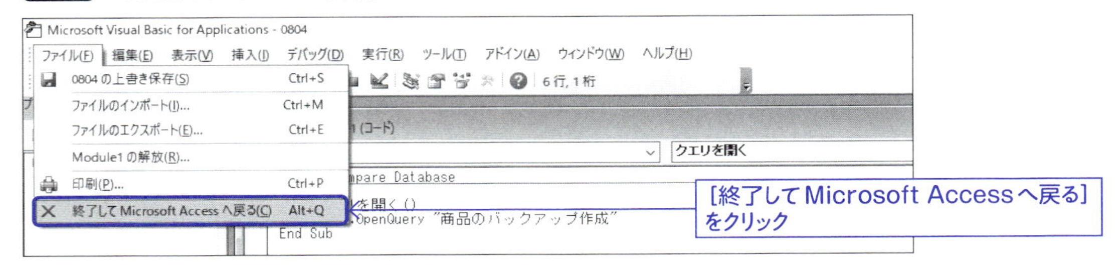

テーブル作成クエリを実行したので、「商品のバックアップ」テーブルが作成されます(図56)。

図56 「商品のバックアップ」テーブルが作成

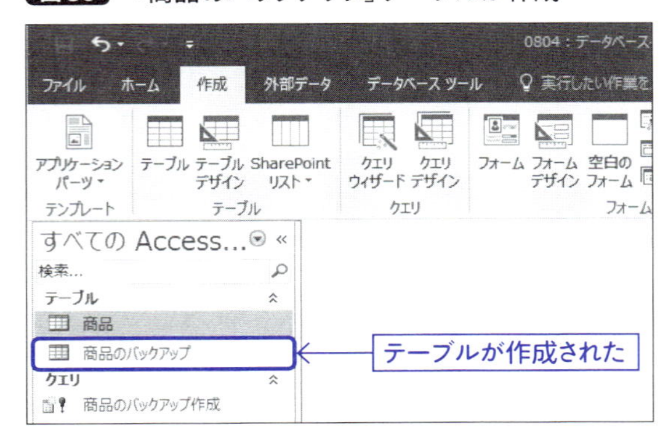

Accessを終了する際に、マクロコードを作成したModuleを保存するかどうかを確認するメッセージが表示されます。必要に応じて保存してください。

DoCmdオブジェクトのOpenQueryメソッドを使用して、クエリを実行することができました。DoCmdオブジェクトには、このほかにも色々な機能があります。たとえば、TransferTextメソッドは、クエリの実行結果をテキストファイルにエクスポートするものです。

RunSQLメソッドは、アクションクエリのSQL命令を直接実行します。

ADOを使ったクエリの呼び出し

Access以外のOffice製品では、DoCmdオブジェクトは使用できません。ExcelやWordなどのOffice製品などからAccessを利用する場合、ADOと呼ばれる仕組みを使います。

8-5-1 ADO

Accessでは、DoCmdオブジェクトのOpenQueryメソッドで、簡単にクエリを呼び出すことができます。しかし、Access以外のOffice製品では、DoCmdオブジェクトは使用できません。その場合、ADOと呼ばれる仕組みを使って、Accessデータベースのクエリを実行させることができます。

ADOはAccessでも利用可能です。ここでは、Access VBAからADOを使用して、クエリを実行させる方法について解説します。

VBAを使って何かの処理を行う場合は、クエリの実行結果をプログラムで参照して、ループ処理を行うことが多いでしょう。ここでは商品テーブルの全レコードを順番に処理していくVBAマクロコードを作成してみます。

VBAからADOを使用するためには、参照設定を行う必要があります。参照設定の方法についても解説します。

8-5-2 ADOからの呼び出し

クエリを作成して、「商品」テーブルを追加し、図57のように2つのフィールドを追加します。

図57 フィールドを追加

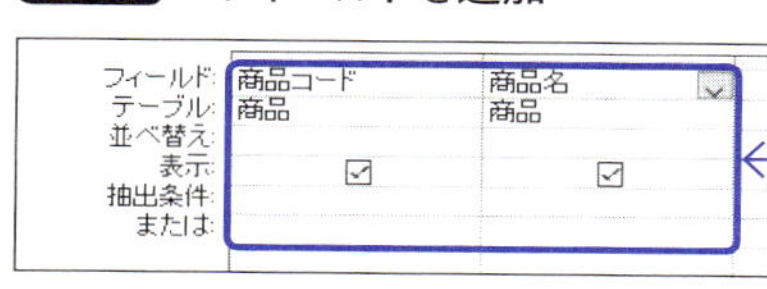

クエリを呼び出すためには、クエリの名前を指定する必要があります。クエリのデザインビューを閉じて、作成したクエリを保存します。保存する際に、クエリの名称を「商品選択クエリ」に変更します（図58）。

図58　クエリを保存

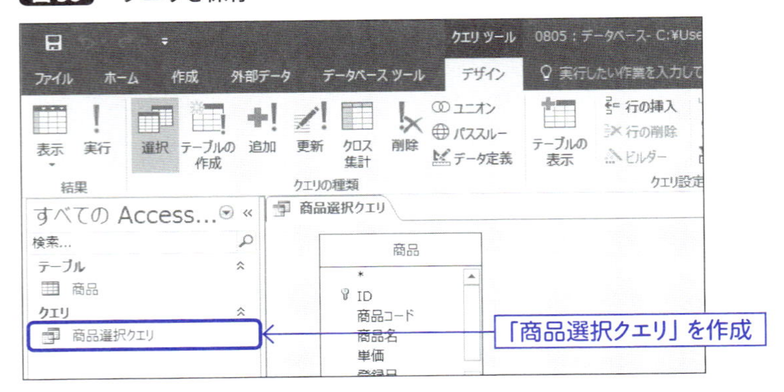

［作成］タブの［標準モジュール］をクリックします（図59）。クリックするとVisual Basic Editorが立ち上がります。

図59　Visual Basic Editorの起動

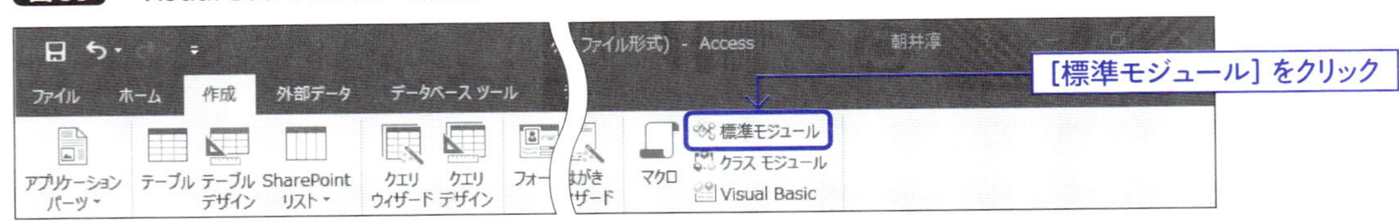

ツールメニューから［参照設定］を選択して、参照設定のウィンドウを表示します（図60）。

図60　ADOを参照設定

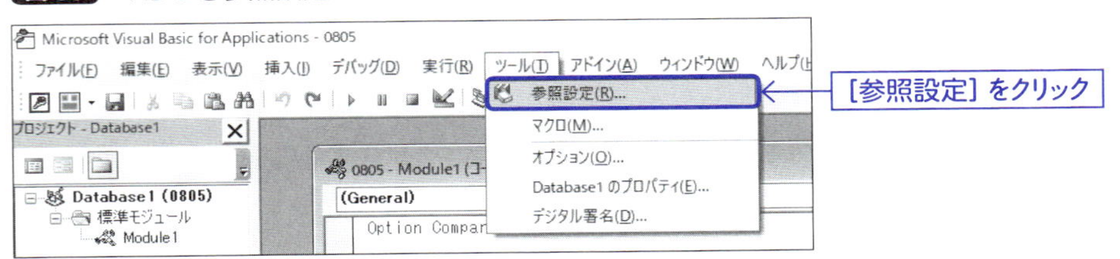

リストから「Microsoft ActiveX Data Objects 6.1 Library」を探して、チェックボックスの部分をクリックしてチェックを付けます。チェックを付けたら、［OK］をクリックして、ウィンドウを終了します（図61）。

図61 Microsoft ActiveX Data Objects 6.1 Libraryにチェック

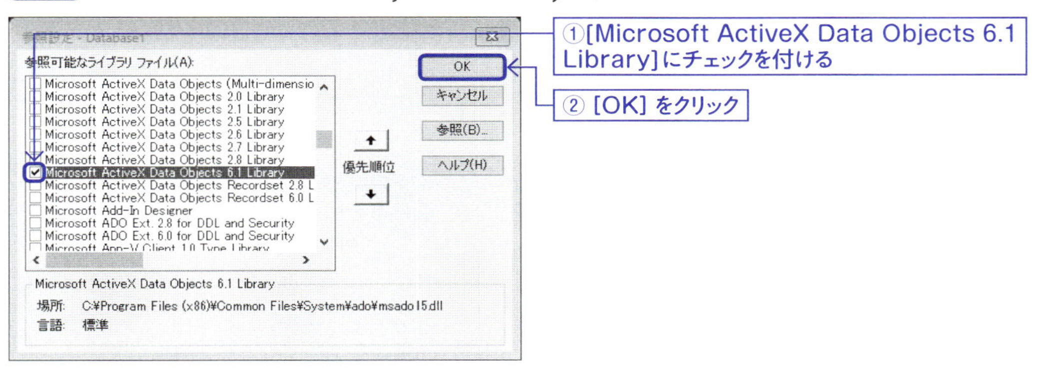

なお、6.1の部分はバージョンです。インストールされているOfficeのバージョンにより、異なる場合があります。数字が最大のものを選択してください。

Visual Basic EditorのModule1のウィンドウに図62のようにコードを入力します。

図62 VBAの作成

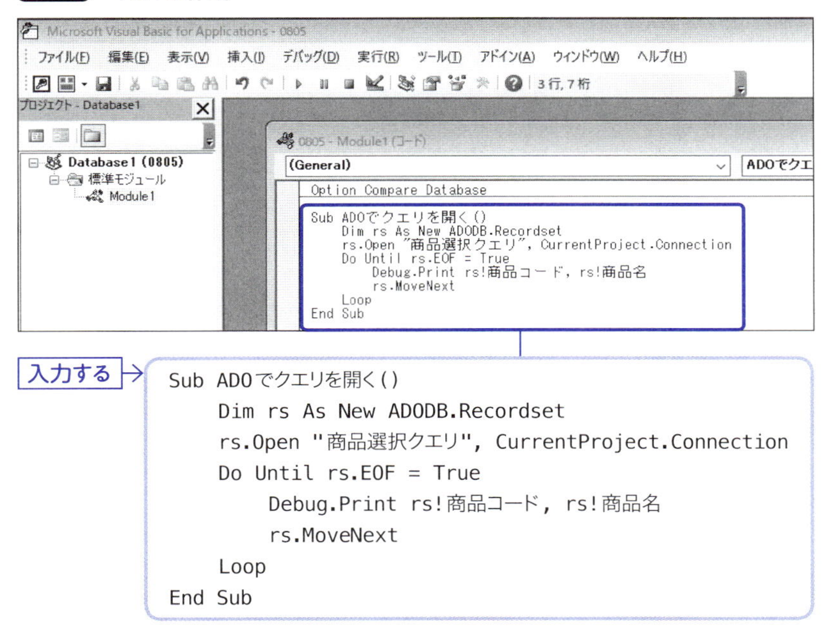

英数字と記号はすべて半角文字で入力します。クエリの名称や、フィールドの名称のみが全角になります。スペース(空白)を入力する必要がありますが、これも半角で入力します。スペースは入力しても見えない文字になりますので、注意してください。

入力していくと、各所で入力支援機能が働きます。うまく利用して入力していきましょう。候補が表示

されたら、[↑][↓]キーで選択して、[Tab]キーを押すと選択した文字列を入力することができます(図63)。

図63 支援機能

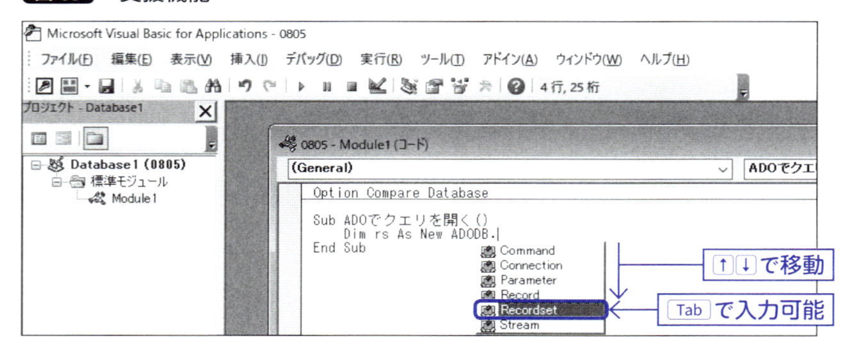

作成したコードでは、クエリの実行結果をイミディエイト ウィンドウに表示しています。実行結果がわかるように、イミディエイト ウィンドウを表示させます。表示メニューの[イミディエイト ウィンドウ]を選択します(図64、図65)。

図64 [イミディエイト ウィンドウ]をクリック

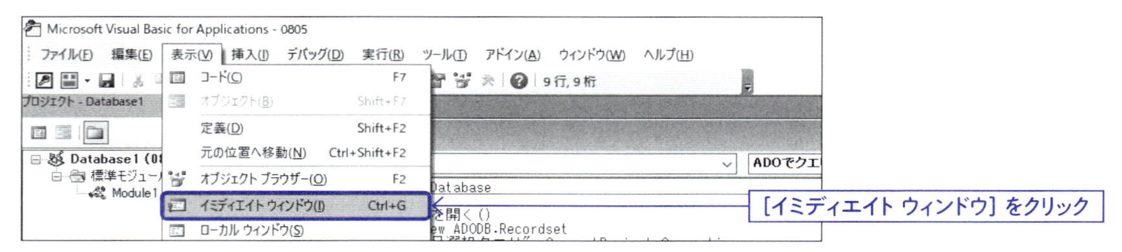

図65 イミディエイト ウィンドウの表示

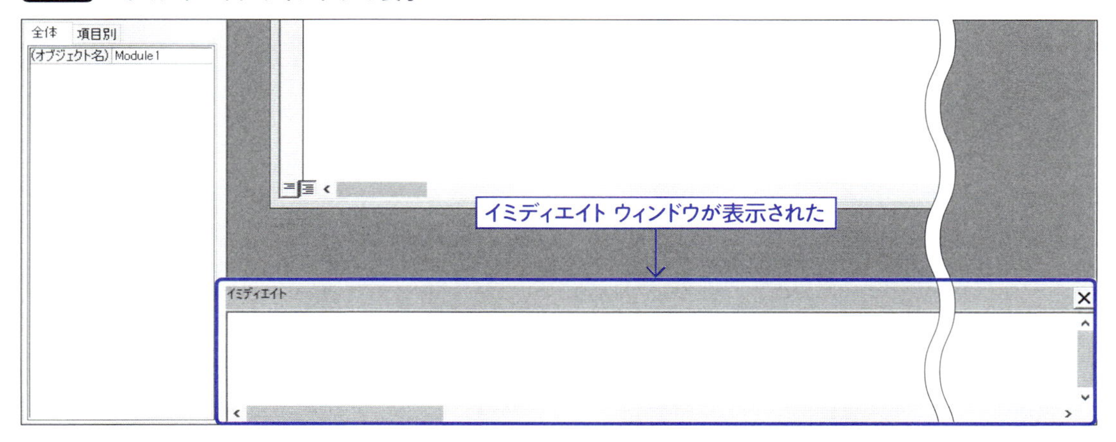

VBEのModule1のウィンドウをクリックして、入力カーソルを移動させます。SubからEnd Sub間のどこでもよいのでクリックして、入力カーソル(キャレット)を移動させます。

図66 実行させたいコード部分をクリック

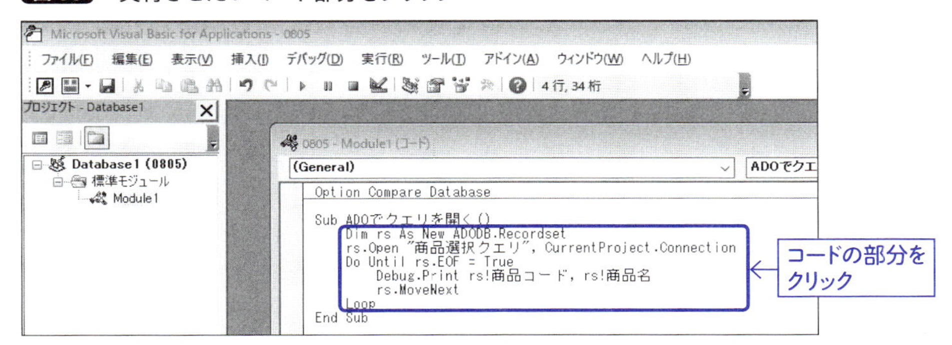

実行メニューの[Sub/ユーザーフォームの実行]をクリックして(図67)、作成したVBAのプロシージャ「ADOでクエリを開く」を実行します。

図67 コードの実行

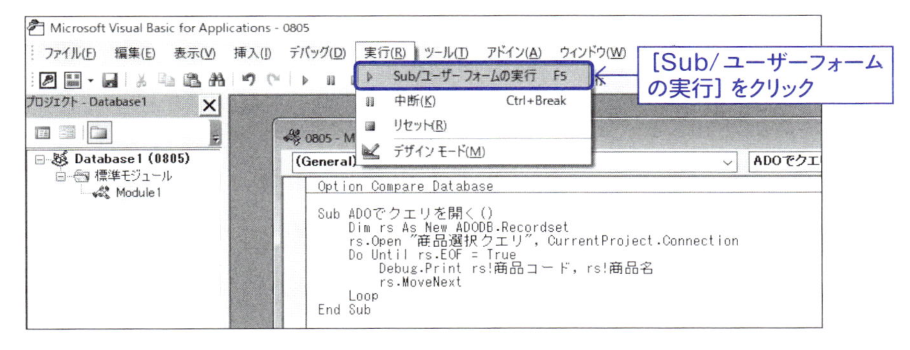

イミディエイト ウィンドウに実行結果が表示されます(図68)。

図68 実行結果

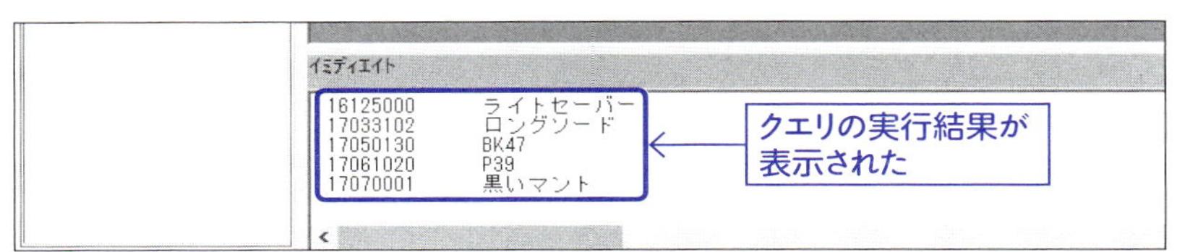

図69 作成したVBAのコード

```
Sub ADOでクエリを開く()
    Dim rs As New ADODB.Recordset
    rs.Open "商品選択クエリ", CurrentProject.Connection
    Do Until rs.EOF = True
        Debug.Print rs!商品コード, rs!商品名
        rs.MoveNext
    Loop
End Sub
```

Recordsetはクエリの実行結果を処理するオブジェクト

クエリを開く、Connectionは Access自身に接続されている

クエリの実行結果をループ処理 MoveNextで次のレコードに移動している

ここでは、VBEから直接プロシージャ「ADOでクエリを開く」を実行しました。フォームのボタンから呼び出すことも可能です。VBAのコードで、「Call ADOでクエリを開く」といった記述を行えばプロシージャを呼び出せます。

用語集

数字・アルファベット

0パディング … 桁合わせを行う際に、先頭から0を埋めるようなデータ加工のこと。（参照 ▶ 69ページ）

And … 条件式の組み合わせ方法。Andによる条件式の組み合わせでは両方を満たすレコードが抽出される。（参照 ▶ 51ページ）

Like … あいまい検索を行う際に使用する演算子。（参照 ▶ 55ページ）

Not … 条件を否定する際に使用する演算子。（参照 ▶ 45ページ）

NOT NULL制約 … テーブルにNULL値が格納されないようにするための制限機能。（参照 ▶ 187ページ）

NULL … データが存在していないことを意味する予約語。（参照 ▶ 48ページ）

Or … 条件式の組み合わせ方法。Orによる条件式の組み合わせでは、どちらかの条件が満たされればレコードが抽出される。（参照 ▶ 53ページ）

SQL … リレーショナルデータベースを操作するためのプログラミング言語。（参照 ▶ 162ページ）

SQLビュー … クエリをSQL命令の形式で表示・編集することができるウィンドウ。（参照 ▶ 162ページ）

Where条件 … クエリにおける抽出条件。（参照 ▶ 44ページ）

ア行

アクションクエリ … テーブルのレコードを一括で変更することができるクエリ。（参照 ▶ 136ページ）

インデックス … クエリの検索処理を効率よく行うための索引データ。（参照 ▶ 185ページ）

ウィザード … オブジェクトを作成する際に、ユーザーの利便性を考慮して対話形式で行われる一連の画面操作のこと。（参照 ▶ 23ページ）

エクスポート … テーブルやクエリの内容を外部データとして出力すること。（参照 ▶ 34ページ）

演算子 … 式の中で計算を行うための記号や英単語。（参照 ▶ 48ページ）

演算子の優先順位 … 計算を行う際に、演算子に設けられた計算順序。優先順位の高い演算子から計算される。（参照 ▶ 63ページ）

オブジェクト … Access内に保存可能なユーザーが定義するデータ。クエリやフォーム、レポート、マクロなどがある。ナビゲーションウィンドウ内ではオブジェクトごとに一覧表示される。（参照 ▶ 30ページ）

カ行

外部結合 … 結合方法の一種で、片方のテーブルの全レコードを残すような結合方法。（参照 ▶ 99ページ）

関数 … 計算を行うための便利な機能をまとめたもの。大きくスカラー関数と集合関数に分類できる。（参照 ▶ 64ページ）

完全一致 … 検索時に、条件と完全に一致するような抽出を行うこと。（参照 ▶ 44ページ）

クエリ … データの抽出、分析、加工を行うことができるAccessのオブジェクト。（参照 ▶ 16ページ）

グループ化 … レコードデータをある条件でグループに分類すること。（参照 ▶ 108ページ）

クロス結合 … 結合方法の一種で、結合条件を指定しないで、結合を行う。実行結果は、レコードの総当たりとなり、数多くのレコード

が戻されることになる。（参照 ▶ 94ページ）

クロス集計 … 2つの要素でグループ化し集計を行って、2次元の表で表示するような集計方法。（参照 ▶ 114ページ）

結合 … 複数のテーブルからデータを抽出するようなクエリ。結合では、テーブル間のリレーションシップが重要。（参照 ▶ 87ページ）

更新クエリ … レコードデータを一括で更新することができるアクションクエリ。（参照 ▶ 142ページ）

コード化 … 数値に意味を持たせること。「1は男、2は女」といった番号付けがコード化。（参照 ▶ 75ページ）

サ行

削除クエリ … レコードデータを一括で削除することができるアクションクエリ。（参照 ▶ 150ページ）

参照整合性制約 … テーブル間のデータ矛盾を排除するための制限機能。（参照 ▶ 194ページ）

式ビルダー … クエリの式を入力・編集する作業を手助けしてくれるダイアログ。（参照 ▶ 59ページ）

集計 … データの個数や合計といった統計情報を計算すること。（参照 ▶ 104ページ）

集合関数 … 引数として集合を与えることができる関数。（参照 ▶ 67ページ）

主キー … テーブルのレコードを特定するためのフィールド。（参照 ▶ 89ページ）

数値型 … フィールドのデータ型の一種。数値型のフィールドには、数値のみを記録することができる。（参照 ▶ 180ページ）

スカラー関数 … 引数として単一の値を与える関数。戻り値も単一の値となる。（参照 ▶ 67ページ）

正規化 … リレーショナルデータベースにおいて、効率よくデータを扱うために「よい形」とされているように、テーブルを設計・変更する手法。（参照 ▶ 88ページ）

セル … テーブルのひとつのデータ。（参照 ▶ 87ページ）

選択クエリ … テーブルからデータを抽出するクエリ。（参照 ▶ 19ページ）

タ行

データシートビュー … クエリの実行結果を表示する形式のウィンドウ。表示するだけでなく、データを編集することも可能。（参照 ▶ 136ページ）

データの抽出 … クエリでできることのひとつ。テーブルからレコードを抽出することが選択クエリの機能。（参照 ▶ 17ページ）

テーブル … リレーショナルデータベースでのデータの記録場所。クエリの元となるオブジェクト。（参照 ▶ 87ページ）

テーブル作成クエリ … クエリの実行結果を新しいテーブルに保存するようなアクションクエリ。（参照 ▶ 138ページ）

テーブル分割 … リレーショナルデータベースにおいて、テーブルを正規化するための手法。（参照 ▶ 88ページ）

デザインビュー … クエリ、フォーム、レポートを編集するためのビュー（表示形式）のひとつ。（参照 ▶ 23ページ）

トップ値 … クエリの抽出結果を制限するための数値。（参照 ▶ 84ページ）

ナ・ハ行

ナビゲーションウィンドウ … ユーザーが作成し

たオブジェクトを一覧表示するウィンドウ。クエリを作成すると、このウィンドウに追加表示される。(参照 ▶ 30ページ)

パラメータークエリ … クエリを実行する際に条件を入力するようなクエリ。(参照 ▶ 85ページ)

日付時刻型 … フィールドのデータ型の一種。日付時刻型のフィールドには、日付と時刻を記録することができる。(参照 ▶ 70ページ)

フィールド … テーブルのレコードを構成する要素。列項目。(参照 ▶ 87ページ)

不一致クエリ … 2つのテーブルのレコードを比較して、一方のテーブルにはデータがあるが、もう一方のテーブルにはデータが存在しない、といった検索を行うクエリ。(参照 ▶ 202ページ)

フォーム … Access内の画面を制御するオブジェクト。Accessではユーザーが入力や編集を行うための画面を作成できる。(参照 ▶ 218ページ)

部分一致 … 検索時に条件指定された文字列が部分的に一致するような抽出を行うこと。(参照 ▶ 55ページ)

マ・ヤ行

戻り値 … 関数を呼び出したあとに、計算されて戻ってくる値のこと。(参照 ▶ 64ページ)

ユニオンクエリ … 複数のSELECT命令を1つにまとめたクエリ。(参照 ▶ 206ページ)

ラ・ワ行

リレーショナルデータベース … データベースのひとつ。テーブルが基本要素となるデータベースのこと。(参照 ▶ 87ページ)

リレーションシップ … テーブル同士の関係性のこと。リレーションシップを定義しておくとクエリで結合を行いやすくなる。(参照 ▶ 191ページ)

ルックアップフィールド … フィールドのデータ型の一種。外部テーブルの主キーだけを記録するようなフィールド。(参照 ▶ 90ページ)

レコード … テーブルを構成する要素。行項目。テーブルには複数のレコードが記録される。(参照 ▶ 87ページ)

レポート … Accessで帳票を制御するオブジェクト。Accessではレポート機能により帳票を作成することができる。(参照 ▶ 227ページ)

ワイルドカード … あいまい検索を行う際に使用される記号。(参照 ▶ 56ページ)

索引

記号・数字

A・B

C・D

E・F・H

I・J・L

M・N

O・P・Q

R・S・T

タ行

ナ行

ハ行

マ行

ヤ行

ラ・ワ行

［著者略歴］

朝井　淳（あさい あつし）

株式会社レイヤ・エイト所沢ラボ所長。1966年山形県生まれ、埼玉県所沢市在住のシステムエンジニア兼、テクニカルライターである。

主な著作

「［改訂第４版］SQLポケットリファレンス」（技術評論社）
「［データベースの気持ちがわかる］SQLはじめの一歩（WEB+DB PRESS plus）」（技術評論社）
「3ステップでしっかり学ぶC言語入門［改訂２版］」（技術評論社）

●装丁
クオルデザイン　坂本真一郎
●本文デザイン
技術評論社　制作業務部
●DTP
はんぺんデザイン
●編集
土井清志

●サポートホームページ
http://gihyo.jp/book/2018/978-4-7741-9797-5/support

■お問い合わせについて
本書の内容に関するご質問は、下記の宛先までFAXまたは書面にてお送りください。電話によるご質問、および本書に記載されている内容以外の事柄に関するご質問にはお答えできかねます。あらかじめご了承ください。

〒162-0846
東京都新宿区市谷左内町21-13
株式会社技術評論社　書籍編集部
「Access クエリ 徹底活用ガイド
〜仕事の現場で即使える」質問係
FAX番号　03-3513-6167

なお、ご質問の際に記載いただいた個人情報は、ご質問の返答以外の目的には使用いたしません。また、ご質問の返答後は速やかに破棄させていただきます。

Access クエリ 徹底活用ガイド
〜仕事の現場で即使える

2018年6月8日　初版　第1刷発行

著者　　朝井　淳
発行者　片岡　巌
発行所　株式会社技術評論社
　　　　東京都新宿区市谷左内町21-13
　　　　電話　03-3513-6150　販売促進部
　　　　　　　03-3513-6160　書籍編集部
印刷／製本　日経印刷株式会社

定価はカバーに表示してあります。

ISBN978-4-7741-9797-5　C3055
Printed in Japan